アグリ・フードビジネスの法実務

食農のサステナビリティとイノベーションを支える法戦略

杉山泰成｜辻本直規｜平田えり［編著］

西村あさひ法律事務所　アグリ・フードプラクティスグループ［著］

一般社団法人**金融財政事情研究会**

はじめに

　近時、国内外のアグリ・フードビジネスは大きな転換期を迎えつつあります。SDGsやESGという用語が頻繁に使われるようになり、食料・環境政策の観点からも、環境負荷の少ない形で、農林水産業の生産高の向上と産業従事者数の維持・補完を図る施策の必要性が提唱されています。また、ICT、AI、DXや微生物研究等を応用した農業生産手法をはじめとするアグリテック、および培養肉・植物肉・昆虫食をはじめとする代替プロテインに代表されるフードテックといった新しい技術の導入に加えて、法令改正に伴ってアグリ・フードバリューチェーンの参加当事者の組織形態や資金調達方法が多様化しています。

　そして、アグリ・フード分野は、農業・酪農業、天然漁業、（海面・陸上）養殖および林業といった生産物ごとの横の広がりに加えて、食品の生産・加工・流通・販売といったバリューチェーンの各過程でさまざまな適用法令があり、極めて緻密かつ多層的な法構造を有し、分野特有の規制や産業構造をベースとしたリーガルサービスを必要とします。日本国内市場は人口減が進むことによる市場縮小が予測されており、事業継続の観点からは、成長が見込まれる海外市場に目を向けることが重要と考えられますが、海外展開にあたっては、海外の法制度や商慣習の理解が不可欠です。

　その一方で、農林水産業に関する法務においては、金融法令や経済法令の分野と比べると体系的な法務専門書数は限定的であり、法令改正が行われる場合であっても、法律家・実務担当者を交えたディスカッション等のフォローは不十分であることが多く、またソフトローも含めた海外の法実務の動向について、アクセス可能な情報源が限定されているのが実情です。

　そこで、アグリ・フード分野の法制度の研究とビジネスへの活用、ひいてはアグリ・フード産業の発展のサポートに高い関心と使命感を持つ当事務所

の弁護士有志において、アグリ・フードプラクティスグループを立ち上げました。

　アグリ・フードプラクティスグループでは、生産者の方々や農林水産省、厚生労働省をはじめとする当局との交流および意見交換による産業・実務構造の把握、特別法も含めた複雑なアグリ・フード法制の包括的な把握、企業・金融・経済法制との整合的な解釈の整理と実務への反映、海外のアグリ・フード産業における事業組織・資金調達形態の研究と日本への導入の可否、海外の法制度の最新動向についての調査・情報発信など、官民学間のネットワークを活用して、積極的な活動を継続しています。その中で、一見してわかりにくい法制度によりアグリ・フード事業者の足枷となっているケースや、各種許認可の一次的な対応を行う市町村の見解や実務上の運用等が地域ごとに異なり、予測可能性が高いとはいえないケースがある等の課題に度々直面することがありました。また、アグリ・フード分野における新たなテクノロジーの導入はますます進んでおり、データの利活用や規制対応のほか、新たな契約の枠組みの検討も必要性を増しています。加えて、サプライチェーンの広がりに伴い、絶えず変化する海外のビジネス・規制動向をより早く、より正確に調査・分析する必要も高まっています。

　そこで、(1)現在のアグリ・フード産業および従事者の円滑な事業の維持・成長・承継のために利用可能な法的フレームワークを整備すること、および(2)スタートアップ企業や他業種の企業がアグリ・フード産業に新規に参入し、成長していくために必要な事業・資金調達スキーム等を研究・提唱していくことの双方を大きな目的として、本書を執筆することにしました。

　本書が、アグリ・フード産業の生産者・事業者の皆様、およびアグリ・フード産業に新規参入されるスタートアップ企業・他業種の事業者の皆様の業務に、少しでも役に立つことを心から願っております。

　本書の出版に向けては、きんざいの西田侑加さんが親身に私たちを導き、貴重な数々の御助言をくださいました。本書の出版にあたり、心から感謝の

意を述べさせていただきます。

2023年1月

　　　　　　執筆者を代表して

　　　　　　　　　　　　西村あさひ法律事務所

　　　　　　　　　アグリ・フードプラクティスグループ

　　弁護士　杉山　泰成　辻本　直規　平田　えり

【著者略歴】

保坂　雅樹（ほさか　まさき）

　東京大学法学部／ハーバード大学ロースクール（LL.M.）、各卒業
　西村あさひ法律事務所パートナー弁護士
　第一東京弁護士会所属／ニューヨーク州弁護士
　[主な職歴等]
　1995〜1996年　Debevoise & Plimpton法律事務所（ニューヨーク）にて勤務
　1999〜2006年　中央大学大学院法学研究科　兼任講師
　2004〜2008年　慶應義塾大学法科大学院　講師
　2011〜2021年　西村あさひ法律事務所　執行パートナー
　2020年〜　東京大学大学院法学政治学研究科　ビジネスロー・比較法政研究センター／ビジネスローセンター所属　客員教授
　2021年〜　西村あさひ法律事務所　経営会議議長
　[主な業務分野]
　一般企業法務、M&A
　担当：序章

杉山　泰成（すぎやま　やすなり）

　早稲田大学政治経済学部政治学科／コロンビア大学ロースクール（LL.M.）、各卒業
　西村あさひ法律事務所パートナー弁護士
　第一東京弁護士会所属
　[主な職歴等]
　2001〜2002年　Latham & Watkins 法律事務所（ニューヨーク）にて勤務
　2002〜2003年　Norton Rose 法律事務所（ロンドン）にて勤務
　2021年〜　農林水産省SBIRメンター
　[主な著書・論文等]
　「投資円滑化法改正と金融機関による投資対象・投資スキームの拡大について〜農林漁業法人、アグリ・フードテック、バリューチェーン企業への組合出資〜」〔共著〕（銀行法務21 876号、2021年）、「アクアビジネス（養殖漁業）に対する金融機関による投融資に関する法的考察」〔共著〕（銀行法務21 871号・872号、

2021年）、「金融機関によるアグリビジネス投融資に関する法務面からの考察」〔共著〕（銀行法務21 860号・862号～864号、2020年）、『ファイナンス法大全（上）〔全訂版〕』〔共著〕（商事法務、2017年）等

[主な業務分野]

バンキング、証券化／流動化、アセットファイナンス、買収ファイナンス、国際金融法務、農林漁業法務、アグリ・フードテック、グローバルフードバリューチェーン

担当：第1章第1～5節、第2章第2～4節、第6章

廣澤　太郎（ひろさわ　たろう）

東京大学法学部／デューク大学ロースクール（LL.M.）、各卒業

西村あさひ法律事務所パートナー弁護士

第一東京弁護士会所属／ベトナム外国弁護士／ニューヨーク州弁護士

[主な職歴等]

2011～2012年　三井物産株式会社法務部　出向

2013年　西村あさひ法律事務所ホーチミン事務所勤務

2013～2020年　西村あさひ法律事務所ハノイ事務所勤務

2018年～　日越共同イニシアチブ第7フェーズ国有企業改革・株式市場改革ワーキングチーム委員

2021～2022年　農林水産省 海外展開ガイドライン検討委員会　委員

[主な著書・論文等]

「The Mergers & Acquisitions Review—Eleventh Edition—（Vietnam Chapter）」〔共著〕（Law Business Research、2017年）、「Getting the Deal Through—Corporate Governance 2017（Vietnam Chapter）」〔共著〕（Law Business Research、2017年）、「ベトナム国営企業の投資に関する法律上、実務上の留意点」〔共著〕（海外投融資26巻5号、2017年）、『ベトナムのビジネス法務』〔共著〕（有斐閣、2016年）等

[主な業務分野]

M&A／企業組織再編、ジョイント・ベンチャー、クロスボーダーM&A、その他一般企業法務、コンプライアンス、農林漁業法務、アグリ・フードテック、グローバルフードバリューチェーン、ベトナム／メコン地域

担当：第5章第1節、第2節1～5、第3節1～2

上村　文（かみむら　あや）

京都大学法学部（LL.B.）／京都大学大学院（LL.M.）、各卒業

西村あさひ法律事務所名古屋事務所弁護士

愛知県弁護士会所属

[主な職歴等]

2007〜2012年　西村あさひ法律事務所

2012〜2016年　佐藤綜合法律事務所

2016年〜　西村あさひ法律事務所名古屋事務所

2016〜2020年　豊田通商株式会社　出向

[主な著書・論文等]

『現場マネジャーのためのパワハラいじめ対策ガイド』〔共著〕（日経BP社、2011年）、「企業年金の積立不足への対応策〜年金減額を中心に〜（上）」〔共著〕（ビジネス法務10巻9号、2010年）、「企業年金の積立不足への対応策〜年金減額を中心に〜（下）」〔共著〕（ビジネス法務10巻10号、2010年）

[主な業務分野]

一般企業法務、労働法務、M&A

担当：第6章

濱野　敏彦（はまの　としひこ）

東京大学工学部卒業、東京大学大学院新領域創成科学研究科修了

西村あさひ法律事務所カウンセル弁理士・弁護士

第二東京弁護士会・日本弁理士会所属

[主な職歴等]

2002年　弁理士試験合格

2011〜2013年　新日鐵住金株式会社　知的財産部知的財産法務室　出向

2019年〜　一般財団法人知的財産研究教育財団　知的財産管理技能検定　技能検定委員

2020年〜　経済産業省経済産業政策局知的財産政策室　知財法制検討会　委員

[主な著書・論文等]

『AI・データ関連契約の実務』〔共編著〕（中央経済社、2020年）、『個人情報保護法制大全』〔共著〕（商事法務、2020年）、『秘密保持契約の実務（第2版）』〔共

著〕（中央経済社、2019年）、「連載・実務上のギモンに答えるデータ保護・利活用の要点第1回〜第10回」〔共著〕（Business Law Journal、2019年8月号〜2020年5月号）等

[主な業務分野]

知的財産全般、AI、各種データ保護・利活用、医療・ヘルスケア、ソフトウェア・システム関係全般、IT全般、クラウドコンピューティング、DX、NFT、メタバース、量子コンピュータ

担当：第4章第3節

辻本　直規（つじもと　なおき）

大阪大学法学部（LL.B.）／中央大学法科大学院（J.D.）、各卒業

西村あさひ法律事務所弁護士

東京弁護士会所属

[主な職歴等]

2012〜2017年　弁護士法人小野総合法律事務所

2017〜2019年　農林水産省食料産業局知的財産課　課長補佐

2018〜2019年　近畿大学農学部　非常勤講師

2020年〜　JA Acceleratorメンター

2021年〜　農林水産省SBIR・特許庁IPASメンター

[主な著書・論文等]

「GI制度の運用の見直し」（Law & Technology 2022年12月）、「フードテックに関する法規制・規制対応の留意点」（研究開発リーダー、2022年11月）、「フードテックに関するルールメイキングと知的財産」（知財ぷりずむNo.226、2021年）、「金融機関によるアグリビジネス投融資に関する法務面からの考察」（銀行法務21 860号・862号〜864号、2020年）、『農林水産関係知財の法律相談Ⅰ、Ⅱ』〔共著〕（青林書院、2019年）、「植物新品種の保護制度の概要」（自由と正義Vol.69 No.1、2018年）、「ベトナム知的財産制度の現地調査の概要報告（日弁連知的財産センター・弁護士知財ネット合同調査）」（知財ぷりずむNo.185、2018年）、「シンガポール知的財産制度の現地調査の概要報告（日弁連知的財産センター・弁護士知財ネット合同調査）」（知財ぷりずむNo.172、2017年）、「押さえておきたい！事業承継の法律知識」（KINZAIファイナンシャル・プランNo.362〜385、2015〜2017年）

[主な業務分野]

一般企業法務、M&A、スタートアップ、アグリ・フード、知的財産

担当：第4章第1節、第2節4⑴、第5章第3節3

羽部　紗耶香（はべ　さやか）

早稲田大学第一文学部／東京大学法科大学院、各卒業

豊田通商株式会社勤務（元西村あさひ法律事務所弁護士）

第二東京弁護士会所属

[主な著書・論文等]

『ベトナムのビジネス法務（第2版）』〔共著〕（有斐閣、2020年）等

担当：第4章第2節1～2、第5章第1節、第2節1～5、第3節1～2

平田　えり（ひらた　えり）

九州大学法学部（LL.B.）／慶應義塾大学法科大学院（J.D.）、各卒業

西村あさひ法律事務所福岡事務所弁護士

福岡県弁護士会所属

日弁連中小企業法律支援センター幹事

[主な職歴等]

2012～2017年　弁護士法人北浜法律事務所福岡事務所

2017～2018年　西村あさひ法律事務所

2019年～　弁護士法人西村あさひ法律事務所福岡事務所

[主な著書・論文等]

『中小企業法務のすべて』〔共著〕（商事法務、2017年）、「秘密保持契約の見直しポイント」（Business Law Journal　2017年11月号）、『民法改正対応　取引基本契約書作成・見直しハンドブック』〔共著〕（商事法務、2018年）等

[主な業務分野]

一般企業法務、M&A／企業組織再編、農林漁業法務

担当：第2章第1節、第3章第1～2節

河野　匠範（こうの　たくのり）

関西大学法学部／京都大学法科大学院、各卒業

西村あさひ法律事務所大阪事務所弁護士

大阪弁護士会所属

京都大学法科大学院非常勤講師

[主な職歴等]

2015〜2021年　第一東京弁護士会総合法律研究所会社法研究部会部会員

2019年〜　京都大学法科大学院非常勤講師

2021年〜　大阪弁護士会司法委員会委員、大阪弁護士会情報センター運営委員会委員

[主な著書・論文等]

『［新旧対照表付］Q&A　令和元年　改正会社法─株主総会資料の電子提供制度の創設、株主提案権・取締役報酬の規律の見直しなど〔改訂版〕』〔共著〕（新日本法規出版、2022年）、『書式　会社訴訟の実務─訴訟・仮処分の申立ての書式と理論』〔共著〕（民事法研究会、2021年）、『企業労働法実務相談』〔共著〕（商事法務、2019年）、『アフリカ法ビジネスガイドⅡ』〔共著〕（西村あさひ法律事務所、2019年）、『企業労働法実務相談』〔共著〕（商事法務、2018年）、『ビジネス法体系企業組織法』〔共著〕（レクシスネクシス・ジャパン、2016年）

[主な業務分野]

M&A／企業組織再編、プライベート・エクイティ、環境法（土壌汚染・地下水汚染・廃棄物処理等）レギュレーション戦略の立案支援、農林漁業法務、食品衛生・食品表示、景品表示法、個人情報・プライバシー、その他一般企業法務、ロビイング／行政機関との協力

担当：第1章第6節、第2章第2節

片桐　秀樹（かたぎり　ひでき）

大阪大学法学部／一橋大学法科大学院、各卒業

Wageningen University & Research Master Food Safety（Food Law & Regulatory Affairs専攻）在学中

西村あさひ法律事務所弁護士

第二東京弁護士会所属

[主な著書・論文等]

「代替肉を巡る各国の法規制や動向について―（plant based meat編）―」（AFLP News Letter No.12）、「代替肉を巡る各国の法規制や動向について―（培養肉編）―」（AFLP News Letter No.10）、『AIの法律』〔共著〕（商事法務、2020年）、「金融機関によるアグリビジネス投融資に関する法務面からの考察」〔共著〕（銀行法務21 860号・862号〜864号、2020年）等

[主な職歴等]

2020年〜　JA Acceleratorメンター

2021年〜　Food Tech Studio-Bites!メンター

2021年　Braveメンター

[主な業務分野]

アグリ・フード分野の法務（レギュレーション対応、ベンチャー投資・M&A）およびビジネスコンサルティング（ビジネスデベロップメント、コラボレーション、海外展開等のサポート）

担当：第3章第3節

松本　直己（まつもと　なおき）

東京大学法学部卒業

ニューヨーク大学ロースクール（LL.M.）在学中

西村あさひ法律事務所弁護士

第二東京弁護士会所属

[主な著書・論文等]

「アクアビジネス（養殖漁業）に対する金融機関による投融資に関する法的考察論文」〔共著〕（銀行法務21 871号・872号、2021年）、『債権法実務相談』〔共著〕（商事法務、2020年）、「中南米諸国向けファイナンス取引に関する考察―ブラジル編⑴⑵」〔共著〕（2016年）

[主な業務分野]

プロジェクトファイナンス、PFI、アセットファイナンス、農林漁業法務

担当：第2章第4節

水野　雄介（みずの　ゆうすけ）

大阪大学法学部卒業

西村あさひ法律事務所弁護士

第一東京弁護士会所属

[主な著書・論文等]

『アフリカビジネス法ガイドⅡ』（西村あさひ法律事務所、2019年）、「50問の
Q&Aで体得する人権DDガイドラインを踏まえた人権尊重の取組の実践知　第1
回総論（基礎）：人権DDの全体像」〔共著〕（NBL1234号、2022年）

[主な業務分野]

争訟（訴訟、仲裁）、アグリ・フード、サステナビリティ対応その他一般企業法
務

担当：第2章コラム、第3章コラム

志澤　政彦（しざわ　まさひこ）

慶應義塾大学法学部／カリフォルニア大学ロサンゼルス校ロースクール（LL.
　M.)、各卒業

西村あさひ法律事務所弁護士

東京弁護士会所属／ニューヨーク州弁護士

[主な著書・論文等]

『2020年　個人情報保護法改正と実務対応』〔共著〕（商事法務、2020年）、『2020
年　個人情報保護法改正と実務対応〔改訂版〕』〔共著〕（商事法務、2022年）、
「ベトナムスタートアップとの協業に向けた法務・会計ガイドブック」〔共著〕
（日本貿易振興機構（ジェトロ）ハノイ事務所、2022年）

[主な業務分野]

国際取引全般、クロスボーダーM&A、プライベート・エクイティ、その他一般
企業法務、知的財産取引、WTO／経済連携協定（TPP、EPA、FTA）

担当：第5章第3節1(3)

勝又　惇哉（かつまた　あつや）

中央大学法学部卒業
西村あさひ法律事務所弁護士
第一東京弁護士会所属
[主な業務分野]
農林漁業法務、プロジェクトファイナンス、資源エネルギー、不動産ファイナンス、不動産取引
担当：第 2 章第 4 節

田中　栄里花（たなか　えりか）

一橋大学法学部卒業
西村あさひ法律事務所弁護士
第二東京弁護士会所属
[主な職歴等]
2022年〜　西村あさひ法律事務所ハノイ事務所勤務
[主な著書・論文等]
『タイのビジネス法務』〔共著〕（有斐閣、2021年）、『円滑に外国人材を受け入れるためのグローバルスタンダードと送出国法令の解説』〔共著〕（ぎょうせい、2022年）
[主な業務分野]
M&A、国際取引全般、ベトナム、タイ、トルコ
担当：第 4 章第 2 節 4⑵

鈴木　健也（すずき　けんや）

中央大学法学部卒業
西村あさひ法律事務所弁護士
第一東京弁護士会所属
[主な著書・論文等]
「ソーラーシェアリングの可能性と法的考察及びアグリテックの近時の動向—その 1 」（同その 2 ）〔共著〕（西村あさひ金融ニューズレター、2022年）、「養殖漁

業ファイナンスに関する法的考察—その2」(同その3)〔共著〕(西村あさひ金融ニューズレター、2021年)、「アクアビジネス(養殖漁業)に対する金融機関による投融資に関する法的考察—その2」〔共著〕(銀行法務21 872号、2021年)、「投資円滑化法改正と金融機関による投資対象・投資スキームの拡大について～農林漁業法人、アグリ・フードテック、バリューチェーン企業への組合出資～」〔共著〕(銀行法務21 876号、2021年)

[主な業務分野]
プロジェクトファイナンス、ベンチャーファイナンス、農林漁業法務、アグリ・フードテック
担当：第1章第1～6節、第2章第3節、第3章第4節

岡田　真侑 (おかだ　まゆ)

東京大学法学部卒業
西村あさひ法律事務所弁護士
第一東京弁護士会所属

[主な業務分野]
プロジェクトファイナンス、航空機・船舶ファイナンス等
担当：第4章第2節3、4⑶

目　次

序　章

第1章　農業ビジネスの立ち上げにかかわる法務

第2章　農林水産業の経営にかかわる法務

第3章　食と農のサステナビリティ対応

第4章　フードテック・アグリテック

第5章　農林水産業・食品産業の海外展開戦略

第6章 アグリビジネス分野における事業承継

序章

本章では、本書『アグリ・フードビジネスの法実務─食農のサステナビリティとイノベーションを支える法戦略』の導入として、本書を貫く基本的な視座を提示し、それを踏まえて次章以下を概説していきます。

■ プレーヤー目線と３つの光

本書は、タイトルの示すとおり、アグリ・フードビジネスを対象とし、これに携わるさまざまな主体（担い手）、プレーヤーの目線から、そのビジネスを支える法実務の解説をするものです。

アグリ・フードビジネスにおいて、農業生産を中心とした農から食へ（Farm to Fork）、さらに広く農林水産物全般の生産から消費へとつながるチェーン─食料システム─にかかわる農業、林業、水産業、食品産業その他のさまざまな事業の主体がプレーヤーとなっています。それらのプレーヤーが、経営体、企業体として持続的に創出され、継続し、発展することを支える法実務を提示すること、それが本書の基本的な目線、基本軸です。

この基本軸に、今日、私たちがさまざまな態様でますます強く問われている、環境、テクノロジー、グローバル化とのかかわりという３つの方向から光を当てていきます。

■ 農政の基本理念

ここで関連する政策との関係を見ておきましょう。日本の農政については、食料・農業・農村基本法において、基本理念が定立されており、次の４つの理念から成り立っています。

・食料の安定供給の確保（２条）
・多面的機能の発揮（３条）
・農業の持続的な発展（４条）
・農村の振興（５条）

図表０−１、図表０−２はその内容と関係を示しています。

図表 0 − 1 　農業基本法から食料・農業・農村基本法へ

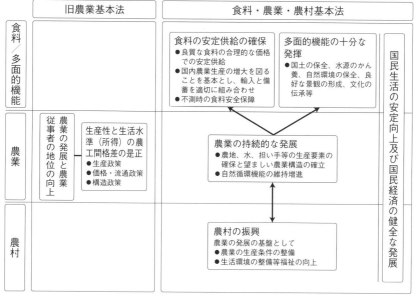

（出所）　農林水産省ウェブサイト

　「多面的機能」という用語は日常ではあまり出会わないものかもしれませ
んが、「国土の保全、水源のかん養、自然環境の保全、良好な景観の形成、
文化の伝承等農村で農業生産活動が行われることにより生ずる食料その他の
農産物の供給の機能以外の多面にわたる機能」とされています（食料・農
業・農村基本法3条）。

　これらの4つの理念の間には、どれかを強調するとどれかが抑制されると
いう、トレードオフの関係もありますが、「農業の持続的な発展」が基幹と
なって、食料産業と合わせてこれらを両輪とし、食料システム全体を持続的
に発展させ、それにより「食料の安定供給の確保」「多面的機能の発揮」を
図り、また「農村の振興」を促進していこうというものととらえることがで
きます。

　また、食料・農業・農村基本法には、食料・農業・農村と密接な関連性を

図表 0 － 2　基本理念の関係

```
┌─────────────────────────────┐   ┌─────────────────────────────┐
│      食料の安定供給の確保       │   │       多面的機能の発揮        │
│                             │   │                             │
│ 人間の生命の維持・健康で充実した生活の基 │   │ 国民生活及び国民経済の安定に果たす役割 │
│ 礎として重要                  │   │                             │
│ ┌─────────────────────────┐ │   │ ┌─────────────────────────┐ │
│ │ 将来にわたり良質な食料を合理的な価格で │ │   │ │ 多面的機能は将来にわたって適切かつ十分 │ │
│ │ 安定供給                 │ │   │ │ に発揮                 │ │
│ └─────────────────────────┘ │   │ └─────────────────────────┘ │
│ 世界の食料の需給及び貿易についての不安定 │   │                             │
│ な要素                     │   │                             │
│ ┌─────────────────────────┐ │   │ 多面的機能の例示              │
│ │ 食料の供給は国内の農業生産の増大を図る │ │   │   国土の保全、水源のかん養、自然環境の保 │
│ │ ことを基本とし、輸入・備蓄と適切に組合 │ │   │   全、良好な景観の形成、文化の伝承等  │
│ │ せ                    │ │   │                             │
│ └─────────────────────────┘ │   │ 多面的機能の性格              │
│ 国民の需要の高度化及び多様化に対応した食 │   │   農村で農業生産活動が行われることにより │
│ 料の安定供給                 │   │   生ずる食料その他の農産物の供給の機能以 │
│ ┌─────────────────────────┐ │   │   外の多面にわたる機能          │
│ │   国内の農業と食品産業の健全な発展  │ │   │                             │
│ └─────────────────────────┘ │   │                             │
│ 凶作、輸入の途絶等の不測の事態においても │   │                             │
│ 国民生活等に著しい支障を生じさせないため │   │                             │
│ ┌─────────────────────────┐ │   │                             │
│ │ 国民が最低限度必要とする食料の供給の確 │ │   │                             │
│ │ 保                    │ │   │                             │
│ └─────────────────────────┘ │   │                             │
└─────────────────────────────┘   └─────────────────────────────┘
```

```
┌───────────────────────────────────────────────┐
│               農業の持続的な発展                 │
│        農産物の供給の機能及び多面的機能の重要性          │
│           ┌─────────────────────┐              │
│           │   農業について持続的な発展   │              │
│           └─────────────────────┘              │
│ 農業の持続的発展の内容                            │
│ ・必要な農地、農業用水その他の農業資源及び農業の担い手を確保     │
│ ・地域の特性に応じてこれらが効率的に組み合わされた望ましい農業構造の確立 │
│ ・農業の自然循環機能の維持増進                       │
└───────────────────────────────────────────────┘
```

```
┌───────────────────────────────────────────────┐
│                 農村の振興                     │
│            農業の持続的な発展の基盤たる役割             │
│           ┌─────────────────────┐              │
│           │    農村について振興      │              │
│           └─────────────────────┘              │
│ 農村の振興の内容                               │
│ ・農業の生産条件の整備                           │
│ ・生活環境の整備その他の福祉の向上                     │
└───────────────────────────────────────────────┘
```

（出所）　食料・農業・農村基本政策研究会編著『食料・農業・農村基本法解説：逐条解説』
　　　　（大成出版社、2000年）41頁

有する「水産業及び林業への配慮」が掲げられており（同法6条）、農業と同様に、林業については森林・林業基本法において「森林の有する多面的機能の発揮」（同法2条）と「林業の持続的かつ健全な発展」（同法3条）が、水産業については水産基本法において「水産物の安定供給の確保」（同法2条）と「水産業の健全な発展」（同法3条）が、それぞれの基本理念として規定されています。

そして、これらの基本理念の規定から始まる基本法全体において、環境、技術、国際的な視点も重要な要素として位置づけられています。

このように日本の農政の基本理念は、本書の枠組み──食料システムの持続的な発展を担うプレーヤーの目線から、これに環境、テクノロジー、グローバル化の光を当てて、これを支える法実務を提示する──につながっています。

なお、本書執筆時において、特にロシア・ウクライナ情勢を契機として、食料安全保障の強化に向けた基本法の見直しの議論が一段と高まり注目されています。日本の農業政策の指針となる食料・農業・農村基本法は、1999年に施行されてから一度も改正されることなく、20年以上が経過しています。そのため、昨今の社会情勢や技術の発展を踏まえ、IT技術などを活用した成長産業化や輸出の強化、環境負荷の少ない持続可能なシステムの確立、食料安全保障の強化などの課題について見直しが行われます。この中でも、食料安全保障の強化については、小麦・大豆・飼料作物について、輸入依存からの脱却等生産の構造転換、国産原材料の安定調達のための食品産業と産地の提携、生産・流通コストを反映した価格形成を促すための枠組み作り、平時でも食品へのアクセスが困難な社会的弱者への対応などが課題として挙げられており、これらの点について検討が行われる見込みです。

■ 法実務、法戦略とは

本書が提示しようとしている「法実務」、そして「法戦略」についても、

説明しておきましょう。まず基本的に大切なことは、関連する法令その他の法的な規範（ルール）の内容をわかりやすく示すことです。膨大、複雑であり、日々変化するルールに関する情報をわかりやすく可視化し、曖昧さを整理してその解釈を示します。そして、このルールを規制・制約（これはできない）やリスク（このように危ない）としてとらえ、あらかじめ備え対応するためのガイダンスをしていきます。さらに、さまざまなルールをツールやインフラとしてとらえ、このようにルールを使えば、このように行えば、目指すビジネス目的を達成できるというガイダンスを示します。法実務では、生じてしまったトラブルや紛争の解決という臨床的側面ももちろん重要ですが、本書では、予防的なアプローチと戦略的なアプローチに重点を置き、予防法務、戦略法務について、両者を織り交ぜながら解説していきます。

　予防法務、戦略法務は、現在存在するルールあるいは今後予想されるルールにかかわるものが中心となりますが、それだけにとどまりません。プレーヤー自らがルール形成に関与するというルールメイキングの側面も重要です。ルールには、法令にとどまらないソフトローも含まれ、NGOや民間団体の規約・基準、プレーヤー間の契約（合意によるルール）といったものも視野に入ります。さらには、これらのルールを組み合わせたビジネスモデルの提示にも及んでいきます。

■ サステナビリティとイノベーションを支える

　このような法実務、法戦略を「食農のサステナビリティとイノベーションを支える」という観点から提示すること、それを本書副題としています。サステナビリティやイノベーションという言葉はさまざまな意味合いを持つ言葉です。本書では、特に厳密な定義論に入ることは避け、食農のサステナビリティを「食農ビジネス自体の持続性と、それを取り巻く環境や社会の持続性を、世代を超えた両者の相互関係、調和の中で図ること」、またイノベーションを「技術（テクノロジー）に限らず、価値の創造と課題の解決を実現

する有形・無形の新しい組合せ」をその意味するところとし、食農ビジネスの目的達成に向けて戦略的に、そのような「持続性の促進」と「新しい組合せの創出」に資するためのガイドとなることを心掛けました。

■ 農業＝ビジネスととらえることについて

　食料システムの諸活動、特に農業を「ビジネス」ととらえることについて、補足をしておきたいと思います。

　「ビジネス」ととらえるというと、農業を産業（インダストリー）としてとらえることに徹し、農産物の製造、加工、流通、販売を、工業製品と同様に扱い、事業の規模、生産性、効率性の追求を至上とする立場を取ることと思われがちかもしれません。

　このような立場に対しては、農業には、そのような産業的（生産主義的、還元主義的）思考によって捨象され、ないがしろにされてしまう大切にすべき重要な本質的な意義や価値がある、自然・環境と人間の全体的な相互的諸関係を見失ってはならない、食と農とを結び直し市民・消費者（食べる者）を社会システムの責任ある重要な参加主体と位置づけるべきである、などの代替的あるいは対抗的な議論や行動が国内外でされてきています。アグラリアン農業哲学、オルタナティブ農業、アグロエコロジーなどの提唱や実践にそれらを見ることができます。

　この点に関し、まず本書は、サステナビリティを副題に掲げ、環境という光を当てる、というところにも表れているとおり、産業的立場に徹した農業、食料システムの邁進を目指すべきとするものではありません。

　また、基本理念自体においても、持続性、多面的機能の重要性が示されており、代替的、対抗的な議論が指摘する一定の側面は織り込まれており、その流れは関連諸法にも見ることができます。SDGsなど、ますます高まる環境や社会との調和の要請の中で、ビジネス全般、そして自然・環境、社会とのかかわりがその根幹にある農業、食料システムにかかわるビジネスこそ、

責任ある実践が強く求められており、これに応じていくことが必要不可欠です。この流れは今後一層強くなっていくでしょう。

　さらに突き詰めると、利益・成長の追求を前提とするのか、そこから脱するべきか、という議論となります。本書においては、その深遠な議論には立ち入りませんが、基本理念に照らしても、基本的な枠組みは、利益・成長の追求を前提としているものととらえることができ、また本書も、利益・成長の追求を前提とする枠組みの下で、いかに調和を図っていくかを求めていこうとする立ち位置となっています。

■　ナビゲーターとして

　このような視座の下、次章以下では、食農ビジネスにおける最先端の事例を踏まえながら、キーとなるテーマに焦点を当て、サステナビリティとイノベーションのための基盤となる法的な枠組みをダイナミックに示し、一つのナビゲーターとなることを目指しています。このようなアプローチから、食農に関する関係法令や法的諸問題の全般について網羅的に解説するものとはなっていません。本書とは別の機会に提供できればと思っています。

　それでは、いよいよ各章の概要に進みましょう。

■　各章の概要

　まず、第1章では「農業ビジネスの立ち上げにかかわる法務」として、農業の実施主体の法人形態やさまざまな資金調達方法について概観します。農業といっても、生産から加工・流通・販売にかかわるバリューチェーンにおいては複数の事業者が関与し、企業形態・規模もさまざまです。特に農業生産を行う事業者については、農地法が適用され、農地の所有・賃借を行う企業には特別の株主・役員要件等が課せられます。これらの規制はGHQ主導の農地改革に端を発しますが、その後の農業の産業構造や対外状況の変化に伴い、複数回の改正や特別法による軌道修正が行われています。ただし、農

業法務においては、特定の業務分野について統一的・類型的な法改正が行われるよりは、特定の政策目的のための個別立法が行われる場合も見られます。このため、リーガルインフラの整備が不十分であり、これまでに蓄積された各法令が整合的に把握・運用されているとはいえない状況にあります。例えば、実務上は農地法に基づく農地の所有または賃貸に関する制約のみが注視され、農業経営基盤強化法や改正投資円滑法に基づく事業・資金調達スキームはマーケットに浸透しておらず、農業従事者に対して十分な情報開示・浸透が行われていない状況です。そこでこの第1章では、特別法も踏まえた農業法人の制度設計および農業用地の取得や農業の実施において留意すべき許認可およびレギュレーションについて、整合的に解説します。

第2章では「農林水産業の経営にかかわる法務」について多面的に取り上げます。まず、農業経営に関する潮流として、従前は、生産およびJAへの出荷作業が農家の主たる業務だったところ、近年は、自ら販路を開拓し、生産・加工・流通・販売（価格決定）までを担うようになり、リーガルリスクにさらされる局面が増加傾向にあります。その上、農作物は天候の影響等を受けやすいため、決められた数量・スケジュールでの生産が難しく、また価格も安定しないといった特性があります。これらの農業経営の特色を踏まえ、農家の経営安定のキーファクターとなり得る事項について考察します。

また、農業参入の方法として、既存の農業法人に対して投融資を行ったり、M&Aにより買収する場合のリスクや着眼点について農業独自の観点から解説します。さらに新しいタイプのビジネススキームとして、農用地で農業を継続しながら、太陽光発電などの再生エネルギー施設の敷地としても利用するソーラーシェアリングなどの営農型再生エネルギー発電事業や、IT技術やAIを用いた新しい海面養殖・陸上養殖事業を紹介するとともに、現行法上認められる事業スキームや資金調達方法について解説します。

第3章では「食と農のサステナビリティ対応」というテーマで、まず、農林水産業と地球環境の相互関係および気候変動・大規模自然災害の増加と

いった実情を概観します。そして、日本の食料システムのサステナビリティにかかわる喫緊の課題として、農業従事者の高齢化・就業人口の減少等の生産基盤の脆弱化や、食料生産を支える肥料原料の輸入依存等といった課題を紹介します。その上で、日本の食と農のサステナビリティ対応の動向として、2021年5月に策定された「みどりの食料システム戦略～食料・農林水産業の生産力向上と持続性の両立をイノベーションで実現～」、および2022年7月に施行された「環境と調和のとれた食料システムの確立のための環境負荷低減事業活動の促進等に関する法律」（略称「みどりの食料システム法」）の策定経緯や概要を解説した上、これらの新たな法制度を活用したビジネス展開について考察します。

　また、国外の動向として、EUのサステナビリティ関連政策の概要と日本企業に与える影響を解説します。その他、食農のサステナビリティに関連して、GAP認証制度などの環境影響を含む農作物の安全に関する規範を紹介します。

　第4章では、近時活発な動きを見せている「フードテック・アグリテック」について取り上げます。フードテックについては、培養肉や植物肉等の代用肉だけでなく、スマート家電やパーソナライズ化、流通プラットフォーム等のさまざまなフードテックが存在しますが、本書においては特に法務・ルールメイキングの観点で議論されることが多い代用肉にウェイトを置いて、日本の関係法令の解説と欧米を中心とした海外の規制動向を紹介します。日本の関係法令については、特に食品衛生法や食品表示法を取り上げます。また、アグリテックもその外延は幅広いですが、本書においては、特に法務面の検討の重要性が高い知的財産やデータの取扱い等に焦点を当てて解説を行います。他産業においてもデータの利活用は活発に行われており、経済産業省が発表した「AI・データの利用に関する契約ガイドライン」が一定の指針を提供していますが、農業分野においては農業者の利益の保護といった側面も考慮する必要があることから、「農業分野におけるAI・データ

に関する契約ガイドライン」が農林水産省によって策定されています。本書においては、そのような農業分野の特殊性も十分考慮に入れ、知的財産およびデータの取扱い等に関する法務面の留意点等を解説します。

第5章では「農林水産業・食品産業の海外展開戦略」について取り上げます。

近年、日本食は世界的なトレンドとなっており、海外における日本食レストランの増加や、2021年の農林水産物・食品の輸出額が、政府が目標として掲げてきた1兆円を初めて超えるなど、日本産農林水産物・食品の海外におけるプレゼンスは着実に高まりを見せています。日本国内市場は人口減が進むことによる市場縮小が予測されており、事業継続の観点からは、成長が見込まれる海外市場に目を向けることが重要と考えられます。そこで、輸出にとどまらず現地に生産・販売拠点を設け事業を展開する海外展開のメリットおよびリスクを概説した上で、各ビジネスモデルや進出形態（出資の有無）別に見た海外展開パターンのメリットおよびデメリット、並びに商品が実際に消費者に届けられるまでの各フェーズにおける海外展開の留意点を解説します。また、海外展開のスムーズな実施にあたっては、海外と日本の法規制および制度の違い、業界構造や商習慣の違いから生じるリスクを理解し、適切な対応策を講じておくことが重要です。そこで、デューデリジェンスによるリスクの洗い出しや現地法規制等の事前調査の重要性、近時世界的に高まりを見せるサステナビリティ意識に関する動向等の、今後事業者が海外展開を検討する上で押さえておきたい視点を述べるとともに、知的財産権・ノウハウ等の保護および秘密保持の観点から、農林水産物・食品の海外展開時に締結される各種契約のうち、販売店契約、ライセンス契約、（海外拠点を設ける場合の）雇用契約の3つを取り上げ、これらの契約の概要および締結する際の留意点を解説します。

海外における日本産農林水産物・食品の需要の高まりは、海外市場をターゲットとした多様な海外展開の拡大につながっている一方、近年、日本のブ

ランド産品の模倣品等が流通する事案が発生するなど、知的財産の保護の局面も増加しています。農林水産物・食品についても、他の商品との差別化を図り、事業者が開発した技術や商品を知的財産権として権利化および保護し、その品質の高さを売りに商品の市場への浸透およびブランド力を向上させることが重要です。本章では、農林水産・食品産業分野にかかわる知的財産の中から、農林水産物・食品のブランド保護のための制度として、商標制度および地理的表示保護制度（GI制度）を取り上げ、海外で商標出願・登録を行う際の課題や、地理的表示保護制度の概要、相互保護等の海外における日本の地理的表示の保護等について解説します。また、日本の農林水産物・食品の海外展開を拡大するにあたり障害となり得る輸出先国におけるノウハウ・技術流出について、特に日本からの輸出量の多いアジアの国・地域の中から、中国、タイ、ベトナムの3カ国を取り上げ、各国のノウハウ・技術流出に関する法制度および実態を紹介します。特に、食品に関する技術は、公知の素材と公知の加工技術の組合せであることが多く、製造方法に関するノウハウや技術が模倣しやすいと考えられており、上記3カ国の各法制度および実態に触れながら、かかる価値源泉の流出・毀損を防止するための対応策について解説します。

　第6章では、農業の担い手のサステナビリティという見地から「アグリビジネス分野における事業承継」について解説します。農林漁業分野においては、従来指摘されているとおり、従事者の減少と高齢化の進捗が顕著であり、その対応は喫緊の課題となっています。農業の事業承継の特殊性にも触れつつ、個人農家と法人農家の場合に分けて、事業承継に関する法的枠組みや関連立法によるサポート制度などを解説します。

【参考文献】

食料・農業・農村基本政策研究会編著『食料・農業・農村基本法解説：逐条解説』（大成出版社、2000年）

奥原正明『農政改革の原点：政策は反省の上に成り立つ』（日本経済新聞出版、2020年）

山下一仁『国民のための「食と農」の授業：ファクツとロジックで考える』（日本経済新聞出版、2022年）

ポール・B・トンプソン著、太田和彦訳『食農倫理学の長い旅：〈食べる〉のどこに倫理はあるのか』（勁草書房、2021年［2015年］）

ロナルド・サンドラー著、馬淵浩二訳『食物倫理入門　食べることの倫理学』（ナカニシヤ出版、2019年［2015年］）

秋元元輝・佐藤洋一郎・竹之内裕文編著『農と食の新しい倫理』（昭和堂、2018年）

古沢広祐『食・農・環境とSDGs：持続可能な社会のトータルビジョン』（農山漁村文化協会、2020年）

秋津元輝「農業政策から食農政策へ：食に関わる者たちすべての参加を前提に」（季刊『農業と経済』2021年夏号43頁）

ティム・ラング、マイケル・ヒースマン著／古沢広祐、佐久間智子訳『フード・ウォーズ：食と健康の危機を乗り越える道』（コモンズ、2009年［2004年］）

第1章

農業ビジネスの
立ち上げにかかわる法務

近時、法人の農業ビジネスへの参入が注目を集めています。例えば、農業法人「株式会社みらい共創ファーム秋田」では、2016年から米の生産を開始し、現在ではたまねぎも生産しています。同法人は、株式会社三井住友銀行の他、株式会社大潟村あきたこまち生産者協会、NECキャピタルソリューション株式会社、株式会社秋田銀行、株式会社三井住友ファイナンス＆リースの5社で共同出資しており、大規模・効率的な生産、データに基づく経営などに取り組みながら、持続可能で国際競争力のある農業経営モデルの確立を目指しています。

　農業ビジネスに参入する企業は2020年末で3,867法人に達しており（そのうち株式会社は2,493法人）[1]、農地法（昭和27年法律第229号）の2009年改正により、リース方式による参入が全面解禁されてから、改正前の約5倍のペースで増加しています。一方で撤退事例も少なからず存在しており、どのような法的形態で農業に参加し、事業を継続・発展していくかについては多角的な検討が必要となります。

1　農林水産省「リース法人の農業参入の動向」（https://www.maff.go.jp/j/keiei/koukai/sannyu/attach/pdf/kigyou_sannyu-2.pdf）

農業法人の設立

1 農業法人の種類

　農業の主体には、個人農家、農事組合法人、農業会社型法人などさまざまな形態が含まれますが、法令上、農業そのものを行うために必須となる許認可・組織要件などは要求されていません。したがって、農業を実施する法的主体の種類は、原則として自由な選択が可能となっています。一方で、農地または採草放牧地を所有または賃貸・使用貸借等により使用して農業・酪農業を行う場合には、農地法上の特別な要件が適用される場合があります（詳細は下記第3節で紹介します）。

　このためアグリ関連ビジネスを開始するにあたっては、農用地を使用するか、あるいは植物工場など他の種目の土地を利用したり、土地自体を使用せずに事業を行うものかによって、実施主体の属性を検討する必要があります。一方で、企業が直接農業に参入する場合のように、法的主体の属性が確定されている場合には、許容される農用地の用法を選択したり、特別法により農地法上の要件が免除されるようなエリアを探索してくることが必要になります。

2 農業者の認定制度（経営基盤強化促進法）

　農業経営基盤強化促進法（昭和55年法律第65号。以下「経営基盤強化促進法」といいます）では、農地所有適格法人とは別に、認定新規就農者および認定農業者の2種類の制度を設けています。同制度は、プロの農業経営者を幅広

く育成することを目的としており、性別、専業兼業の別、経営規模の大小、営農類型、組織形態（農地所有適格法人以外の形態も含まれます）を問わずに認定を付与し、各種の特例・優遇措置などを認めています。

認定新規就農者制度では、新たに農業経営を営もうとする「青年等[2]（新たに農業経営を営む青年等で農業経営を開始してから農林水産省令で定める期間を経過しないもの[3]を含み、認定農業者を除く。）」（経営基盤強化促進法14条の4第1項）が青年等就農計画を作成して認定を受けた場合に、「認定就農者」として認められることとなり、無利子融資、経営発展支援事業、経営開始資金など新規就農に関するサポートが受けられることになります。

一方、認定農業者は、都道府県知事の同意を得て農業経営基盤の強化の促進に関する基本的な構想を制定している市町村の区域内において、経営基盤強化促進法12条に基づき農業経営改善計画の認定を受けた農業経営者がこれ

---

2 経営基盤強化促進法4条2項および経営基盤強化促進法施行規則1条ないし1条の3では、「青年等」について、以下のとおり規定します。
　一　青年（農林水産省令で定める範囲の年齢の個人）
　　➤18歳以上45歳未満（経営基盤強化促進法施行規則1条）
　二　青年以外の個人で、効率的かつ安定的な農業経営を営む者となるために活用できる知識及び技能を有するものとして農林水産省令で定めるもの
　　➤65歳未満であつて、次の各号のいずれかに該当する者（経営基盤強化促進法施行規則1条の2）
　　　①　商工業その他の事業の経営管理に3年以上従事した者
　　　②　商工業その他の事業の経営管理に関する研究又は指導、教育その他の役務の提供の事業に3年以上従事した者
　　　③　農業又は農業に関連する事業に3年以上従事した者
　　　④　農業に関する研究又は指導、教育その他の役務の提供の事業に3年以上従事した者
　　　⑤　前各号に掲げる者と同等以上の知識及び技能を有すると認められる者
　三　前二号に掲げる者が役員の過半数を占める法人で、農林水産省令で定める要件に該当するもの
　　➤当該法人の役員である同項第一号又は第二号に掲げる者のうち当該法人が営む農業に従事すると認められるものが、当該法人の役員の過半数を占めること（経営基盤強化促進法施行規則1条の3）
3 農業経営基盤強化促進法施行規則（昭和55年農林水産省令第34号。以下「経営基盤強化促進法施行規則」といいます）15条の3では、認定就農者として認められる期間について、農業経営を開始してから5年と規定しております。

に該当し、農地法で要求する株主要件・役員要件に特例が認められています（詳細は下記第5節で説明します）。なお、農業経営改善計画を作成し、認定農業者となることができる者は、農業経営を営もうとする者も含まれます。

　一般的に、企業の農業参入事例は、農地をリースする農地賃借法人形態から入るパターンが多いと思われますが、将来の営農の種類、農業以外のビジネスの範囲、将来のスケール化・法人グループ組成を踏まえて、当初から認定制度による特例も考慮したプランニングが必要になってくると思われます。

農業用地の確保

1 農地法制の概要

　現行の農地法制の下では、農業用地の利用方法としては、①農用地を所有
または貸借するために農業委員会の許可を取る方法、②農用地を使用しつ
つ、特別法の規定により農業委員会の関与を回避する方法、並びに③農用地
をそもそも利用しない方法の３つが考えられます。想定する農業ビジネスの
作物、地域、規模、予算にフィットする農業用地を発見し、かつ地主から権
限の設定を受けるためには、多くの地理的、財務的、法的要素の検討が必要
となり、農業ビジネスを開始・拡大するための第一の関門となります。

　なお、農業・酪農業に必要な用地の概念としては、農地法、農地中間管理
事業の推進に関する法律（平成25年法律第101号。以下「農地バンク法」といい

図表１－１　農業・酪農業に必要な用地の定義

農用地等
一　農用地 　・農地…耕作の目的に供される土地 　・採草放牧地…農地以外の土地で、主として耕作または養畜の事業のための採草 　　または家畜の放牧の目的に供されるもの
二　木竹の生育に供され、併せて耕作または養畜の事業のための採草または家畜の放牧 　の目的に供される土地
三　農業用施設の用に供される土地（第一号に掲げる土地を除く）
四　開発して農用地または農業用施設の用に供される土地とすることが適当な土地

ます）、または農業振興地域の整備に関する法律（昭和44年法律第58号）などによって、農地、採草放牧地、農用地、農用地等といった用語の定義がなされています。具体的な用語の意義については、法令ごとに確認する必要がありますが、農地法では「農地」とは、耕作の目的に供される土地をいい、「採草放牧地」とは、農地以外の土地で主として耕作または養畜の事業のための採草または家畜の放牧の目的に供されるものをいうとされており、農地バンク法では農地法の定義を引用するなどして図表1－1のとおり定義がされています。

2 農地に関する情報ソース

農業用地に関する情報ソースは、取引先からの私的なネットワークから入手できる情報に加えて、下記のような公開情報やデータベースを利用することが可能です。

(1) 農地中間管理機構（農地バンク法）

農地中間管理機構とは、農地バンク法4条に基づき、農用地の利用の効率化および高度化の促進を図る事業を行うことを目的として、各都道府県知事により、当該都道府県ごとに一法人のみ指定される一般社団法人または一般財団法人[4]であり、例えば東京都では東京都農業会議がこれに該当します。農地中間管理機構は、農用地等に関する農地中間管理権の取得、農地中間管理権を有する農用地等の貸付、改良・造成・復旧等、貸付が行われるまでの管理、農業技術・経営方法の研修などの農地中間管理事業[5]を行います。さらに、農地中間管理機構は農地中間管理権を有する「農用地等」について賃

---

4 法文上は、一般社団法人または一般財団法人となっていますが、公益財団法人または公益社団法人形態を取る団体も多くあります。
5 具体的には、カバーする区域において農用地等の借受を希望する者を募集し、応募者および応募内容について整理・公表する他、農地中間管理権を有する農用地等について、応募者に対して、賃借権・使用借権を設定または移転するために、都道府県知事の認可を受けて、利害関係人の意見を聴取した上で、農用地利用配分計画を定めます。

借権の設定等を行おうとするときは原則として農用地利用分配計画を定め都道府県知事認可を受けることが必要とされていますが、経営基盤強化促進法に基づく農用地利用集積計画により、農地中間管理機構が賃借権の設定等を受ける「農用地等」について同時に賃借権の設定等を行う場合には、農用地利用配分計画によらずに、かかる賃借権の設定等を行えます。

農地中間管理機構の備置き・保存する帳簿には、農地中間管理権を取得した農用地ごとの詳細情報が記載されますが、この帳簿の公表・閲覧に関する法的根拠に関する規定は不見当であり、下記(2)の農業台帳から農地中間管理権の設定された農用地等を検索するのが実務的なアプローチになるものと思われます。ただ、各都道府県の農地中間管理機構に直接ヒアリングして追加情報を取得する余地もあるのではないかと思料します。

(2)　eMAFF農地ナビ

農地法52条の2では、農業委員会に対して、農地台帳を作成して、農地の所有者、所在地、権利関係等[6]を記録することを要求しており、同法52条の3では個人情報保護の観点から除外される情報を除いて、農業台帳の記載事項をインターネットにより公表する旨規定されています。eMAFF農地ナビ(旧全国農地ナビ) は、かかる農地台帳に基づく農地情報を一元管理して、インターネット上で公表するためのクラウドシステムであり、全国農業委員会ネットワーク機構（一般社団法人全国農業会議所）が運営しています。日本全国の農地に関する情報が掲載されており、地図からの検索および条件からの検索が可能となっています。

6　さらに農地法施行規則（昭和27年農林省令第79号）101条においては、農地の耕作者（同条1号）、遊休農地に関する措置の実施状況（同条3号）、農地所有者が所有権移転または賃借権等設定の意思があるか（同条4号）、農地が農業振興地域、農用地区域、生産緑地区域等の地域・区域内にあること（同条5号）、農地中間管理権による賃借権・使用貸借権の設定・移転状況（同条7号）等の情報の記載が要求されており、ターゲットとする土地について所有者が権利移転の意思を有しているか、農業委員会の許可が必要な土地かなどの情報を得ることができることになります。

⑶ 農業系コンサル、アグリテック企業、地域金融機関等の独自のネットワーク

　農業系コンサル企業やアグリテック企業には、その業務活動を通じて、全国あるいは一定地域の農家・農業法人とのネットワークを構築している企業があり、農地の売却や賃借権設定に関する現在または将来の予定など、農地台帳には未記載の情報を保有している場合も多く、また地域金融機関も日常の融資活動などを通じてこのような情報を入手していることも考えられます。したがって、これらの企業・金融機関等とコラボレーションすることによって、農業用地の情報を得ることも（それなりのコスト負担が発生する場合もありますが）有用なアプローチと考えられます。

　また、近時では衛星データとAIを活用して、農地の耕作状態を分析するようなサービスを提供する企業が登場している他、政府・自治体保有の農地関連情報のデジタル化の推進も予測されるところであり、今後の動向には注視が必要です。

⑷ 各都道府県・各市町村の農業経営基盤強化促進に関する基本方針・基本構想

　経営基盤強化促進法では、各都道府県に農業経営基盤の強化促進に関する基本方針を策定することを要求しており（経営基盤強化促進法5条1項）、各都道府県のウェブサイトにも掲載されています。基本方針には各都道府県の農業経営体数、新規就農者数等、利用集積面積の目標値、エリアごとの営農類型・栽培品種・栽培方法に関する説明などが記載されています。したがって、各都道府県のどのエリアでどのような規模・類型による農業の実施が可能か、自治体からどのようなバックアップが受けられるか等についての情報ソースになると思われます。

　さらに経営基盤強化促進法では、各市町村には、農業経営基盤の強化促進に関する基本構想を策定する権限（基本構想は義務的ではありません）を付与しており（経営基盤強化促進法6条1項）、各市町村のウェブサイトに掲載さ

れています。基本構想では、農業経営の基本的な指標、農業経営の規模・生産方式・経営管理の方法、新規就農者の育成・確保に関する目標など、当該市町村に関するよりエリアを絞った情報が入手可能です。

農地所有適格法人／
法人による農地の賃借

1 農地所有適格法人

　近時、新規に農業ビジネスに参加する企業には農地を賃貸する企業が多く
見られます。これは農地を所有する場合と賃貸する場合とで法令上の要件が
大きく異なるためです。

　農地法では、農用地について、所有権、地上権、永小作権、質権、使用借
権、賃借権、その他の使用・収益権を取得する場合には、農業委員会の許可
が必要です（農地法3条1項）。また、法人がこの許可を得るためには、後述
する賃借権・使用借権の場合を除き、これらの権利を取得する当事者が農地
所有適格法人であることを要します（同法3条2項）。

　農地所有適格法人の要件を概説すると、①株主要件として、総議決権の過
半数を、農業[7]の常時従事者（原則として年間150日以上[8]）を含む農業関係
者[9]が保有すること、②役員要件として農業常時従事者が役員の過半数であ
ること、③農作業要件として、農業常時従事者である役員または使用人[10]が
農作業[11]に一定期間（原則として年間60日以上）従事すること、④事業内容と
して、主たる事業が農業であることが要求されます。一方で、役員の最低必
要数や最低資本金の要件はなく、農事組合法人、株式会社または持分会社で
あれば会社の種類についても制限はないため、ある程度法人組織の制度設
計・資本政策には自由が認められます。なお、株式会社とする場合には、非
公開会社とする必要があります。

2 農地リース法人

農用地について賃借権および使用借権の設定を受ける場合には、当事者は農地所有適格法人であることは必須ではなく、代わりに役員・使用人要件な

---

7 常時従事者が従事する農業には以下の農業に関連する事業が含まれます（農地法2条2項1号括弧書き、同法施行規則2条）。
　① 農畜産物の貯蔵、運搬または販売
　② 農畜産物もしくは林産物を変換して得られる電気または農畜産物もしくは林産物を熱源とする熱の供給
　③ 農業生産に必要な資材の製造
　④ 農作業の受託
　⑤ 農山漁村滞在型余暇活動のための基盤整備の促進に関する法律2条1項に規定する農村滞在型余暇活動に利用されることを目的とする施設の設置および運営並びに農村滞在型余暇活動を行う者を宿泊させること等農村滞在型余暇活動に必要な役務の提供
　⑥ 農地に支柱を立てて設置する太陽光を電気に変換する設備の下で耕作を行う場合における当該設備による電気の供給
　また、常時従事の対象となる「農業」には、農作業の他、法人の行う農業に関する企画管理、帳簿の記帳等の事務が含まれると解する見解もあります。
8 常時従事者は農業に150日以上または150日に満たない場合には下記に定める日数従事する必要があります（農地法施行規則9条）。
　① 以下によって求められる日数（60日未満の場合には60日とする）

$$\frac{\text{法人の行う農業に必要な年間総労働日数}}{\text{法人の構成員の数}} \times \frac{2}{3}$$

　② 法人に農地の所有権もしくは使用収益権を移転させ、または使用収益権に基づく使用および収益をさせる者については、60日未満の場合においても、①によって算出される日数もしくは以下によって算出される日数のいずれか多い方の日数

$$\text{法人の行う農業に必要な年間総労働日数} \times \frac{\text{当該構成員がその法人に所有権もしくは使用収益権を移転し、または使用収益権に基づく使用および収益をさせている農地または採草放牧地の面積}}{\text{その法人の耕作または養畜の事業の用に供している農地または採草放牧地の面積}}$$

9 当該法人に農用地について所有権・使用収益権を移転した個人、使用収益権に基づく使用および収益をさせている個人、当該法人の行う農業の常時従事者、当該法人に農作業の委託を行っている個人、農地中間管理機構または農地利用集積円滑化団体を通じて法人に農地を貸し付けている個人、農地を現物出資した農地中間管理機構、農業協同組合・農業協同組合連合会、地方公共団体等が含まれます。ただし、農地所有適格法人自体は含まれておらず、農地所有適格法人の下に100％農地所有適格子法人を設立して会社グループを構成することは農地法そのものでは認められていません。

どの付帯条件が要求されています。農地所有適格法人と一般企業が賃借権・使用借権の設定を受ける場合とを比較すると図表1－2のとおりですが、特に議決権・社員数要件が排除されることで、企業が農業に新規参入・資本規模を拡大することが容易となるため、今後も農用地のリーススキームの利用増大が見込まれます。

　ただし、農地の貸借の場合であっても農業委員会の許可は必要であること、賃貸借の場合には賃料の継続的負担が必要となること、使用貸借の場合には、賃料の負担はないものの賃貸借に比べて使用借権者の権利保護が弱いことなどを考慮する必要があります。

10　農地所有適格法人の場合の使用人とは、「法人が行う農業に関する権限及び責任を有する者」である必要があります（農地法施行規則7条）。また、「法人が行う農業に関する権限及び責任を有する者」とは、支店長、農場長、農業部門の部長その他いかなる名称であるかを問わず、その法人の行う農業に関する権限および責任を有し、地域との調整役として責任を持って対応できる者をいい、権限および責任を有するか否かの確認は、当該法人の代表者が発行する証明書、当該法人の組織に関する規則（使用人の権限および責任の内容および範囲が明らかなものに限る）等で行われます（平12.6.1付け12構改B第404号農林水産事務次官依命通知「農地法関係事務に係る処理基準について」（以下「処理基準」といいます）第1(4)⑮）。

11　耕うん、整地、播種、施肥、病虫害防除、刈取り、水の管理、給餌、敷わらの取替え等耕作または養畜の事業に直接必要な作業をいい、農業に必要な帳簿の記帳事務、集金等は農作業には含まれないこととされています（処理基準第1(4)⑭）。

12　業務を執行する役員とは、会社法（平成17年法律第86号）上の取締役の他、理事、執行役、支店長等の役職名であって、実質的に業務執行についての権限を有し、地域との調整役として責任を持って対応できる者とされています。そして、その法人の行う耕作または養畜の事業（農作業、営農計画の作成、マーケティング等を含む）の担当者として、農業経営に責任を持って対応できるものであることが担保されていることが要求されます（処理基準第3.9(2)[3]）。

13　農地リース法人の場合の使用人とは、「法人の行う耕作又は養畜の事業に関する権限及び責任を有する者」とされています（農地法施行規則19条）。

図表1－2　農地所有適格法人と農地リース法人（一般法人）

	農地所有適格法人	農地リース法人（一般法人）
移転・取得できる権利（農地法3条1項、3項）	所有権、地上権、永小作権、質権、使用借権、賃借権、その他の使用・収益権	使用借権、賃借権
法人組織（同法2条3項本文）	農事組合法人、株式会社（非公開会社に限定）、持分会社	制限なし
事業要件（同法2条3項1号）	主たる事業が農業（関連事業含む）であること	制限なし
議決権・社員数要件（同法2条3項2号）	農用地関係者および農業関係者が総議決権または社員数の過半を占めること	制限なし
役員要件（同法2条3項3号、4号、3条3項3号）	① 理事、取締役、業務執行社員の過半数が常時従事者である構成員であること ② 理事等または重要な使用人の1人以上が、その法人の行う農業に必要な農作業に原則年60日以上従事すること	業務を執行する役員[12]・使用人[13]の1人以上が、耕作・養畜事業に常時従事すること
農地利用に関する基本的な要件（同法3条2項1号、5号、7号）	・農地の全てを効率的に利用すること ・一定の面積を経営すること（原則50 a、北海道は2 ha以上） ・周辺の農地利用に支障がないこと	
使用借権および賃借権の場合の特別要件（同法3条3項1号、2号）	N/A	・農地を適正に利用していない場合には賃貸借の解除をする旨の条件が、書面で締結されていること ・地域の農業者との適切な役割分担の下に継続的かつ安定的に農業経営を行うと見込まれること
農業委員会に対する定期報告要件（同法6条1項、6条の2第1項）	事業報告書：毎年	
賃貸借に関する特則（同法16条ないし18条、21条）	N/A	・農用地の引渡しがあった場合には、賃貸借は登記がなくても対抗要件を具備 ・法定更新規定あり（一部例外） ・賃貸借の解除・解約には原則として都道府県知事の許可が必要 ・存続期間、借賃等の額および支払条件等の契約書面化が必要

農業委員会の許可基準／適用除外要件

1 農業委員会の許可基準（農地法3条2項）

　農地法3条2項では、農業委員会の許可が禁止される場合が列挙されており、その中には、①他人への転売や貸付の目的での権利取得を排する目的、②信託の引受けにより権利が取得される場合、③最低面積要件等が含まれています。すなわち農用地については、明文で信託設定が禁止されていることに留意が必要であり、信託受益権化した上で流動化・証券化資産とするような一般的な不動産投資スキームが制限されます。また、農業委員会の許可については、期限は明示されておらず、また地域的な差異（例えば、企業参入に積極的か消極的か等）も想定されるため、許可が下りるか否かおよび許可取得まで長期化する可能性等を考慮すると、農地法3条1項の適用を回避する特例措置・スキームが利用できることは農業参加におけるメリットとなります。

2 農地法3条1項の農業委員会の許可に関する適用除外要件

　農地法3条1項但書および同法施行規則15条には、特別法に基づいて農用地の権限が設定される場合等を含む適用除外要件が詳細に規定されており、下記に従って農業法人に権限設定される場合には、農業委員会の事前の許可は必要なく、事業開始に向けて手続・期間的負担を回避することが可能となります[14]。

(1) 経営基盤強化促進法

経営基盤強化促進法19条に基づき公告がなされた農地利用集積計画の規定により、同法4条3項1号の権利が設定される場合（農地法3条1項7号）、農用地利用集積計画の策定段階で農業委員会の決定を経ているため、改めて農業委員会の許可は要しないことになります。

(2) 農地中間管理事業の推進に関する法律（農地バンク法）

農地バンク法18条7項の規定による公告があった農地利用配分計画に従い、賃借権または使用貸借による権利設定・権利移転が行われる場合（農地法3条1項7号の2）には農業委員会の許可は不要です。遊休地や所有者不明の農地について、農地中間管理機構によって農地中間管理権が設定されている場合には、農地中間管理機構から賃借権または使用貸借権の設定を受ける際にこの適用除外が利用可能となります。

(3) 特定農山村地域における農林業等の活性化のための基盤整備の促進に関する法律

1993年施行の法律であり、過疎化、高齢化の進展等が顕著な特定農山村地域（中山間地域）の活力回復を目的として、地域特性に即した農林業その他の事業の活性化・振興を図ることを目的としています。同法9条1項の規定による公告があった所有権移転等促進計画に基づき同法2条3項3号の権利設定・権利移転が行われる場合（農地法3条1項8号）には農業委員会の許可が不要とされます。

14　ただし、特定農山村地域における農林業等の活性化のための基盤整備の促進に関する法律（平成5年法律第72号）では8条1項で所有権移転等促進計画を定めるにあたり、また農山漁村の活性化のための定住等及び地域間交流の促進に関する法律（平成19年法律第48号）においては7条1項で、所有権移転等促進計画を定めるにあたり、農業委員会の決定を経ることとされているなど、農業委員会の一定の事前の関与が認められている制度もあります。

⑷　農山漁村の活性化のための定住等及び地域間交流の促進に関する法律

2007年施行の法律であり、農山漁村における定住等および農山漁村と都市との地域間交流の促進による農山漁村の活性化のために地方公共団体による活性化計画制度を創設し、交付金等の措置を定めたものです[15]。同法8条1項の規定による公告があった所有権移転等促進計画に基づき同法5条8項の権利設定・権利移転が行われる場合（農地法3条1項9号）には農業委員会の許可が不要とされます。

⑸　農山漁村再生可能エネルギー法

2014年施行の農林漁業の健全な発展と調和のとれた再生可能エネルギー電気の発電の促進に関する法律（平成25年法律第81号。以下「農山漁村再生可能エネルギー法」といいます）は、農用地の利用調整と再生可能エネルギーの導入により、地域の農林漁業の活性化を目的としています。地方自治体、発電事業者、農林漁業者等が協議会を設置して、再生可能エネルギー発電設備の整備と並行して農林漁業の健全な発展に資する取組を実施する点に特色があり、再生可能エネルギー業者による農林漁業への協力が見込まれる制度となっています[16]。

同法17条の規定による公告があった所有権移転等促進計画に基づき同法5条4項の権利設定・権利移転が行われる場合（農地法3条1項9号の2）には農業委員会の許可が不要となります。

⑹　国家戦略特区法

国家戦略特区制度は、2013年施行の国家戦略特別区域法（平成25年法律第

15　定住促進および交流対策について、道の駅の整備、農家レストラン、体験農園、体験ワイナリー等複数の事例が農林水産省のウェブサイトで開示されています。https://www.maff.go.jp/j/kasseika/k_seibi/zirei.html
16　実例として、太陽光発電、風力発電、小水力発電、バイオマス発電、温泉熱等複数の事例が農林水産省のウェブサイトで開示されています。https://www.maff.go.jp/j/shokusan/renewable/energy/zirei.html

107号。以下「国家戦略特区法」といいます）により、日本各地の成長戦略の実現に必要な規制緩和等の特例措置や関連制度の改革等を実施するために設けられた制度です。農林水産業に関連して、農業委員会の許可関連事務、企業農地取得、国有林野の貸付等の面積・対象者の拡大、特産酒類（焼酎等）について特例措置を設けており、令和5年1月時点では新潟市、養父市、北九州市、仙北市、愛知県および東京都の区域計画において農林水産業関連の認定事業が実施されているようです[17]。農業委員会は、市町村と農業委員会の合意に基づき、農地の権利移転に関する許可事務を市町村に移管することが認められており、許可の主体を市町村に移管することにより、事務処理期間の短縮が見込まれています。

　それぞれの場合に設定可能な権限の種類、適用要件およびメリット・デメリット等についてまとめると図表1-3のとおりです。

　一般的に、農業への企業参入については、賃借権設定が原則形態のように論じられることが多いのですが、農業委員会の許可自体は必要となることから、上記の制度を利用して、農用地の権限設置時における農業委員会による許可取得を回避し、また農用地の所有権を取得して、期中の地代コストの軽減を図るといったオプションも考えられます。ただし、いずれの場合も地方自治体が整備・促進計画等を作成していることが必要となることから、各地方自治体からの情報収集や担当者とのコネクションを強化すること等が重要になり、また、どの地域でどのような特別法・促進法に基づく制度の利用が可能かを一元的に管理しているような情報ソースは現状では十分に整備されておらず、したがって、コンサルティング会社等多くの農業エリアやプロジェクトの情報を保有している業者との連携も有益と考えられます。

17　地方創生推進事務局のウェブサイトに詳細な情報が記載されています。https://www.chisou.go.jp/tiiki/kokusentoc/menu/nourinsuisan.html

図表1−3　各法律の設定される権限の種類、適用要件、メリット・デメリット等

	設定される権限の種類	主な適用要件	メリット・デメリット等
経営基盤強化促進法	賃借権、使用借権、経営受託権	① 市町村による農業経営基盤の強化の促進に関する基本構想の策定および都道府県知事の同意 ② 農地利用集積計画の作成および公告	・農地法の出資者要件および役員要件の免除・緩和が認められる。 ・基本構想および農地利用集積計画を作成している市町村を発見する必要がある。
農地バンク法	賃借権または使用借権	① 農地中間管理機構による農地中間管理権の取得 ② 農用地利用配分計画の作成、都道府県知事の認可および公告	・eMAFF農地ナビにより情報検索が容易である。 ・農地中間管理権の設定される農地には優良な農地が含まれていない可能性がある。
特定農山村地域における農林業等の活性化のための基盤整備の促進に関する法律	所有権、地上権、賃借権または使用借権	① 地勢等の地理的条件が悪く、農業の生産条件が不利であること ② 土地利用状況、農林業従事者数等から農林業が重要な事業であること ③ 3大都市圏の既成市街地等でないこと ④ 人口が10万人未満であること	・特定農山村地域が存在するエリアに限定される。 ・特定農山村地域の特性から良好な農業生産が見込みにくい。
農山漁村の活性化のための定住等及び地域間交流の促進に関する法律	所有権、地上権、賃借権または使用借権	① 農林漁業が重要な事業である地域であること ② 定住等および地域間交流の促進が農山漁村の活性化に有効かつ適切であること ③ 既成市街地以外の地域であること	・交付金による財政的な支援が見込まれる。 ・対象エリアが限定される。
国家戦略特区法	所有権	① 農地等効率的利用促進事業を定めた区域計画の内閣総理大臣による認定 ② 許可に関する事務の移転の合意および公告	・市町村が許可事務を行うことにより期間短縮が見込まれる。 ・対象エリアは施行令での指定が必要となり、限定される。 ・市町村の許可は必要となる。

農地所有に関する特別法

1 経営基盤強化促進法による特則（利用権設定等促進事業）

⑴ 経営基盤強化促進法の変遷

経営基盤強化促進法は、この半世紀近くにわたって複数回の法令制定・改正により整備されたものであり、農地法における農地の所有要件についても大きな影響を与えています。その改正の経緯は近時に至るまでの農地政策の変遷を反映したものであり、参考までに図表1－4にその概要をまとめます[18]。

⑵ 2003年改正による認定農業者に係る構成員（出資者）要件の緩和

一連の立法措置の過程で、2003年改正により農地法に定める農地所有適格法人の構成員要件（農地法2条3項2号）について特例措置が講じられ、経営基盤強化促進法14条1項では、農地所有適格法人が作成し、市町村の認定を受けた経営改善計画に従って関連事業者等が当該農地所有適格法人（認定農業者）に出資を行う場合には、農地法2条3項2号に規定する個人・農業従事者等が議決権の過半数を占める構成員要件は緩和され、関連事業者等による過半数保有が法文上可能となっています。この関連事業者等とは、経営基盤強化促進法上は「農業経営を営み、若しくは営もうとする者から当該農業経営に係る物資の供給若しくは役務の提供を受ける者又は当該農業経営の円滑化に寄与する者」とされており[19]、「農業経営の改善のために行う措置」

---

18 詳細については、全国農業委員会ネットワーク機構『改訂7版　農業経営基盤強化促進法の解説』（全国農業会議所、2021年）257頁以下および318頁以下を参照。

図表1－4　経営基盤強化促進法の変遷

1975年	農業振興地域の整備に関する法律の一部改正により農用地利用増進事業（貸借による農地流動化）を創設
1980年	農用地の利用増進のための措置（利用権設定等促進事業、農用地利用改善事業促進事業、農作業受託促進事業等）の総合的推進を目的とした農用地利用増進法（昭和55年法律第65号）の制定
1989年	農用地利用増進法の一部改正により、市町村が作成する農業構造改善の目標達成に向けた仕組みおよび遊休農地に関する措置を制度化
1993年	農用地利用増進法の改正により、農用地の利用の集積や認定農業者制度の導入、税制・金融上の特典などの支援措置を整備するとともに、法律名も「農業経営基盤強化促進法」に改名
1995年	経営基盤強化促進法の一部改正により、農地保有合理化法人に対する支援強化（助成、債務保証等）および農用地の買入協議制度を創設
1999年	地方分権一括法（地方分権の推進を図るための関係法律の整備等に関する法律（平成11年法律第87号））による経営基盤強化促進法の一部改正により、都道府県知事による基本方針の作成等の事務を法定受託事務化
2003年	経営基盤強化促進法の改正により、農業生産法人による多様な経営展開を可能とするための措置、集落営農組織を担い手として育成するための措置等を整備
2005年	経営基盤強化促進法の改正により、特定法人貸付事業（リース特区）を創設し、遊休農地に関する特定利用権の設定の仕組みを整備
2009年	農地法等の一部を改正する法律（平成21年法律第57号）により、農地利用集積円滑化事業を創設し、特定法人貸付事業を廃止（遊休農地対策は農地法に移行）
2013年	経営基盤強化促進法の改正により、青年等の就農促進策を強化し、都道府県の青年農業者等育成センターの確保に関する努力義務を規定。農地保有合理化事業を廃止し、農地中間管理機構に承継
2018年	農業経営基盤強化促進法等の一部を改正する法律（平成30年法律第23号）により、農用地利用集積計画の見直しがされるとともに、共有者不明農用地等に係る農用地利用集積計画の同意手続の特例の創設
2019年	農地中間管理事業の推進に関する法律等の一部を改正する法律（令和元年法律第12号）により、①農地の集積・集約化を支援するための体制の一体化がされるとともに、②担い手の確保等農地の利用集積・集約化の促進がされた。②の一つとして農地所有適格法人に出資している会社の役員が認定を受けた農業経営改善計画に従って出資先の農地所有適格法人の役員を兼務する場合の、役員の常時従事要件が緩和

には出資・資金の融通が含まれています。ただし、経営基盤強化促進法施行規則および平24．９．１付け12構改Ｂ第846号農林水産事務次官依命通知「農業経営基盤強化促進法の基本要綱」（以下「基本要綱」といいます）においては、特例措置の適用対象となり認定農業者である農地所有適格法人に対して過半数出資ができるのは、「関連事業者等のうち耕作又は養畜の事業を行う個人又は農地所有適格法人」（以下便宜的に「親会社認定法人」といいます）に限定されています。

したがって、農業経営基盤強化促進法規則および基本要綱を加味すると、経営基盤強化促進法14条１項は、認定農業者である農地所有適格法人について広く一般企業による過半数出資を認めるものではないと解されます。

(3) 2019年改正による認定農業者に係る役員要件の緩和

次に経営基盤強化促進法の2019年改正では、認定農業者については農地法に定める農地所有適格法人の役員要件（農地法２条３項３号）についても特例措置が認められており、経営基盤強化促進法14条２項では、関連事業者等の役員が認定農業者の役員（株式会社の場合には取締役）を兼務することが許容されています[20]。ただし、役員要件についても、経営基盤強化促進法施行

19　より具体的には、基本要綱によれば、「関連事業者等とは、例えば、農畜産物を安定的に購入する食品加工業者及びスーパーマーケット、農作業の受委託契約を締結した者、農地所有適格法人に対して労働力を提供する派遣契約を締結した法人、農業生産資材の販売会社、農産物運送業者やライセンス契約する種苗会社等が該当します。」とされており、やはり農食関連産業に実業として関与する業者が想定されているように思われます。また「関連事業者等が『当該農業経営の改善のために行う措置』とは、その経営の財務基盤の強化を図るために行われる出資又は資金の融通のほか、関連事業者等との間における取引関係又は役員の兼務を通じて行われる生産技術や経営技術の提供など農業経営の合理化や安定発展等が見込まれる措置が該当します。」とされています。

20　経営基盤強化促進法14条２項の規定を農地法２条３項３号に反映させると、「その法人の常時従事者たる構成員（農事組合法人にあつては組合員、株式会社にあつては株主、持分会社にあつては社員をいう。以下同じ。）又は農業経営基盤強化促進法13条２項に規定する認定計画に従つてその法人の理事等（農事組合法人にあつては理事、株式会社にあつては取締役、持分会社にあつては業務を執行する社員をいう。以下この号において同じ。）を兼ねる同項に規定する関連事業者等（当該認定計画に従つてその法人に出資しているものに限る。）の役員が理事等の数の過半を占めていること。」となります。

規則による制約が付加されており、

① 当該認定農業者（子会社）の親会社も認定農業者である農地所有適格法人であり、当該認定農業者（子会社）の議決権の過半数を有していること

② 当該認定農業者（子会社）の兼務役員が、農地所有適格法人（親会社）の常時従事者（農地法2条3項2号ホ）であり、かつ農地所有適格法人（親会社）の株主であること

③ 兼務役員が、当該認定農業者（子会社）の行う農業に年間30日以上従事すること[21]

といった要件を満たすことが要求されています。したがって、一般企業である関連事業者等の常時従事者兼株主ではない役員が、農地所有適格法人（子会社）の役員の過半数を占めることはできないことになります。

さらに2019年改正によっても、農地所有適格法人における主たる事業が農業等であることや農業従事日数要件（農地法2条3項4号）は免除されていないため、純粋な資産保有エンティティのような形態（GK-TKスキームやTMKのように資産（農地）のみを保有し、資産管理・運用は外部委託する場合）を取ることはできず、今後の立法を待つ必要があります。

2 経営基盤強化促進法により許容される農地所有適格法人グループ

(1) 経営基盤強化促進法の許容する親子会社関係

上記を踏まえた場合、経営基盤強化促進法14条の有意義な特色としては、認定農業者法人（2020年3月末現在で約2万6,080社[22]。ただし、農地所有適格法人ではない農業法人も多数含まれていると思われます）である農地所有適格法

---

21 経営基盤強化促進法14条2項は、農地法2条3項3号に関する特例措置を定めたものにとどまるため、同項4号の農業従事日数要件（原則60日：農地法施行規則8条）を免除するものではなく、兼務役員の他に、農業従事日数要件を充足する役員・重要使用人が存することが別途必要になると思われます。

22 農林水産省ウェブサイト「認定農業者の認定状況（令和2年3月末現在）」

人が、認定農業者である他の農地所有適格法人（以下「子会社認定法人」といいます）の過半数株式を取得して子会社化できることということが指摘できると思います。現在の経営基盤強化促進法および基本要綱をベースとすると、

① 最上位の親会社認定法人については、一般企業の出資は50％未満にとどまり、農地法2条3項2号に規定する農業関係者等が議決権の50％超を保有することが必要である、

② 下位の子会社認定法人については、50％超を上位の親会社認定法人（および常時従事者）が保有し、一般企業の出資は50％未満にとどまる（ただし、親会社認定法人における出資割合を加味すると、子会社認定法人の議決権の過半数を間接保有できる）、

③ 役員では最上位の親会社認定法人および下位の子会社認定法人ともに常時従事者兼株主がマジョリティを取ることが必要となる（≒一般企業側としては、役員のマジョリティは取れず、取締役会における決議要件を厳格化して拒否権を取得する等にとどまる）、

といった帰結になると思われます。

(2) 親会社農地所有適格法人の制度設計

一般事業者が株式出資および役員派遣を行う場合、出資比率は50％未満となり、役員も原則として半数未満しか派遣できないことになります。ただし、役員については、農業常時従事者であれば足り、農"作"業常時従事者であることまでは要求されていません。また従事日数についても原則は150日ですが、当該農業法人の農業従事日数が150日未満の場合には軽減されます。

この農業概念と従事日数要件を加味すれば、一般事業者から農地所有適格法人に対する出向社員または兼務社員が上記の常時従事者要件を充足する余地は十分あり、さらに同社員が農地所有適格法人の取締役に就任してかつ一部出資を行うことにより、常時従事者たる構成員である取締役に該当するこ

とも可能と思われます[23]。そして、このような農地所有適格法人を最上位の親会社認定法人とすれば、下位の子会社認定法人については、一般事業者および親会社認定法人を株主とすれば足り、新たに過半数の議決権株式を取得する農業関係者の参加は必要ではなくなります。また親会社認定法人が子会社とできる法人の種類は、子会社認定法人には限定されないため、農地リース法人や植物工場を運営する一般の株式会社等を子会社・関連会社（この場合には、親会社認定法人の出資比率に上限・下限はありません）として農食関連企業グループを形成することも可能と思われます。

図表1−5　親会社農地所有適格法人の制度設計

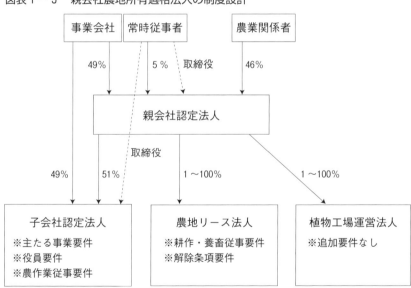

23　この場合には例えば、一般事業会社［49％］、一般事業会社から派遣された常時従事者たる構成員である取締役［5％］およびその他の農業関係者［46％］といった株主構成を取れば、最上位の親会社認定法人においても一般事業者側で議決権株式の過半数保有が実質的に可能となると解されます。ただし、上記のような株主構成の場合に、農業委員会が農地所有権の取得に許可を出す際にどのような評価を下すかについては明らかではなく、別途の検証・交渉が必要になります。

上述のとおり、現在の一般企業の農業参加は、農地リース法人の形態によるのが一般的ですが、優良・有望な農地が売却される際に、売却側は賃貸ではなく売却を希望することも十分想定されます。この場合に、当該企業がリース形態しか取れないとなると、農地中間管理機構や別の農地所有適格法人にいったん所有権を取得してもらってから賃借を受ける等の措置が必要となり、迅速性・競争力に欠けることになります。この観点からは、農業経営の規模拡大や高度化のためには、親会社認定法人に相当する農業法人を取得・保有しておき、自社側の人材を常時従事者（兼株主）として維持することによって、売却に出される農地について、所有権取得またはリース、あるいは（子会社認定法人となり得る場合には）農地所有適格法人の株式の取得自体も可能とするような体制を早期に整えておくことが望ましいと考えられます。

3　国家戦略特区法

　国家戦略特区法では、以下の要件を充足する場合には、農地所有等に関する農業委員会の許可要件を緩和するとともに、農地所有適格法人ではない法人による特定地方公共団体[24]から農地等の所有権取得を許容しています。

① 　国家戦略特別区域において農地所有適格法人以外の法人による農地等の取得事業（法人農地取得事業）が行われること

② 　法人農地取得事業を定めた区域計画について、内閣総理大臣の認定を受けた場合

③ 　国家戦略特区法の平成28年改正法の施行から７年間の期間内であること

24　①農地等の効率的な利用を図る上で農業の担い手が著しく不足していること、②従前の措置のみによっては、効率的な利用を図る必要がある農地等の面積が著しく増加するおそれがあること、といった要件を満たすものとして、国家戦略特別区域法施行令（平成26年政令第99号）に定める地方公共団体、広域連合等が該当し、令和５年１月時点では兵庫県養父市のみとなっています。

④　農地等を適正に利用していないと地方公共団体が認めた場合には、所有権を返還する旨を契約書面で合意していること

⑤　地域の農業者との適切な役割分担と継続的・安定的な農業経営が見込まれること

⑥　業務執行役員または使用人の１名以上が農業・畜産に常時従事すること

⑦　農業委員会の許可があること[25]

　上記④〜⑦については、農地リース法人に課せられる要件と類似しており、一般企業が農地の所有権取得を認める形で農業に参入することを認める制度と評価されます。ただし、当初は国家戦略特区法の平成28年改正法の施行日（2016年６月３日）から５年間の時限立法とされていたこと（その後、特例措置の２年間の延長が認められています）、また重層的な要件の充足が難しく平成28年改正法施行以降の特例農業法人の実例も限定的であることから、今後の立法の動静に留意する必要があります。

4　農作物栽培高度化施設に関する特則

　農地法43条および農地法施行規則88条の３では、農作物栽培高度化施設に関する特則を定めており、農業委員会に届け出て農作物栽培高度化施設の底面とするためにコンクリート等で覆った農地について、農地法を適用する旨規定しています。農業用ハウスや低層の植物工場については、同規定の適用の有無が問題となりますが、同規定の制定経緯は、農地上に底面を全面コンクリート張りしたような農業用ハウスを設置する場合に、従来は転用許可（農地法４条１項）が必要であり、また農地としての低率の課税が受けられなくなっていた点に対応して、農業委員会に届出をした上で、底面をコンク

25　この場合の農業委員会の許可事務が国家戦略特区法の規定により市町村に移管できるかについては、法文上は禁止条項はなく可能と思われ、特例農業法人が市町村の許可を得て、農地所有する余地はあると思われます（兵庫県養父市では、併用されているようです）。

リート張りにする場合には、転用許可を不要とし、課税上の農地扱いを継続することを目的としています。

農業ビジネスにおいて留意すべき
許認可・レギュレーション

1 農産物の製造・販売に関する許認可等について

　農産物の製造・販売に係る許可、認可、認証、届出（以下「許認可等」と
いいます）で代表的なものとしては、食品衛生法（昭和22年法律第233号）に
基づく営業許可制度・営業届出制度があります。

　近時の食品衛生法等の法改正[26]では、「一施設一許可」制度[27]が導入され、
地方自治体等が独自に規制していた許可業種を食品衛生法に一元化された
他、これまでの「営業許可制度」の他、「営業届出制度」[28]が創設されまし
た。この改正により、改正後の食品衛生法の下では、一部の地方自治体等の
みで許可が必要とされていた業種（例：漬物販売業[29]）が、一律に許可業種

26　2021年5月31日以前に適用されていた食品衛生法（以下「旧食品衛生法」といいま
　　す）の下では、許可業種に該当する業種の数だけ食品衛生法上の許可を取得する必要が
　　あった上、地方自治体等が独自に許可業種を設定する上乗せ規制も認められていまし
　　た。現在の食品衛生法（以下「新食品衛生法」といいます）の下では、このような条例
　　による許可の上乗せ規制は認められていません。もっとも、各業種について、地方自治
　　体等による独自の施設基準の設定はなお否定されていないため、実際の営業にあたって
　　は、適用されるレギュレーションの内容を慎重に調査する必要があります。
27　旧食品衛生法下では、取り扱う食品に対応して営業許可を取得する必要があり、単一
　　施設で複数の営業許可を取得させることが頻繁に見られ、取扱いも自治体間で統一され
　　ていませんでした。この点、新食品衛生法下では、旧食品衛生法における運用実態を精
　　査して、単一許可業種で取扱いが可能な食品の範囲を拡大し、これを政令および通知に
　　示し、施設の営業形態に最も適切な許可を取得する「一施設一許可」となるように見直
　　されたものです。
28　2021年6月1日付けで導入され、HACCPによる衛生管理を原則として全ての営業者
　　に義務づけることになり、行政による衛生管理に係る指導を行うため、営業届出制度が
　　創設されました。なお、この食品衛生法の改正以前から、一部の自治体では、条例に基
　　づく届出制度が設けられていました。

に指定されるなど、従前許可が不要であった地域においても許可が必要になる業種が生じています。また、この改正では、「許可営業」および「届出対象外営業」のいずれにも該当しない営業を営もうとする場合は、管轄の保健所に営業届出を行うものとするとされた結果、これまで許可の対象になっておらず届出も不要であった業種（例：野菜果物販売業）も、原則として届出を要することになるなど、制度設計の変更にまで及ぶ改正がなされています。加えて、食品衛生法上の「営業」から、「農産物（及び水産物）の採取業」に当たるものが除外されたため（食品衛生法4条7項但書）、現在、これに該当する場合には、営業許可および営業届出が不要となっていますが、何が「農産物（及び水産物）の採取業」に当たるかの解釈は通達上でなされており[30]、食品衛生法を遵守して営業を行うにあたっては、法令のみならず、通達も慎重に確認して、営業許可や営業届出の要否を検討する必要があります。さらに、実際の申請にあたっては、従前同様、このような、許可等の対象該否の判定の他、法令および条例に定める施設基準をよく確認した上で、基準に適合する状態を構築・維持する必要があります。

　このように、食品衛生法一つを取ってみても、確認すべきポイントが多層にわたる許認可等の制度になっていることから、農産物の加工・販売といった農業ビジネスに参入するにあたっては、法規制の専門家のアドバイスを受けながら、行う事業に合わせて、最新の法令や関連する通達を、都度、慎重に確認することが必要です。

2　農産物販売の食品表示

　農産物を販売する際には、食品表示にも留意する必要があります。

29　漬物を製造する営業または漬物と併せて漬物を主原料として調味加工した漬物加工品（高菜漬を使用した高菜漬炒め、味付けザーサイ、味付けメンマ等）を製造する営業をいいます。
30　令2.5.18付け薬生食監発0518第1号厚生労働省医薬・生活衛生局食品監視安全課長通知「農業及び水産業における食品の採取業の範囲について」の別紙参照。

食品表示に関しては、旧来、食品衛生法、農林物資の規格化及び品質表示の適正化に関する法律、および健康増進法（平成14年法律第103号）という目的が異なる３つの法律が定められていたところ、2015年に食品表示法（平成25年法律第70号）が施行され、表示に関する規律は、ある程度、食品表示法に包括されるようになりました。しかし、現在もなお、食品表示法以外に食品に関する表示を規律する法令[31]は複数存在し、JAS制度に関するものであれば日本農林規格等に関する法律（昭和25年法律第175号。以下「JAS法」といいます。旧：農林物資の規格化及び品質表示の適正化に関する法律）を、米穀および米穀を原材料とする飲食料品に関するものであれば米穀等の取引等に係る情報の記録及び産地情報の伝達に関する法律（平成21年法律第26号）を、農産物について健康を増進するような表示を行うにあたっては健康増進法を参照する必要があります。

　さらに、価格表示に関しては、不当景品類及び不当表示防止法（昭和37年法律第134号。以下「景品表示法」といいます）が包括的に規律しており、かつ、他の法令とともに誤認表示を禁止している他、各種の法令には通達やガイドライン・Q&Aが存在し、かかる行政解釈を踏まえた上での対応を検討する必要がある等、農産物の販売にあたっては、幅広い情報収集と複合的な検討が必要になります。

　このように、農産物を販売する場合には、個々の商品に応じて、どのような表示義務が課せられているか、また、どのような表示禁止事項が定められているか等を確認する必要がありますが、本章では、紙幅の都合上、食品表示法における、生鮮食品としての農産物（米穀、麦類、雑穀、豆類、野菜、果実その他の農産食品。きのこ類、山菜類およびたけのこを含みます）の販売時の表示事項に限定して、その概要を説明します。

31　食品表示については、いくつかの食品について、消費者庁長官の認定を受けた公正競争規約（自主規格）が存在します。

(1) 食品表示法上の表示に関する規律の概要

食品表示法は、同法に基づき制定された食品表示基準（平成27年内閣府令第10号。以下「食品表示基準」といいます）において、大要、食品を加工食品、生鮮食品および添加物のカテゴリーに大別した上で、加工食品と生鮮食品については[32]、業務用か否かに場合分けして（なお、業務用でないものは一般用と呼ばれます）、それぞれに対し、当該カテゴリーの食品に一般的に表示すべきものとして適用される表示（横断的義務表示）と、特定の食品に表示すべきものとして適用される表示（個別的義務表示）の2つの表示を定める規制を行っています。また、これらと合わせて任意表示や表示禁止事項に関する規制を行っています。

以下では、食品関連事業者（食品の製造、加工（調整および選別を含みます）もしくは輸入を業として行う者、食品の販売を業として行う者をいいます）が一般用生鮮食品（加工食品の原材料となる生鮮食品以外の生鮮食品をいいます）を販売する場合に適用される表示規制の概要を説明します。

これらの表示義務は食品関連事業者に直接課せられているため、原則として、生産農家であっても、消費者向けに直接出荷する場合等「業として」販売する場合には、法令に従った食品表示が義務づけられていますが、解釈上は、例えば、表示の時期に関しては、生産者の場合、生産者が農協に出荷し、農協との合意により、農協が表示を含めた販売行為に責任を持つ場合には、農協から出荷される段階で表示されていればよいと解されています（食品表示基準Q&A[33]生鮮－3参照）。また、卸売段階における表示の方法は、箱に原産地が表示されているものについては、そのまま卸売を行っていれば表示義務は果たしたことになりますが、市場への搬入時に箱に原産地の表示が

32　本書では、加工食品および添加物に関する詳細や、食品関連事業者以外の義務については割愛しています。

33　令3.3.17付け消食表第115号消費者庁食品表示企画課長通知「食品表示基準Q&A」（以下「食品表示基準Q&A」といいます）https://www.caa.go.jp/policies/policy/food_labeling/food_labeling_act/assets/food_labeling_cms101_210317_12.pdf

なされていないものについては、送り状または納品書等で確認し、または出荷者に問い合わせて卸売業者が容器包装、送り状または納品書等に表示をすれば表示義務を果たしたことになると解されている[34]等（食品表示基準Q&A生鮮－4参照）、各事業者が表示義務をどのように履行すれば果たしたことになるかは、通達・ガイドライン・Q&A等、さまざまな様式で公表される行政解釈にも留意が必要になります。

a 横断的義務表示

食品関連事業者が一般用生鮮食品を販売する際には、横断的義務表示として、以下の事項を表示する必要があります（食品表示法5条、食品表示基準18条1項）。

ただし、①設備を設けて飲食させる場合、②容器包装に入れないで生産した場所で販売する場合、③容器包装に入れないで不特定もしくは多数の者に対して譲渡（販売を除く）する場合には、横断的義務表示は課されません（食品表示基準18条1項・2項）。

なお、玄米および精米は、横断的義務表示の方法について、食品表示法上に個別の表示様式が定められていることに留意が必要です（食品表示基準22条5号、様式4）。

① 名称[35]……その内容を表す一般的な名称を表示します。

この名称に係る横断的義務表示の履行について、容器包装に入れられた農産物（放射線を照射した食品、保健機能食品およびシアン化合物を含有する

---

34 なお、生産者が直接消費者に販売する場合も同様で、農産物そのもの、容器包装の見やすい箇所、送り状または納品書等に表示してあれば表示義務を果たしたことになります（食品表示基準Q&A生鮮－3参照）。

35 なお、シアン化合物を含有する豆類、アボカド、あんず、おうとう、かんきつ類、キウィー、ざくろ、すもも、西洋なし、ネクタリン、パイナップル、バナナ、パパイヤ、ばれいしょ、びわ、マルメロ、マンゴー、もも、またはりんご「以外」の一般用生鮮食品については、容器包装に入れた場合であっても、生産した場所で販売する場合または不特定もしくは多数の者に対して譲渡（販売を除きます）する場合には、横断的義務表示における名称の表示義務は免除されています（食品表示基準20条）。

豆類は除きます）では、名称表示については容器包装に必ずしも明記する必要はなく、容器に入れられていない農産物と同様に、近接した場所に立て札を立てて表示することも認められており、その実例は食品表示基準Q&Aにも紹介されていますので、実際の表示方法の検討については、Q&Aの内容を踏まえた検討が必要です（食品表示基準Q&A生鮮−43参照）。

② 原産地……農産物については、国産品は都道府県名を、輸入品にあっては原産国名を表示します。ただし、国産品は市町村名その他一般に知られている地名（例えば、群名（秩父郡等）、島名（石垣島等）、一般に知られている旧国名（尾張、土佐等）、一般に知られている旧国名の別称（信州、甲州等）、一般に知られている地名や地域名（房総等））を、輸入品では一般に知られている地名を表示することができます（図表１−６参照）。

　この点、どの場所が原産地となるかの考え方については、食品表示基準Q&Aにて詳細に解説されている品目もあり、農産物は、原則として採取地が原産地とされるものの、採取地が原産地とならない農産物も存在することに留意が必要です（例えば、しいたけの場合、原木または菌床培地に種菌を植え付けた場所（植菌地）が原産地となります[36]（食品表示基準Q&A生鮮−36参照））。

　また、複数の原産地のものを混合した場合には、当該農産物の製品に占

図表１−６　産地表示例

国産品		輸入品
北海道	銚子	アメリカ
東京都	石垣島	カリフォルニア州
鹿児島県	信州	タイ
伊豆・下田	桜島	中国
下仁田	甲州	福建省
世田谷		

（出所）　消費者庁「早わかり食品表示ガイド〈事業者
　　　　　向け〉～食品表示基準に基づく表示～」

める重量の割合の高いものから順に表示し、異なる種類の農産物であって複数の原産地のものを詰め合わせた場合には、当該農産物それぞれの名称に原産地を併記することが求められています（食品表示法 5 条、食品表示基準18条 1 項「原産地」4 号、食品表示基準Q&A生鮮－15参照）。

この原産地に係る横断的義務表示の履行については、容器包装に入れられている農産物であっても、容器包装に入れられていない農産物と同様、近接した場所に立て札を立てて表示することが認められており（食品表示基準22条 2 号ロ。実例につき食品表示基準Q&A生鮮－46参照）、名称と同様に、実際の表示方法の検討については、食品表示基準Q&Aの内容を踏まえた検討が必要になるものと考えられます。なお、容器包装に入れた場合であっても、生産した場所で販売する場合または不特定もしくは多数の者に対して譲渡（販売を除きます）をする場合には、容器包装に入れない場合と同様、横断的義務表示における原産地の表示義務は免除されています。

③　その他の事項……名称・原産地以外にも、例えば、以下の食品を販売する場合には、それぞれに合わせた表示義務が課せられていることに留意する必要があります（食品表示基準18条 2 項）。

・放射線を照射した食品

・特定保健用食品

・機能性表示食品

・組換えDNA技術を用いて生産された農産物の属する作目であって、大

36　しいたけの原産地表示に係る本文中の記載は、2022年 3 月30日付けで改正された消費者庁の食品表示基準Q&A（令 4 . 3 .30付け消食表第130号消費者庁食品表示企画課長通知「食品表示基準Q&A」。以下「食品表示基準Q&A第13次改正」といいます）に従ったものであり、生鮮しいたけは2022年 9 月末まで、しいたけ加工食品（原材料に占める重量割合が最も高い原材料がしいたけである加工品）は2023年 3 月末製造分まで、表示の切替えが猶予されています（生鮮しいたけについては「食品表示基準Q&A第13次改正」第 3 章生鮮－36、しいたけ加工食品については「食品表示基準Q&A第13次改正」第 2 章別添　新たな原料原産地表示制度　原原－67）。

豆（枝豆および大豆もやしを含む）、とうもろこし、ばれいしょ、なたね、綿実、アルファルファ、てん菜またはパパイヤのいずれか

・乳児用規格適用食品

・特定商品の販売に係る計量に関する政令5条に規定する特定商品であって密閉（商品を容器に入れ、または包装して、その容器もしくは包装またはこれらに付した紙を破棄しなければ、当該物象の状態の量を増加し、または減少することができないようにすることをいいます。以下同じ）をされたもの（なお、玄米および精米については、更に別途の規制があります）

b　個別的義務表示

上記の横断的義務表示に加えて、以下の農産物を販売する場合には、食品の特性に応じた個別的義務表示として、括弧内に記載されたものの表示義務が課されています（食品表示基準19条、別表24）。

・玄米および精米（名称、原料玄米、内容量、調整時期・精米時期・輸入時期等）

・シアン化合物を含有する豆類（アレルゲン、輸入年月日等）

・しいたけ（栽培方法）

・アボカド、あんず、おうとう、かんきつ類、キウィー、ざくろ、すもも、西洋なし、ネクタリン、パイナップル、バナナ、パパイヤ、ばれいしょ、びわ、マルメロ、マンゴー、ももおよびりんご（アレルゲン、保存の方法等）

もっとも、しいたけを生産した場所で販売する場合または不特定もしくは多数の者に対して譲渡（販売を除く）する場合には、個別的義務表示における栽培方法の表示義務は免除されています。また、容器に入れないで販売する場合は、しいたけの栽培方法を除き、上記の個別的義務表示はいずれも免除されています（食品表示基準20条）。

(2)　有機農産物について

有機農産物（種蒔きまたは植え付け前2年以上禁止された農薬や化学肥料を使

用していない等の条件を満たす農産物）は、令４．９．22付け農林水産省告示第
.1473号「有機農産物の日本農林規格[37]」５条において、名称に関する表示基
準が定められており、食品表示基準の規定に従う他、その名称の表示は次の
例のいずれかによることとされています。

① 「有機農産物」

② 「有機栽培農産物」

③ 「有機農産物○○」または「○○（有機農産物）」

④ 「有機栽培農産物○○」または「○○（有機栽培農産物）」

⑤ 「有機栽培○○」または「○○（有機栽培）」

⑥ 「有機○○」または「○○（有機）」

⑦ 「オーガニック○○」または「○○（オーガニック）」

　有機JASマークが付いていない農産物には、有機農産物と誤認されるよう
な紛らわしい表示をすることはできないとされています（食品表示基準23条
１号、農林水産省食料産業局食品製造課基準認証室「有機農産物、有機加工食品、
有機畜産物及び有機飼料のJASのQ&A」[38]問34－１）。

　また、農薬の使用が少ないまたは農業者自ら農薬を使用していない場合、
特別栽培農産物（当該農産物の生産過程等における節減対象農薬の使用回数が、
当該農産物の栽培地が属する地域の同作期において当該農産物について以前から
慣行的に行われている使用回数の５割以下等の条件を満たす農産物）との表示を
して販売することが考えられますが、平19．３．23付け18消安第14413号総合
食料局長、生産局長、消費・安全局長通知「特別栽培農産物に係る表示ガイ
ドライン[39]」上は、このような農産物であっても、消費者への誤認を招く等
との理由により、「無農薬」「無化学肥料」「減農薬」「減化学肥料」の文言を
使用することが禁止されています。このガイドラインの内容は、消費者が

37　https://www.maff.go.jp/j/jas/jas_kikaku/attach/pdf/yuuki-55.pdf

38　https://www.maff.go.jp/j/jas/jas_kikaku/attach/pdf/yuuki-74.pdf

39　https://www.maff.go.jp/j/jas/jas_kikaku/attach/pdf/tokusai_a-5.pdf

「無農薬農産物」を「土壌に残留した農薬や周辺ほ場から飛散した農薬を含め、一切の残留農薬を含まない農産物」と誤解しているとのアンケート結果や、たとえ農薬を使用していない場合でも隣地から農薬が飛散することは否定されず、また、減農薬と表示したとしても、どの農薬の何をどの程度減じているかが消費者にはわかりにくいという声を踏まえて制定されたものですが（平成20年６月農林水産省消費・安全局表示・規格課「特別栽培農作物に係る表示ガイドラインQ&A」Ｑ６）、かかる趣旨は広く農産物一般に妥当しますので、特別栽培農産物以外の農産物であっても、「無農薬」「無化学肥料」「減農薬」「減化学肥料」の文言をそれのみで表示することは、消費者の誤認を招くおそれがあると判断される可能性があるものと考えられます。したがって、特定栽培農産物のみならず、広く農産物一般について、「無農薬」等の文言のみを使用して販売することはできないと解釈するのが望ましいものと考えられます。もっとも、同ガイドライン上、農薬を使用していない農産物に「農薬：栽培期間中不使用」と表示し、節減対象農薬を使用していない農産物に「節減対象農薬：栽培期間中不使用」と表示し、節減対象農薬を節減した農産物に「節減対象農薬：当地比〇割減」または「節減対象農薬：〇〇地域比〇割減」として節減割合を表示することが義務づけられており、これらが確実に表示されている限りは、「農薬未使用」「農薬無散布」「農薬を使っていません」「農薬節減」「農薬節約栽培」といった消費者に誤解を与えず、特別な栽培方法を正確に消費者に伝えられる内容であれば使用することができると解されていますので（同「特別栽培農作物に係る表示ガイドラインQ&A」Ｑ６）、農薬を使っていないこと等を商品の特長としてアピールされたい場合には、かかる解釈に従った表示を行うことも考えられます。

３ 補助金その他の優遇措置

　上記の他にも農業者が留意すべき点として、各種補助金、融資、税制措置がありますので、農業はこれらを有効に活用することが考えられます。2022

年 5 月現在では、例えば、以下の行為に対し、一定の優遇措置が与えられています。

- ・新規就農
- ・農業機械・設備の導入
- ・畦畔除去による区画拡大、暗渠排水の設置、農道・農業用用排水路の更新等の基盤整備
- ・高収益作物の導入
- ・スマート農業システムの導入
- ・認定農業者となる場合
- ・人材確保のための研修等の実施

　年度ごと、政策ごとに補助金等の内容は変わりますので、これらの内容については、農林水産省等のウェブサイト上での更新情報等を確認することが必要になりますが、中小企業庁・農林水産省・厚生労働省等がパンフレットを発刊していますので、最新のパンフレット[40]を活用することも考えられるでしょう。

40　例えば、農林水産省パンフレット「農業経営支援策活用カタログ2022」https://www.maff.go.jp/j/kobetu_ninaite/n_pamph/attach/pdf/180529-20.pdf

第2章

農林水産業の
経営にかかわる法務

農家の経営安定に関する
法的考察

　販売農家の出荷先で最も大きな割合を占めるのは農業協同組合（JA）です。

　また、近時は、比較的小規模な販売農家においても、地域の直売所や産直EC、自社ウェブサイトでの直販等、JA以外の販路を開拓するケースが増加しています。産直ECとしては、「食べチョク」や「ポケットマルシェ」、オンライン卸売市場の「ラクーザ」等があります。

　従前は、生産および（JAへの）出荷作業が農家の主たる業務だったとこ

図表2－1　農産物販売金額1位の出荷先別農業経営体数の構成割合（全国）

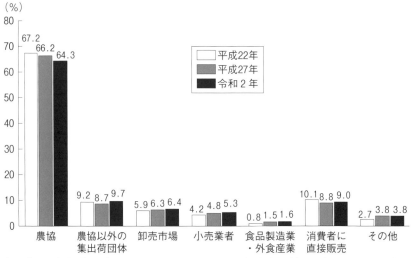

（出所）　農水省「2020年農林業センサス結果の概要（確定値）（令和2年2月1日現在）」

図表2-2　主なサプライチェーン・流通フロー

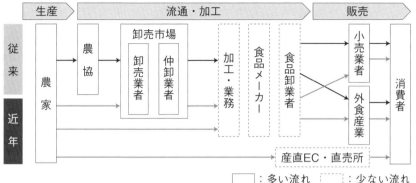

（出所）　FOODBOX株式会社作成資料

ろ、近年は、自ら販路を開拓し、生産・加工・流通・販売（価格決定）まで
を担うようになってきました。その上、農作物は天候の影響等を受けやすい
ため、決められた数量・スケジュールでの生産が難しく、また価格も安定し
ないといった特性があり、生産者は、このような農業特有のリスクを抱えな
がら事業を運営していかなければなりません。以下では、農業経営の特色、
および経営安定のキーファクターとなり得る事項について考察します。

1　農業経営の特色

(1)　農業の収益構造と留意点

　まず農業の特性として、設備投資が必要になること、収益が上がるまでに
リードタイムが発生すること、収益機会が（対象となる生産物やビジネスモデ
ルにもよりますが）収穫など季節性のある特定のイベントに限られることが
挙げられます。設備投資については、農地の取得や生産対象となる種苗の調
達に加え、（必要に応じて）土壌改良、農薬・肥料、ハウスの設置等さまざま
な資材調達に費用が掛かる他、生産の効率性を高める観点からは農業機械の
購入を検討する場合もあるでしょう。このような設備投資は初期段階から必

要となり、かつ規模拡大を行う上でも継続的に必要となっていきます。また、農作物の生育には一定の期間が必要になり、かつ生育初年度から想定どおりの売上を獲得できる保証はなく（むしろそのようなケースはまれと思われます）、さらに、生産する農作物にもよるものの、収穫時期が1年のうち特定の時期に限定されるものも多いため、月単位では安定した収入が得られず、また迅速かつ継続的な経営改善を行うことも難しいのが農業の特色といえます[1]。

　上記のような農業の課題を解決するために、国や自治体からの各種補助金の制度が整備されており、個人のみならず法人が利用可能な制度も存在するところです。前記第1章第6節のとおり、補助金については、中小企業庁・農林水産省・厚生労働省が毎年パンフレットを発刊していますので、最新のパンフレットを活用することも考えられるでしょう。

(2)　農業特有のリスクファクターと手当て

　上記のような収益構造の特徴に加え、農業生産のボラティリティを増加させる特徴として、自然災害や疾病リスクの存在が挙げられます。昨今超大型の台風など生産物に甚大な被害をもたらす自然災害が頻発しており、また家畜の伝染病拡大による殺処分や対策費用の増加など、工業製品を取り扱うような産業と比べてより自然の影響を直接に受けやすい農業特有のリスクをいかにヘッジするかの観点が重要だといえます。

　このように事前の対策が困難であり、かつリスクが顕在化した場合の影響が甚大となる傾向のあるさまざまな脅威にさらされている農業への備えとしては、事後的に損害を填補する保険（共済）制度の利用も重要な選択肢になります。例えば、農業共済（全ての農業者を対象とした、自然災害等による損

1　そのような課題を解決すべく、多品目生産を行い、できるだけ収穫時期を分散させる経営方針を採る農業生産者も存在します。もっとも、一つひとつの農作物の生産効率性ということでいえば、少品目で生産プロセスをできるだけ単一化させた方が優れている面もあるため、どのようなバランスで作付計画を立てるかは経営においても重要なポイントになると思われます。

失への補償を目的とする制度）や収入保険（青色申告を行っている事業者が対象であり、自然災害以外にも市場価格の低下などさまざまな要因によって生じる損失の補償を目的とする制度）が国費の補助によって運営されているため、農業に参入し、継続するにあたっては、このようなリスクの低減策について、よく調査の上、自らが行う農業の特定に応じたリスクヘッジをしていくことも重要です。

(3) 経営収益が安定するための必要条件

　一般的な農業ビジネスにおけるリスクやそれに対する手当ては上記のとおりですが、個別の案件における投融資の可能性を判断する上では、これらの一般的な農業に対するリスク分析に加え、個々の事業者ごとの事業性評価を行うことが必要だと考えられます。安定経営を実現している農家・農業法人においては、1人または少数の農業従事者の個人的な知見・ノウハウ・栽培手法や人的ネットワーク・販売網といった属人的要素が成功に大きく貢献している場合が多く見られます。この場合には農業を行う主体が個人経営なのか法人経営であるかは、事業の成功に実質的な影響は与えていないところです。もっとも、法人経営は、個人経営に比べて、人材の確保と雇用関係の継続、代替わりに伴う事業承継のしやすさ、デット・エクイティによる資金調達方法の多様化、税制等の面で経営の安定継続に有利であることは念頭に置いた上で、経営形態を吟味することが必要であり、また、売上を拡大し、多様な販売先、特に購買力のある大手小売事業者との取引機会を獲得・継続するためには、基本的に法人経営とすることが望まれる傾向にあると思われるため、農業法人を設立した上で農業を行うことも十分な選択肢の一つになるでしょう（その他、認定農業者である農地適格所有法人に係る課税特例の適用可否についても検討に値します）。なお、農業法人については、農林水産省が出しているパンフレットを参考にすることも考えられます[2]。

2　https://www.maff.go.jp/j/kobetu_ninaite/n_seido/seido_houzin.html

以下では、当職らの仮説ではありますが、新規で農業を開始する場合であっても、あるいは既存の農場や農業法人を買収する場合であっても、成功している農業法人には、一定の共通した条件があり、農業ビジネスも他業種と同様に、ヒト・モノ・カネに関してそれぞれキーとなる要素が存在するように思われますので、当職らが案件を通じてキーとなる要素ではないかと考えている各要素を概説します。

2 経営安定のキーファクター

(1) 農業用地の確保

　農業生産を行う場合には用地の確保が必要となりますが、収量や品質は、土壌の質（一般的な肥沃さに加え、生産する農作物との相性もあるでしょう）、地形、その土地の降水量・日照・気温等の各種要素による影響を受けます。また著名な産地であるか否かは、ブランド戦略にも影響を与えるところです。さらに、農業用地とターゲットとする消費者との距離的関係、輸送コストも採算面で考慮する必要があるでしょう[3]。その意味で、どこで生産を行うかは決定的に重要な要素だといえます。この点、農業への新規参入を検討する事業者によっては、そのような地域性等を考慮に入れず、例えば、生産を検討しているある農作物について、一般には生産が困難な地域であるにもかかわらず、全国的な統計値である平均作物収量が収穫できることを前提に、事業・資金計画を立て、結果として、収量が目標に達成せずに事業が破綻する事案も見られるところです。

　また、農業用地の取得・使用にあたっては、前記第1章のとおり、農地法をはじめとする各種のレギュレーションに従う必要があり、農業用地を確保

3　一般に、生産性でいえば、産地で農業を行うことが最も効果的と考えられますが、一方で、輸送に掛かるコストでいえば、都市近郊で生産を行う都市型農業の方が効率的と考えられます。このように、どの土地で生産を行うかは農業のビジネスモデルを決める一つの大きな要素となるため、どこで生産を行うかは各種専門家にもヒヤリングをしながら慎重に行うべきと思われます。

する場合には、上記の物理的・地理的側面を念頭に置きつつも、これに加えて、営もうとする農業に対して、クリティカルな法的制限がなされることのない形で、農業用地を確保することが必要と考えられます（なお、農地の確保を要しない一部の施設園芸や植物工場等の類型についても、流通などの観点から立地選びが重要であることには変わりありません）。

(2) 生産する作物の選択

作物選択については、多くの農業関連書籍で検討されていますので割愛しますが、生産した後で誰に何を販売するかを決めるのではなく、取引先や消費者ニーズから遡って生産作物を戦略的に選択することが有用です。また、将来の輸出の可能性を考慮すると海外でのブランド価値（付加価値を付けやすい果物等）や輸送コスト・賞味期限を考慮する必要があります。販路から遡って生産作物を選択・集約した参考事例として、モスバーガー店舗向けのレタスを生産する株式会社モスファームすずなり（株式会社鈴生と株式会社モスフードサービスとの合弁会社）、高糖度ミニトマト等の高付加価値農作物の生産を行う株式会社サラダボウル等があります。

(3) 生産ノウハウの獲得、人の雇用・組織体制の構築

農業生産者の売上の源泉は農作物の販売にある以上、その前提として、品質と価格の面で消費者のニーズを満たす農作物の生産ノウハウを有することが必要となります。もっとも、（特に企業の農業参入のような場合）かかるノウハウを当初から自ら取得することには困難が伴います。これに加え、農作物に応じた生産の計画を立て、販路を開拓し、生産活動を行うのは人であるため、いかに優秀な人材を適切な時期に適切な人数確保するか、またそのような人材をいかに効果的にマネジメントするか、さらに、自社内で必要な人材を確保できない場合には、どのように外部の生産者のノウハウを導入するか、IT機器、データ解析等でどこまでノウハウの補足が可能かを検証することも、農業への参入にあたっては重要になるものと考えられます。

人材の確保については、一般的な求人手段の他、農林水産業に特化した民

間求人サービス（「あぐりナビ」「アグリトリオ」「マイナビ農林水産ジョブアス」等）を活用することが考えられます。また、労働力を補完するための技術（アグリテック）については、第4章で詳述します。

(4)　種苗、肥料、土壌の調達

まず、種苗・肥料・土壌（特に植物工場や有機栽培の場合）の提供業者を確保する必要があります。実際には、JAとの取引や地域の農業法人との共同購入等が考えられます。肥料の主要成分（窒素・リン酸・加里等）の原料のほぼ全てを海外からの輸入に頼っている我が国では、世界情勢や外交によって調達コストが左右されやすい等の課題があります。自らのコントロールの及ぶ範囲で、例えば、継続的供給契約を締結したり、リスクイベント発生時の調達コストの上昇を防ぐ約定を行う等して、できる限り長期的・安定的な調達を目指すことが有用です。

(5)　販売先の獲得、販売契約の実務、リスク対応

どの販路を開拓すべきかは作物や経営規模によって異なりますが、収益構造として、一定の販売量を見込める安定的オフテイカー（JAや卸、市場等）を販路として確保することは、一般に経営安定に資するものといえます。また、販売手数料等を低廉に抑え、利益を確保できる販路として、自社ウェブサイトやECサイトを利用した直販（野菜セットのサブスクリプションでの販売等）を行うことや、ブランディングにつながる販路として、百貨店や高級飲食店等の販路を積み上げることが有用です[4]。特に自社ウェブサイト等で直販を行う場合は、SNS等での発信や広告、小売店舗等での販売を通じた認知獲得・拡大が必須であるといえます。

このように生産者が自ら販路開拓・消費者への販売まで担う場合は、取引

4　また、昨今のCOVID-19の問題で鮮明になった問題として、販路が特定の業種（例えば飲食店）に偏っていると、当該特定の業種の需要量が大幅に減少したときに、販売先の確保に困難が生じる点が挙げられます。一方で、国民の胃袋が小さくなるわけではなく、食品全体の需要自体が大きく変化するわけではないことを考えると、売先の多様化を図ることが不確実性を解消する上では重要になると思われます。

図表2-3　販路ポートフォリオ

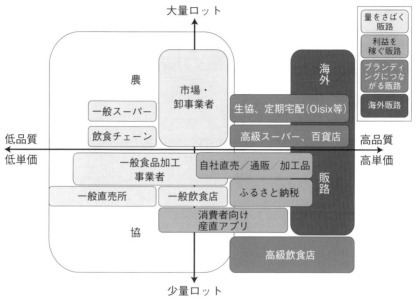

（出所）　FOODBOX株式会社作成資料

先や消費者とのトラブルにも直面することになります。よって、起こり得る
トラブルを先回りして契約書で手当てしておくことが有用です。例えば、農
作物は天候の影響等を受けやすく、価格が安定しないといったリスクについ
て、作物の販売価格を固定化し、その旨を契約書で定めることで対処する事
例があります。

(6)　ブランド保護

　農林水産物のブランド戦略として、商標制度や地理的表示保護制度（GI制
度）を活用することが有用です。この点は、第5章で詳述します。

アグリビジネスに対する投融資
（農業法人のM&A）

1 農業法人に対する投融資の形態と買収ビークルの選定

(1) 農業における農業法人の重要性

　我が国の農業従事者の高齢化は急速に進展しており、その反面、農業法人の重要性がますます高まってきています。政府も、日本再興戦略（平成25年6月14日閣議決定）において、「今後10年間で法人経営体数5万法人」という目標を掲げていたところであり、2021年4月27日に公表された農林水産省作成に係る「2020年農林業センサス結果の概要（確定値）」（令和2年2月1日現在）によれば、2020年2月1日現在の農業法人の数は3万1,000法人となっています。

　なお、農業法人には、株式会社および持分会社も含まれますが、金融機関による投融資の対象としては株式会社のウェイトが大きいと考えられるため、以下では主に株式会社を念頭に置いて説明します。

(2) 農業法人に対する投資方法と買収ビークルの選定

　企業または事業に対して投資を行う場合には、大別して、当該企業の株式や出資持分を取得する方法（エクイティ・ディール）と投資対象とする事業または資産のみを取得する方法（アセット・ディール）の2つの方法が存在します。農業関連法制上、農業の実施そのものは特別の許認可規制には服しておらず、農業を実施する法的主体の種類については、原則として自由な選択が可能となっています。一方で、農地または採草放牧地（以下「農用地」といいます）の所有権等を取得・所有して農業・酪農業を行う場合には、当

該農業法人は農地所有適格法人であることを要し、かつ原則として農地法に基づく農業委員会の許可が必要となるため、エクイティ・ディールとアセット・ディールのどの手法を選ぶかを検討する際には、農用地の取得・使用を伴う企業・事業を対象とするかが重要な要素となります。

⑶　農用地の取得・所有を伴う場合

農地所有適格法人となり得る会社の種類については特段の制約はありませんが、株式会社を例に取ると農地法上は、前記第1章第3節のとおり、構成員要件、役員要件、事業種要件および農作業従事要件等が要求されます。したがって、エクイティ・ディール、アセット・ディールを問わず、農地所有適格法人を通じた投資を行う場合には、農業関係者以外は、対象法人の半数未満の議決権しか取得できず、一般的にM&A取引において要請される議決権株式の過半数取得や役員の過半数の選任が認められていないことに留意が必要となります[5]（経営基盤強化促進法に基づく親子会社の特例については第1章第5節参照）。

なお、農地所有適格法人の株式の取得自体は農業委員会の許可は不要ですが、農用地の所有権等の取得には農業委員会の許可が必要となるため、アセット・ディールを行う場合には、資産取得・保有ビークルとしての農地所有適格法人を整備することに加えて、農業委員会の許可という手続的な要件もクリアする必要がある点に留意が必要です。

⑷　農地の賃貸借・使用貸借を伴う場合

農地を賃貸借または使用貸借に基づき使用する場合の要件は、前記第1章第4節のとおりですが、構成員要件、役員要件および農作業従事要件の適用は除外されると解されます。このため、LBOにおける買収ビークルのよう

---

[5]　なお、農地法上、無議決権株式の発行は制限されていないため、金額ベースでは農業関係者以外が過半を拠出することは可能です。その他、農業関係者株主とその他の株主間で株主間契約を締結したり、取締役会規則などで、株主総会や取締役会における投資家サイドの拒否権・指図権等を規定して対応することになります。

な純粋な持株SPCを使用することは難しいものの、農地の賃貸借・使用貸借に基づく使用を前提とする事業については、農業関係者以外の一般事業者等による100％のエクイティ投資が可能になり、役員についても過半数の派遣が可能となると考えられるため、対象会社および買収ビークルの制度設計はかなり自由化されることになります。一方、農地の賃借権・使用貸借権の取得についても農業委員会の許可が必要とされることから、アセット・ディールを行う場合には、農地の取得・所有を行う場合と同様、農業委員会の許可という手続的負担をクリアする必要がある点に留意が必要です。

(5) 農地に関する権限の取得・保有を伴わない場合

法人が植物工場や底面にコンクリート張りしたような農業用ハウスを運営している場合には、底地は農地とはならず、また、農作業の請負・受託業、農作物・食品等の加工業、運送・保管業等に従事する企業についても、その所有不動産については農地法の適用はありません。したがってこれらの農地を所有・使用しない企業に対する投資の場合には、前二者とは異なり、エクイティ・ディール、アセット・ディールを問わずに、一般企業に対する投資と同様な自由な制度設計が可能となります。

2　農業法人に対する投資と法務DDの概要

(1) 農業法人に対する投資と法務DDの概要

a　法務DDとは

法務DDは、投資を検討するに際して、対象会社や事業等について、投資を実行するために留意すべき法的問題点の有無等を調査するものです。法務DDは、アセット・ディールにおいても行われますが、本書ではエクイティ・ディールの場面を念頭に置いて説明します。

法務DDでは、対象会社の業種や投資の規模等に応じて検討の方法や切り口は異なりますが、一般的には、対象会社の組織、株式、契約、資産・負債、知的財産権、訴訟等を含む紛争や、労務および許認可・コンプライアン

ス等の各項目について、投資の実行に影響を及ぼす事項や取引価格の算定に影響を及ぼす事項、投資を実行するに際して対応すべき事項がないかを、対象会社から開示される資料やインタビュー等で入手した情報を踏まえて、法的な監査を行います。平たく言い換えるならば、中古自動車について、外装上のキズや走行メーターなど外から容易に見える部分だけでなく、修理履歴といった記録からその中古自動車に問題がないかを確認するとともに、売主に対して、過去の事故遍歴や改造遍歴をヒアリングして、その中古自動車を購入した後、安全に当該中古自動車を使用できるかを検証した上で、当該中古自動車を購入するようなもので、すでに経営が走っている企業体について、投資する金額に見合った価値があるかどうかを、法的問題点の有無という側面から確認する作業になります。

b 法務DDの重要性

農業そのものではなく、農業に関連する産業での企業買収の事例ですが、法務DDの重要性を示すものとして次の医薬・農薬大手の独バイエルの事例があります。すなわち、医薬・農薬大手の独バイエルの2020年6月24日の発表およびその後の報道によると、バイエルが買収したモンサントの主力商品だった除草剤「ラウンドアップ」の主成分に発がん性が疑われるとして、多数の原告から提訴された訴訟において、バイエルは約12万5,000人の原告の大半に合計最大109億ドル（約1兆1,600億円）を支払うことで和解し、その後、バイエルの株価は上記買収の合意後の高値から、2020年6月25日時点で4割安の水準に落ち込んだようです[6]。法務DDによって全てのリスクを洗い出せるわけではなく、また、バイエルがどのようにモンサントの法務DDを実施し買収を決定したのかは明らかではないものの、上記のバイエルの事例は、企業買収のリスクひいては法務DDを含めたデューデリジェンスと契約上のリスク対応の重要性を示すものといえ、農業法人の買収においても、

---

6 2020年6月25日配信日本経済新聞電子版

その重要性は変わるものではありません。

c　農業法人に対する法務DDの特色

特に農業法人の場合には、農薬・肥料、飼料・医薬品における違法・有害物質の使用の有無、伝染病や病害への対応、産地や品質表示の偽装、環境問題等は企業の存続にも直結するリスクがあります。また、監督官庁等から出される各種の補助金が経営の大前提となっている場合もあり、補助金の維持[7]といった観点からの調査も必要です。加えて、農業法人に関する経営の安定のためには、生産・飼育だけではなく、資材調達、加工、輸送・保管、販売に至るバリューチェーンが確保されていることが必須の条件となるため、各フェーズにおける農業法人の権利・利益が契約上確保されているか、リスク対応ができているかといった観点から、契約条件・内容の精査も重要になります。これらは通常のM&A実務に関与する法律事務所・弁護士では専門的知見・ノウハウの蓄積が難しい分野であるため、農業に特有な法制度を十分に理解した法律事務所・弁護士による、農業の特性を踏まえた法務DDやリスクの洗い出しをすることが極めて重要です。

仮に、法務DDの結果、コンプライアンス違反、偶発債務の可能性、重要契約における瑕疵などが認められた場合には、買主側としては、取引の実行自体を見直す、取引価格から相当額を控除する、買収実行までの是正義務を課す、もしくは偶発債務が顕在化した場合に買主から売主に対して損害賠償または補償を請求できるとの仕組みをM&A契約に規定すること等を検討することが考えられます。また、法務DDの結果、支配権の移転や役員構成の変動などが認められた場合には契約を解除することが農業法人の契約相手方に認められているいわゆるChange of Control条項がある場合には、当該相手方から、支配権の移転や役員構成の変動につき承諾を得ることを取引の前提条件にすることが考えられる他、農業法人に係る特色として、農地委員会

7　例えば、機械導入を前提とした補助金がある場合、買収後、一定期間、当該機械を転売・廃棄等することができない可能性があります。

の許可が必要な取引となる場合には、当該許可を取得することを取引の前提条件とすること等を検討することになると考えられます。

　以下では、参考例として、野菜栽培を事業とする農業法人の法務DDと、畜産業に従事する農業法人の法務DDのポイントを概説します。

　当然ながら、個別の企業ごとにおいて抱えている潜在的リスクは異なるものであり[8]、個別案件の特性を踏まえた法務DDを、農業に関する法務に精通した弁護士・法律事務所のアドバイスの下で行うことが重要であることに留意が必要です。

(2)　野菜栽培を事業とする農業法人の法務DD

a　野菜栽培のビジネスモデルと法務DDにおける主な確認ポイント

　近時は、ICT技術を活用した植物工場等が注目されていますが、野菜栽培の典型的な形態は、所有または賃借した農地に種苗を植え、野菜を生産（および加工）し、収穫した野菜を販売することにより利益を上げるビジネスモデルです。高品質で競争力のある野菜栽培を行うには、優良な農地や種苗、実際に農作業に従事する農業者の熟練の技術が必要であり、また、安定して利益を上げるためには、販売先との取引関係の継続性が確保されている（食品安全等のリスクもない）こと、冷害、風水害、干ばつ等の天災などの不可抗力リスクへの対応ができていることが重要になります。

b　農地に関する留意点

　法務DDにおいては、一般的に、対象会社の事業において用いられている不動産（オフィスや製造工場等）に関する法的問題点は確認ポイントとなりますが、野菜栽培では農地の利用が不可欠であるため、農地の利用権限が確保されていることは極めて重要であるといえます。そして、農用地について

---

[8]　例えば、都市住民等の宿泊型農作業体験施設がある場合には、民宿業に該当する可能性がありますし、農産物の生産だけでなく、加工を引き受けていたり、農業以外の業務を兼業している場合があるなど、案件によって、検討すべき角度はさまざまなものになります。

は農地法が適用され、農地等の所有・利用権限に影響を与えるため、野菜栽培事業を行う農業法人の法務DDにおいては、農地法の適用にも目を配る必要があります。すなわち、農用地を所有するためには農地所有適格法人であることを要することから、農地所有適格法人への投資を行う場合には、株主等の構成員の変更により農地所有適格法人の要件を満たさなくなるリスク等を検討しなければなりません。他方、所有ではなく、農地の賃借または使用貸借をしている場合においても、当該農用地を適切に利用していないと認められれば、農業委員会の許可が取り消される等により、農地の利用権限を失うリスクがあるため（農地法3条の2）、賃貸借契約書等の確認だけでなく、買収後の農業法人の資本・人員構成を踏まえて、これら農地法の規制を遵守できるかといった観点からの検討が必要となります。

　c　仕入れ・販売契約に関する留意点

　契約関係については、対象会社にとって重要な取引先との契約の継続性が確保されているか、価格や納入量の決定等において対象会社にとって不利益な条件が設定されていないか、天候・自然災害により収穫量の大幅な増減があった場合の手当てがなされているか等を確認していくこととなります。

　仕入れに関して野菜栽培特有の点としては、種苗の仕入れが挙げられます。自家採取によって種苗を確保している場合を除き、種苗業者等から種苗を仕入れている場合が多いと考えられますが、種苗は野菜の品質に直結するものであるから、当該種苗の仕入先の代替性が低い場合には、必要な分量が確保できているか、契約の継続・更新条件等を確認する必要があります。

　他方、販売については、農協を通した出荷だけでなく、卸売業者・小売業者・消費者への販売等のさまざまなルートがあり得ますが、それぞれの販売ルートで用いられている契約書や約款等を踏まえて、販売の継続性や条件の適否を確認する必要があります。また、野菜の品質を保証する条項や一定量の継続的な供給（代替品の手配）を義務づける条項等が契約書に規定されていることがあるが、対象会社にとって将来的なリスクになり得るため注意が

必要です。

　なお、農業分野においては、詳細な契約書が作成されずに注文書やFAX等で実務運用が行われている事案も多く、実務慣行にも配慮しつつ契約実務を適正化できるかについても留意が必要です。

d　コンプライアンス・知的財産権に関する留意点

　コンプライアンスについては、野菜栽培事業の生産および販売のフェーズそれぞれに特有な規制が存在するため、一般事業会社の法務DDとは別途の対応が必要です[9]。例えば、農業の各フェーズにおいて図表2－4のような項目に着目する必要があると思われます（記載は割愛していますが、立入検査、行政指導・処分等の有無はいずれの項目についても確認すべき事項です）。

　対象会社がこれらの法令に違反している場合には、営業停止処分や罰金等の刑事罰が科される可能性もあり、クロージングまでの是正を要求したり、投資の実行を控えるべきという判断も出てくるため、慎重な確認が必要です。また、知的財産権については、特許権や育成者権等の第三者のまたは第三者による知的財産権の侵害はないか、対象会社の事業にとって重要な栽培技術や農産物・食品ブランド等がある場合には特許権や商標権等によって適切に保護されているか、ライセンス契約の内容に不備はないか等の確認が必要となり得ます。

e　補助金、保険に関する留意点

　補助金については、農業分野では、資産の調達等の目的で国や地方公共団体から補助金を受給していることも多く、補助金がなければ事業が成り立たないことがあります。そのため、対象会社が補助金を受給している場合に

9　現状では、一般的なM&Aロイヤーが農業法人についても法務DDを行っており、農業プロパーの規制・リスク等に着目して特別な調査をするというよりは、法令遵守の一項目としてヒアリング等を行っていると推察されます。もっとも、農業法人の法務DDにあたっては、本来的には法務DDの最重要項目としてとらえられるべきですし、専門的知識を有するコンサルタントや弁護士等による積極的・網羅的なチェックが必要と思われます。

図表 2 － 4　野菜栽培事業におけるコンプライアンスの主なチェック項目

		適用法令	主なチェック項目
生産準備・生産フェーズ		種苗法（平成10年法律第83号）	・第三者の育成者権の侵害の有無
		肥料の品質の確保等に関する法律（昭和25年法律第127号）（旧肥料取締法）	・肥料の使用時期・方法等に関する施肥基準違反の有無
		農薬取締法（昭和23年法律第82号）	・使用が禁止された農薬の使用、使用基準違反の有無
流通・販売フェーズ		食品衛生法	・規格基準違反の有無、食品安全を確保するための体制
		JAS法	・経営管理の方法等に関する規格の遵守
		食品表示法	・義務表示事項の記載漏れ、著しく有利であると誤認させる用語等の表示禁止事項の有無
		植物防疫法（昭和25年法律第151号）	・農作物の輸出を行う場合に、輸入国の条件適合性の検査を受けているか

は、不正受給となっていないか、また、想定されている投資の実行が補助金の返還事由に該当しないか等について確認が必要です。

　保険についても、一般的な企業を買収する際に確認が必要となる火災保険や労災保険等および保険会社とのトラブルだけでなく、自然災害による野菜の収量減少や市場価格の下落等の野菜栽培特有のリスクに対応する収入保険等の保険も付保されているかを確認する必要があります。

⑶　畜産業に従事する農業法人の法務DD

　a　畜産業のビジネスモデルと法務DDにおける主な確認ポイント[10]

　畜産業についても、ICT技術の活用やオートメーション化が導入されていますが、一般的には、幼畜を購入または飼養し、飼料を与えて畜舎または飼育場において肥育した上で販売することにより収益を上げるビジネスモデル

が採られます。もっとも、対象とする家畜によって適用法令も変わり、流通機構・プロセスも異なってきます。また、畜産業は従事者が全過程を自ら実行することは必須ではなく、外部の管理者に業務を委託することも選択肢に十分入り得ることから、対象とする農業法人のビジネスモデルに応じて、より個別の確認が必要となります。野菜栽培同様、安定して利益を上げるためには、販売先との取引関係の継続性が確保されている（食品安全等のリスクもない）こと、冷害、風水害、干ばつ等の天災に加え、伝染病（鳥インフルエンザやBSE）などの不可抗力リスクへの対応ができていることが重要になります。

b 用地の権限に関する留意点

畜産関連資産のうち農地法の対象となるのは、採草放牧地に限られ、畜舎、サイロ等の敷地は農地には該当しません。したがって、用地のうち採草放牧地については、その所有・賃貸に関する資格要件や農業委員会の許可を充足しているかを確認するとともに、オフィス、畜舎やサイロの敷地が農用地となっていないかについての確認も必要となります。

c 家畜の販売契約に関する留意点

上述のとおり、家畜の販売・流通経路はその種類によって異なりますが、経営の安定化の観点から販売の安定性・継続性が重要であることは野菜栽培と同様であり、契約条件の確認は重要です。

d コンプライアンス・知的財産権に関する留意点

畜産業においては、各家畜に共通して適用される法令および特定の家畜にのみ適用される法令があり、特に安全管理の観点から網羅的な規制が課せられています。主な法令は、図表2－5のとおりですが、法律によって対象とする家畜の種類も異なるため慎重な確認が必要です。

10　純粋な法務DDの項目ではありませんが、放牧している場合などでは、帳簿上の頭数と実際の頭数に差異が生じている例も見受けられるため、必要に応じて、財務DD等において、重要な資産の実査を行うことも必要になるでしょう。

図表2-5　畜産業におけるコンプライアンスの主なチェック項目

適用法令	主なチェック事項
飼料安全法（飼料の安全性の確保及び品質の改善に関する法律（昭和28年法律第35号））	・法定規格に適合しない飼料・飼料添加物の使用の有無 ・法定規格に適合しない方法による飼料・飼料添加物の使用の有無
薬機法（医薬品、医療機器等の品質、有効性及び安全性の確保等に関する法律（昭和35年法律第145号））	・医薬品等の対象動物への使用禁止・制限の違反の有無
家畜伝染病予防法（昭和26年法律第166号）	・伝染性疾病・新疾病、患畜等についての届出義務の履行 ・特定疾病・監視伝染病発生予防措置（注射・薬浴・投薬、消毒設備の設置等）の実施 ・飼養衛生管理基準の遵守と定期報告 ・隔離義務と殺義務、死体・汚染物品の焼却等、畜舎等・倉庫等の消毒義務、消毒方法等の実施義務
牛海綿状脳症対策特別措置法（平成14年法律第70号）	・死亡した牛の届出および検査義務 ・家畜防疫員による検査を受けるべき命令の有無
牛トレーサビリティ法（牛の個体識別のための情報の管理及び伝達に関する特別措置法（平成15年法律第72号））	・出生届出・牛の譲渡、死亡、輸出等に伴う届出の実施 ・個体識別番号を表示した耳標の装着
家畜排せつ物の管理の適正化及び利用の促進に関する法律（平成11年法律第112号）	・省令に規定する管理基準の遵守状況および指導・勧告、立入検査等の有無
家畜改良増殖法（昭和25年法律第209号）	・種畜等の種付け等、家畜人工授精・家畜受精卵移植の制限に関する違反の有無
家畜商法（昭和24年法律第208号）	・家畜の売買・交換またはそのあっ旋を行う場合の免許取得

法令違反については、営業停止処分や刑事罰の対象となるだけではなく、当該農業法人のレピュテーションリスクや事業の継続性に重大な影響を与えるため、法務DDにおいても最重視されるべきといえましょう[11]。また知的財産権管理の観点からは、第三者の商標、遺伝子特許、和牛などのブランド表示に違反がないかを確認する一方で、当該農業法人が自社の家畜に生産から流通・販売の過程で必要な知的財産権の保護・権利化を行っているかもクロージング後の知財戦略を踏まえた重要なポイントといえます。

e　補助金・保険に関する留意点

　畜産業に関する補助金は、酪農、肉用牛経営、肉用子牛生産、養豚、養鶏等の種別に応じて、各種の振興法等に基づき、極めて多様な補助金・融資制度が設けられています。したがって、現状で利用している支援の条件に関する違反がないか、また現在利用していない支援方法により、業務・財務の改善が図れる余地がないかなどを確認することが考えられます。

　また保険についても、不可抗力リスクに対応する再生産費用補償保険や動産総合保険に加え、共済保険や収入保険等が提供されているため、ビジネスモデルや事業規模に応じた保険が適切に付保されているかを確認することが考えられます。

＊「金融機関によるアグリビジネス投融資に関する法務面からの考察」（銀行法務21No.860、862〜864）を改編のうえ掲載

11　なお、畜産業については、農林水産省、農協や関連団体の指導に基づき運営されている傾向が見られ、法務DDで畜産業に関するコンプライアンスを網羅的に精査することは現状では困難と思われます。このためコンサルタントによるチェック、当該農業法人を指導している当局・団体等へのヒアリングによって問題点を抽出することが望ましいと考えられます。

再生可能エネルギーと農業の コラボレーション

　千葉エコ・エネルギー株式会社は、2019年から清水建設株式会社との共同事業である「千葉大木戸営農型太陽光発電所」（千葉県千葉市緑区）の運営に着手しており、発電事業は清水建設株式会社が行い、営農部分はグループ会社の株式会社つなぐファームが担当し、千葉エコ・エネルギー株式会社は事業全体のコーディネートおよびアグリマネジメントを担当するなど分業体制でソーラーシェアリング事業を実施しています。ソーラーシェアリングは、太陽光発電によるクリーンエネルギーの創出とともに、アグリテック導入に伴う農法の改善や耕作放棄地の再活用など農業生産の維持・改善の観点から、アグリ・フード分野におけるサステナビリティ政策の主要事業として注

出所：千葉エコ・エネルギー株式会社

目されている一方、立法上のハードルなどから大規模案件やプロジェクトファイナンスによる資金調達などは進んでいないのが現状です。海外のソーラーシェアリングが規制緩和などとともに活発化している中で、我が国においても抜本的な対応が望まれています。

1 はじめに

2021年3月31日に農地法施行規則の一部を改正する省令（令和3年農林水産省令第16号。以下「改正省令」といいます）が公布されました。改正省令は、農地法2条3項に規定する「農業」概念に営農型太陽光発電およびバイオマス発電・熱供給を追加するものであり、関連する改正部分自体は限定的ですが、企業の農業参加の観点からすると農地所有適格法人の株主・役員構成にも影響を与え、経営基盤強化促進法や農林漁業法人等に対する投資の円滑化に関する特別措置法（平成14年法律第52号。以下「投資円滑化法」といいます）の改正（2021年4月28日公布）も加味すると農業法人グループの組成方法にも関係する重要な法改正であるということができます。

農業と太陽光発電・バイオマス発電とのコラボレーションについては、従前から農山漁村再生可能エネルギー法においても農地法上の転用許可の特例などを定めていますが、農山漁村再生可能エネルギー法の適用対象となる発電方法は改正省令の対象よりも広く、また植物工場等の農作物栽培高度化施設の屋根部分に再エネ施設を設置する場合等とどのような差異が生じるかについては、（当職らの調査した範囲では）統一的に検証した資料がないのが現状です。

以降で、農業と再エネ事業のコラボレーションの方法と複数併存している規制の概要と相互の関係整理、想定されるビジネススキームとその法律上の課題について概説します。

(1) 再生可能エネルギー産業における農地の可能性

2020年7月の試算によると、再生利用可能な荒廃農地の面積は18.8万ha

にも上り、仮に単純に全てを太陽光発電設備に整備した場合の年間発電量は1,383億kWhになります[12]。つまり、農村での再生可能エネルギー発電事業は1kWh当たりの調達価格を10円としても1兆円以上の潜在的な市場規模があるともいえ、太陽光発電設備の敷地不足が指摘される中で、農村は再生可能エネルギー利用の面で高いポテンシャルを有しています。また、再生可能エネルギーを利用することで、農業分野への投入資金を増加するとともに、電力を用いてアグリテック技術を導入し、アグリビジネスの組織化・高収益化を図りつつ、農村の発展に努めることはクリーンエネルギーの増進によるSDGsの達成や農村の雇用創出・産業活性化にも大きく貢献するものといえます。

⑵　農業と再生可能エネルギー発電の両立

　農業には自然災害によって収入がなくなるリスクがある一方、豊作等によって市場価格が下落する可能性もあるなどキャッシュフローの予測可能性が低いという特質があります。他方、再生可能エネルギー発電事業は2012年7月に再生可能エネルギー電気の固定価格買取（FIT）制度が開始され、また2022年4月にFIP制度も導入され、再生可能エネルギー電気の発電の事業性が大幅に改善されており、その収益は安定するものと見込めます。したがって、農業に再生可能エネルギー発電事業を組み合わせることによって、キャッシュフローが安定しないという農業のリスクを補うことができると考えられ、両事業を組み合わせるメリットは大きいと考えられます。実際に営農を適切に継続しながら農業と再生可能エネルギー発電事業を両立する仕組みである営農型発電はその注目度を増しており、2020年度までの営農型発電設備設置のための転用許可件数は2,653件（741.6ha）で、営農型発電の農地転用に関する制度が明確化されてから右肩上がりにその件数を伸ばしていま

12　農林水産省食料産業局「農山漁村における再生可能エネルギー発電をめぐる情勢」（令和3年2月）9頁。最新版（令和4年1月）は、https://www.maff.go.jp/j/shokusan/renewable/energy/attach/pdf/index-5.pdf

す[13]。事業規模の観点から見た場合にも2015年度末において[14]1億円以上のものは775件中77件にとどまり、そのうち融資を受けているものは43件となるなど、プロジェクトファイナンスを活用するなどして大規模な融資を実現しているものは少数にとどまると推察されていた一方で、近時公表された資料[15]によれば4 haを超える大規模な農地において営農型太陽光発電が行われている事例も14件ほど見られ、いわゆるメガソーラーといわれる規模の発電設備が営農型で運営されていることがうかがえます。また耕作放棄地を人工衛星のデータから検索したりするサービスの提供なども始まっており、発電施設の敷地確保についても新しい技術や情報ソースが整備される可能性も高まっています。

(3)　営農型太陽光発電の課題

　上記のとおり、いわゆる農業とメガソーラー事業を組み合わせたようなスケールの事案の可能性は確認できるものの、現在の営農型太陽光発電は、個人・小規模農家が農業収入を補填するために行われる規模の事案（地域金融機関によるコーポレートファイナンスによる融資事案）が大多数を占めており、このような大規模事案は限定的です。さらに、太陽光パネルの面積が大き過ぎて農業に必要な日照が確保されていない事案など、営農と太陽光発電のバランスを失した事案なども報告されています。

　国の目標とされる再生可能エネルギー発電量を達成し、かつ投資家およびその委託を受けた専門業者により営農・発電事業を適切にモニタリングする観点からは、（現状の小規模な営農型太陽光発電事業も適切に行いつつ）プロジェクトファイナンスのような大規模のプロジェクト投資スキームを導入することが必要と思われます。ただし、現在、再生可能エネルギーファンドに

13　前掲「農山漁村における再生可能エネルギー発電をめぐる情勢」（令和4年1月）16頁
14　農林水産省農産振興局「営農型発電設備の現状について」（平成30年5月）6頁
15　「今後望ましい営農型太陽光発電設備のあり方を検討する有識者会議（第2回）事務局提出資料（報告事項）」（2022年3月10日）

よる出資が行われているような大規模の太陽光発電プロジェクトは、現在でも固定買取価格が１kWh当たり30円以上のものを主流としている反面、新規に営農型発電に係る事業計画認定を取得する場合には電力の買取価格がかなり引き下げられ（例えば、FIT制度の下、最後の大型の太陽光発電入札である2021年度の第４回入札における、１kWh当たりの最高落札価格は10.25円とされ、加重平均落札価格は9.99円とされていました[16]）、新規の設備認定を受ける場合には市場価格を計算根拠とするFIP制度による認定を受ける必要があるなど金融機関や再生可能エネルギーファンドからプロジェクトファイナンスローンや匿名組合出資を受けるためには、電力の買取価格や発電施設の規模の観点から投資家側にも変容が求められることになります。これからは今後適用される買取価格と想定されるコスト負担をベースに（かつESG/SDGs投資といった付加的な価値を加味しつつ）ファイナンススキームを組成することが求められることになると予想されます。このような動きの中で営農型太陽光発電についても、地方における農業のサステナビリティ、荒廃農地の有効活用、カーボンニュートラルへの寄与、クリーンエネルギーを国民に合理的価格で提供するという観点から、営農型太陽光発電の規模の拡大や営農・発電手法の多様化を図り、そのためにプロジェクトファイナンスやファンド出資が活用されることは極めて重要な課題となると推測されます。

２ 農山漁村再生可能エネルギー法について

　農業と再生可能エネルギーとの関係では、2013年の段階ですでに農山漁村再生可能エネルギー法が制定されており、主に農山漁村において農林漁業の健全な発展と調和の取れた再生可能エネルギー電気の発電を促進するための措置を講ずることにより、農山漁村の活性化を図るとともに、エネルギーの供給源の多様化に資することを目的としています（農山漁村再生可能エネル

16　一般社団法人低炭素投資促進機構「太陽光第11回入札（令和３年度第４回）の結果について」（2022年３月４日）

ギー法1条）。営農型太陽光発電は、農山漁村部のみで実施されるわけでは
なく、電力供給の接電面からは都市や工業地域の近郊部の実施も有効ではあ
りますが、まずは同法の目的や効果について俯瞰します。

(1) 農山漁村再生可能エネルギー法の概要

　農山漁村再生可能エネルギー法は、①市町村が再生可能エネルギー電気の
発電の促進による農山漁村の活性化に関する基本的な計画（以下「基本計画」
といいます）を作成する制度を設け、②基本計画に基づいて認定を受けた再
生可能エネルギー発電事業者は、再生可能エネルギー発電設備の整備のため
の行為を行う場合に各法令上要求される許可または届出[17]の手続をワンス
トップ化できるというメリットを再生可能エネルギー発電事業者に与えてい
ます。

(2) 農山漁村再生可能エネルギー法の対象

a　基本計画の対象となる「再生エネルギー電気」

　農山漁村再生可能エネルギー法において「再生エネルギー電気」とは、太
陽光、風力、水力、地熱、バイオマス、その他電気のエネルギー源として永
続的に利用することができると認められるものとして省令で定めるものをい
い（農山漁村再生可能エネルギー法3条1項）、太陽光発電に限定されていませ
ん。もっとも、上記の再生エネルギー電気であれば全て農山漁村再生可能エ
ネルギー法の対象となり得るわけではなく、各市町村における基本計画で対
象となるエネルギー源の種類やその生産量などの詳細を確認する必要があり
ます。例えば、基本計画に係るガイドライン[18]において、バイオマス発電設
備の整備を促進する際には、当該発電により得られる電気の量に占める地域

17　具体的には、農地法（農地の所有権移転・農地転用許可を含みます）、酪農及び肉用
　　牛生産の振興に関する法律（昭和29年法律第182号）、森林法（昭和26年法律第249号）、
　　漁港漁場整備法（昭和25年法律第137号）、海岸法（昭和31年法律第101号）、自然公園法
　　（昭和32年法律第161号）および温泉法（昭和23年法律第125号）に基づく許可または届
　　出となります。
18　「農林漁業の健全な発展と調和のとれた再生可能エネルギー電気の発電の促進による
　　農山漁村の活性化に関する計画制度の運用に関するガイドライン」

に存するバイオマスを変換して得られる電気の量の割合について年間を通じて原則8割以上確保したものを促進することが望ましいとされており、同ガイドラインに沿って基本計画を作成した市町村においては、バイオマス発電について同様の制約（当該地域のバイオマスを変換して得られる電力量を確保）が課されることになると考えられます。

b 基本計画の対象となる区域

基本計画には再生可能エネルギー発電設備の整備を促進する区域が定められています（農山漁村再生可能エネルギー法5条2項2号）。

この基本計画の設備整備区域に農用地を含める場合には、当該農用地を含めることにより、農用地の集団化、農作業の効率化その他土地の農業上の効率的かつ総合的な利用に支障を及ぼすおそれがないこと（農林漁業の健全な発展と調和のとれた再生可能エネルギー電気の発電の促進に関する法律施行規則（平成26年農林水産省令第33号。以下「農山漁村再生エネルギー法施行規則」といいます）3条2号ロ、農山漁村再生可能エネルギー法4条1項に基づいて定められた基本的な方針[19]（以下「基本方針」といいます）第3．2(1)①ウ）が必要となります[20]。また、整備区域の対象となる農用地には限定があり、農用地区域内の農用地を対象とすることはできません（農山漁村再生エネルギー法施行規則3条2号イ、農地法5条2項1号イ、基本方針第3．2(1)①ア）。しかし、第一種農地については以下の場合には基本計画の設備整備区域に含めることができます（農山漁村再生エネルギー法施行規則3条2号イ、農地法5条2項1号

---

19 令3．7．30付け農林水産省・経済産業省・環境省告示第3号「農林漁業の健全な発展と調和のとれた再生可能エネルギー電気の発電の促進による農山漁村の活性化に関する基本的な方針」https://www.maff.go.jp/j/shokusan/renewable/energy/attach/pdf/houritu-6.pdf
20 以下の場合には、土地の農業上の効率的かつ総合的な利用に支障を及ぼすおそれがあると考えられています（ガイドライン第4．2(2)①ハ）。
　（i）設備整備区域が、集団的な農用地の中央部に介在するように設定されることにより、高性能農業機械による営農等に支障が生じる場合
　（ii）設備整備区域を定めたことにより、今後の農業生産基盤整備事業の実施や農地流動化施策の推進等に支障が生じる場合

ロ、基本方針第3.2(1)①イ)。

① 農用地としての再生利用が困難な荒廃した農用地である場合

② 農用地としての再生利用が可能な荒廃した農用地のうち、当該農用地において耕作等を行う者を確保することができないため、今後耕作等の用に供される見込みがないものである場合

③ 風力発電設備、小水力発電設備または附属設備の用に供する農用地について、一定の要件を満たす場合

　第一種農地は農地法において農地転用が原則として認められず、通常、再生可能エネルギー発電事業の用地として用いることは難しい土地となります（農地法4条6項1号ロ、5条2項1号ロ）ので、一定の制限はありつつも基本計画の設備整備区域に含めることで再生可能エネルギー発電事業への道が開かれていることには意義があるものと考えられます。

　なお、上記の農用地に関する制限は、当該農用地を再生可能エネルギーの生産設備のみの敷地とする場合の議論であり、営農型太陽光発電の場合には、当該敷地で農業も継続される以上かかる制約は受けないものと解されます[21]。

(3) 農山漁村再生可能エネルギー法の基本的な手続

　まず、市町村は、基本方針に基づいて基本計画を作成することができます（農山漁村再生可能エネルギー法5条1項）。基本計画が定められた場合、再生可能エネルギー発電設備の整備を行おうとする者（後述のとおり整備を行おうとする者は農林地等の所有者に限られません）は当該整備に関する計画（以下「設備整備計画」といいます）を作成し、基本計画を作成した市町村に認定の申請をすることができます（同法7条1項）。そして、市町村から認定を受け

21　実際に、令和2年度に新たに農地転用を受けた営農型太陽光発電設備に係る農地区分によれば、全体の94％が農用地区域内農地または第一種農地とされており、これは従前の傾向と変化はないとされています（農林水産省農村振興局「営農型太陽光発電設備設置状況等について（令和2年度末現在）」3頁）。

た設備整備計画（以下「認定設備整備計画」といいます）に従って再生可能エネルギー発電設備の整備のための行為を行う場合には、農地法に基づく農地転用許可をはじめとして各法令上要求される許可または届出が不要となります（同法9条ないし15条）。ただし、市町村は設備整備計画の認定を行うに際して、当該許認可に係る許可権者等と協議し、その同意を取得する必要があります（同法7条4項）。

　また、設備整備計画の認定を受けた者が、当該農林地等の所有者等ではない場合に、認定設備整備計画に従って農林地等について所有権の移転等を受けたい旨の申出を行った場合、市町村は農業委員会の決定を経て所有権移転等促進計画を定めることとなります（農山漁村再生可能エネルギー法16条1項）。そして、この所有権移転等促進計画が定められ公告された場合には、当該所有権移転等促進計画に従って所有権が移転し、または地上権、賃借権もしくは使用貸借による権利が設定され、もしくは移転することとなります（同法18条）。通常、農地の所有権の移転等には農地法3条1項に従い農業委員会の許可を受ける必要がありますが、所有権移転等促進計画に従った農地の所有権の移転等については、農業委員会の許可を経る必要はありません（同法3条1項9号の2）。また、登記について特例が認められており、所有権移転等促進計画に係る土地の登記については、市町村が一括して登記を嘱託することとなっています（農山漁村再生可能エネルギー法19条、権利移転等の促進計画に係る不動産の登記に関する政令（平成6年政令第258号）2条）。さらに当該所有権移転等促進計画に従って農地の所有権を取得する場合には、当該農地の取得者が農業委員会の許可を受ける必要はないので、当該農地の取得者が農地所有適格法人であることも法文上は明示で要求されていません。

　以上のように、農山漁村再生可能エネルギー法に基づく手続を利用することで、再生可能エネルギー発電事業者は手続のワンストップ化、具体的には申請を市町村への設備整備計画認定の申請に一本化することができます。

なお、設備整備計画に従った再生可能エネルギー発電設備等の整備が行われていないと認められる場合、認定を取り消されるおそれがあり（農山漁村再生可能エネルギー法8条3項）、認定が取り消された場合には各個別法に基づく許可または届出があったとはみなされない状況となり、各個別法に基づいて原状回復命令等の対象となる場合があります。

　なお、これまでに作成された基本計画は2022年3月末時点において累計81件（これとは別途作成中の基本計画は11件）で[22]、2021年3月末時点において設備整備計画の認定数は95件となります[23]。基本計画を公表している市町村に関する情報は農林水産省のウェブサイトにて入手することができます（なお、基本計画の公表は努力義務にとどまります）。

3 農地法施行規則の改正について

(1) 改正省令の概要

　農地法における農地所有適格法人制度によって、法人が農地の権利を取得するためには、当該法人が農地法2条3項に規定される条件を満たす農地所有適格法人に該当する必要があります（農地法3条2項2号）。従来の農地所有適格法人制度においては、営農型発電事業が、農地所有適格法人の行うことのできる「農業とその農業に関連する事業」として明記されておらず、農地所有適格法人が営農型発電設備を導入することへの阻害要因になっているとの指摘がありました。このような指摘や政府内の再生可能エネルギー等に関する規制等の総点検タスクフォースにおける議論等を踏まえて、農地所有適格法人が農業に関連して行う事業に、農作物等を利用して行われるバイオマス発電および営農型太陽光発電（以下「営農型再生可能エネルギー発電事業」と総称します）の2つが追加（改正後農地法施行規則2条2号および6号）

22　農林水産省ウェブサイト「基本計画作成の取組状況について」
23　前掲「農山漁村における再生可能エネルギー発電をめぐる情勢」（令和4年1月）23頁

されることとなりました。

　なお、改正省令は2021年4月1日から施行されています（改正省令附則）。

(2)　具体的な効果

　改正省令によって、法人が営農型再生可能エネルギー発電事業を行う場合に、農地所有適格法人に該当するための以下の条件を充足しやすくなると考えられます。

a　事業要件（農地法2条3項1号）

　農地法において、農地所有適格法人に該当するためには、その売上高の過半は、当該法人が行う農業と関連事業による売上高が占める必要があります（農地法2条3項1号）。改正省令によりこの関連事業に営農型再生可能エネルギー発電事業が追加されたことによって、農業収入と営農型再生可能エネルギー発電事業による売電収入が総売上の過半となれば事業要件を充足することになります。なお、農地法上は営農型再生可能エネルギー発電事業を含む関連事業による売上高が農業を越えてはならないとの規定は存在しません。ただし、発電設備の売却収入は関連事業には含まれないことに留意が必要です[24]。

b　株主要件（農地法2条3項2号）

　農地法において、農地所有適格法人に該当するためには、その議決権の過半数を、常時従事者等の農業関係者が保有する必要があります（農地法2条3項2号）。改正省令により農業の関連事業に営農型再生可能エネルギー発電事業が追加されたことによって、営農型再生可能エネルギー発電事業に従事する者が常時従事者として法人の議決権の過半数を保有することが可能となりました。なお、本号における農業には、従来から農作業そのものではない、経理などの事務も含まれると解されていますが、改正省令により営農型再生可能エネルギー発電事業そのものだけではなく、当該事業に係る経理な

24　『「農地法施行規則の一部を改正する省令案についての意見の募集について」の結果について』別紙表第11項

どの事務に従事する者も常時従事者に含まれる余地があります（明文での根拠規定は不見当です）。

c 役員要件（農地法2条3項3号）

農地法において、農地所有適格法人に該当するためには、その法人の常時従事者たる構成員（株主または社員）が理事等[25]の数の過半を占めている必要があります（農地法2条3項3号）。上記bに記載したとおり、改正省令により営農型再生可能エネルギー発電事業に従事する者が常時従事者となることが可能となりましたので、営農型再生可能エネルギー発電事業に従事する者が理事等となることで、この要件を充足することが可能となりました。

d 農作業要件（農地法2条3項4号）

農地法において、農地所有適格法人に該当するためには、その法人の理事等または農業に関する権限および責任を有する使用人で常時従業者である者のうち1人以上の者がその法人の行う「農業」に必要な「農作業」に原則60日以上従事することが必要となります。改正省令では、「農業」に営農型再生可能エネルギー発電事業が含まれることとなりましたが、「農作業」は「農産物を生産するために必要となる基幹的な作業」（農地法施行規則6条）に限られており、その概念は拡張されていません。したがって、農地所有適格法人に該当するためには、改正後も依然として農産物を生産するために必要となる基幹的な作業に原則60日以上従事する者が必要となる点には留意が必要となります。

⑶ 改正省令により認められる農地所有適格法人の形態

a 農地所有適格法人の条件遵守

改正省令により、金融機関や事業会社は、再エネ事業者と業務提携を行うなどして、従前とは異なる農地所有適格法人の設計が可能になります。まず、農地所有適格法人の株主要件のうち農業関係者以外の株式保有割合は、

---

25 農事組合法人にあっては理事、株式会社にあっては取締役、持分会社にあっては業務を執行する社員を意味します。

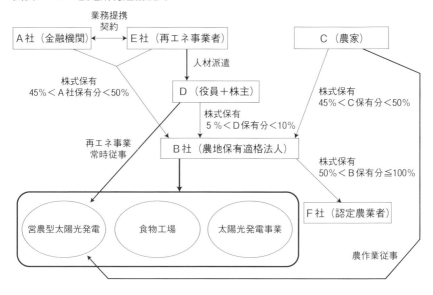

図表2－6　農地所有適格法人

50％未満とされるため、金融機関および再エネ事業者による株式保有割合は50％未満に制限されます。次に常時従事者たる構成員は、営農型再生可能エネルギー発電事業に従事すれば足りるため、再エネ事業者から人材を派遣してもらい、かかる発電事業関連業務を担当させるとともに、農地所有適格法人の株主兼役員となってもらい、株式保有および役員の割合で、事業者側が過半数を占めることが可能となります。なお、改正省令によって新たに農業関係者の議決権と計算することができることとなったのは、当該農地所有適格法人の営農型再生可能エネルギー発電事業の常時従業者であって、営農型再生可能エネルギー事業者自身ではないことに留意が必要です。したがって、再エネ事業者ではなく、再エネ事業者が派遣する個人に議決権を保有させる必要があります。一方、農作業要件については、役員または重要な使用人が農作業に従事すれば足りるため、農作業を担当する個人を役員に就任させることは必須ではなく、重要な使用人として農作業を担当させることによ

り充足可能です。

b　営農型再生可能エネルギー発電事業以外の農業および発電事業

　営農型再生可能エネルギー発電事業を行うことにより農地所有適格法人の要件を充足した場合、当該法人の事業は営農型再生可能エネルギー発電事業に限定されるわけではないと解されます。したがって、発電事業を行っていない農地で農業を行い、また発電事業のみを別の区画で行うことは許容されると解されます（ただし、主たる事業要件が課せられるため、農業および営農型再生可能エネルギー発電事業（他の形態の発電事業は含みません）による売上高が、全事業における売上高の過半となることは要求されます）。また、営農型再生可能エネルギー発電事業を行う農地所有適格法人が認定農業者となる場合には、他の認定農業者をその子会社とすることも可能と解されます（詳細は第1章第5節②参照）。金融機関と再エネ事業者は、既存の太陽光発電施設のプロジェクトファイナンス案件などを通じて関係を強化していることも想定され、このような企業同士が連携することにより、現状では進展していない農業法人のグループ化の契機となることも考えられます。

4　農業と再生可能エネルギー発電を両立する事業形態

　農業と再生可能エネルギー発電を両立する事業形態として、ここでは①営農型太陽光発電事業、②併設型太陽光発電事業、③植物工場屋根部分での太陽光発電事業、④営農型風力発電事業、⑤連動型バイオマス発電・熱供給事業の5つについて、農地法上の転用許可の要否を中心に検討します。

(1)　営農型太陽光発電事業について

a　営農型太陽光発電事業とは

　営農型太陽光発電事業とは、農地に支柱を立てて、営農を継続しながら上空部分に太陽光発電設備等の発電設備を設置して行う太陽光発電事業をいいます。なお、営農型太陽光発電事業は上述のとおり改正省令によって農地所有適格法人が農業に関連して行う事業に追加されています。

b　農地法上の転用許可の要否

　営農型太陽光発電設備を設置するためには、その支柱の敷地部分について農地法4条1項または5条1項に基づく農転許可が必要となります。もっとも、営農型太陽光発電設備はその設置技術が確立し、設備に対するニーズが高まったことから平成30年5月15日に30農振第78号農林水産省農村振興局長通知「支柱を立てて営農を継続する太陽光発電設備等についての農地転用許可制度上の取扱いについて」(以下「平成30年通知」といいます)が発出され農地転用許可制度における取扱いが明確化されています。平成30年通知において、営農型太陽光発電設備については、当該設備の下部の農地において営農の適切な継続が確保されなければならないことから、一時転用許可の対象として可否を判断するものとされています。この一時転用許可は農地全てで取得する必要はなく、発電設備を支える支柱の基礎部分のみ取得すれば足ります。

　かかる一時転用許可を得るためには、発電設備の下部の農地において営農の適切な継続が確実と認められることが必要であり、具体的には、当該農地における単収が、同じ年の地域の平均的な単収と比較しておおむね2割以上減少していないことなどが求められます(平成30年通知第2.(2).ウ.b)。なお、一時転用期間中に台風や冷害等の天災など、営農型発電設備の設置が原因といえないやむを得ない事情により、下部の農地における単収の減少等が見られる年がある場合には、その事情およびその他の年の営農の状況を十分に勘案して判断されます(農林水産省作成の令和3年7月付け「営農型発電設備の実務用Q&A(営農型発電設備の設置者向け)」(以下「営農Q&A」といいます)問30参照)。また、2020年度において、営農型太陽光発電設備の下部農地での営農に支障があったものは12%存在しているとのことであり、そのうち80%が単収減少であり、このようなケースに対しては農地転用許可権者が改善指導を行っているとのことですが、2020年度時点で設備の撤去等の命令が出された事例はないようです[26]。

また、発電設備の下部の農地で栽培する農作物については原則制限はありませんが、①耕作者がこれまで一度も栽培したことがない農作物の栽培を検討している場合および②当該地域で栽培されていない農作物の栽培を計画している場合等は、農地転用許可権者が、当該農作物の栽培に知見を有する者による営農指導を受ける態勢が整っているかを確認する等により、営農が適切に継続されるか慎重に判断することが望ましいとされています（営農Q&A問28）[27]。また、営農型発電設備は、下部の農地において営農を適切に継続しながら、これに支障を与えないように発電事業を行うものであり、当該設備の設置を契機として農業収入が減少するような農作物の転換は望ましくないとされています。このため、農作物を転換する際には営農の適切な継続が確保されること等に注意することが必要です（営農Q&A問29参照）。

　また、一時転用許可申請を行う際に、ブロックローテーション等により、あらかじめ農作物を変更することが見込まれる場合には、その旨を営農計画書に記載した上で、一時転用を受けることが要求されています（営農Q&A問55）。

一時転用許可の期間は以下の場合には10年となりますが、それ以外の場合では３年となります（平成30年通知第2.(2).アおよび別表、営農Q&A問７）。

①　担い手[28]が自ら所有する農地または使用収益権を有する農地を利用する場合

26　前掲農林水産省農村振興局「営農型太陽光発電設備設置状況等について（令和元年度末現在）」６頁

27　一時転用許可にあたっては下部の農地において生産された農作物に係る状況を、毎年報告することが許可条件として付されることとなっています（営農Q&A問54）。

28　食料・農業・農村基本計画（2015年３月31日閣議決定）の第３の２の(1)に掲げる次の者をいいます。

　　ア　効率的かつ安定的な農業経営（主たる従事者が他産業従事者と同等の年間労働時間で地域における他産業従事者とそん色ない水準の生涯所得を確保し得る経営）
　　イ　認定農業者
　　ウ　認定新規就農者
　　エ　将来法人化して認定農業者になることが見込まれる集落営農

② 荒廃農地を再生利用する場合

③ 第二種農地または第三種農地を利用する場合（農用地区域内の農地は除く）

　最長の10年の場合であっても、再生可能エネルギー電気の利用の促進に関する特別措置法（平成23年法律第108号）に基づく調達（交付）期間である20年を全てカバーすることはできず、調達（交付）期間の全期間について営農型太陽光発電を継続するためには、一時転用許可を再度受ける必要がある点には留意が必要となります。

　また、営農型太陽光発電設備を設置する際には、農用地区域内農地、甲種農地、第一種農地についても一定の条件を満たすことにより一時転用が認められることが想定されています（営農Q&A問8参照）。

c　農業と発電事業の分業の可否

　営農型太陽光発電事業において、発電設備を設置して発電事業を実施する者（以下「発電事業者」といいます）と下部の農地において営農する者（以下「営農者」といいます）、さらには農地の所有者（以下「農地所有者」といいます）を分けることは可能です。もっとも、この場合には、発電事業者、営農者および農地所有者が同一の者である場合に加えて次の点に留意する必要があります。

① 一時転用許可の申請の際に、支柱を含む営農型発電設備の撤去について発電事業者が費用を負担することを基本として、当該費用の負担について合意されていることを証する書面を提出することが必要となります（平成30年通知第2 .(1).エ）。

② 支柱に係る一時転用許可とは別途、下部の農地に民法（明治29年法律第89号）269条の2第1項の地上権またはこれと内容を同じくするその他の権利を設定するための農地法3条1項の許可を受けることが必要となります（平成30年通知第6 .(3)）[29]。

　上記に加えて、営農型太陽光発電をプロジェクトファイナンスにより実施

する場合には、プロジェクトに係る資産、権限、契約関係全てに担保設定することが要求されるのが一般的です。発電従事者、営農者、農地所有者が異なる場合に、敷地に関する権利や一時転用に係る権限等をどのように担保化し、対抗要件を具備していくかについては今後の実務の積み重ねが必要になると思われます。

(2) 併設型太陽光発電事業について

a 併設型太陽光発電事業とは

併設型太陽光発電事業とは、営農地に隣接する農地に太陽光発電設備を建設し行う太陽光発電事業と定義します。例えば、農家が農地の一部しか使用しておらず、残部が休耕地または耕作放棄地となっている場合に、当該部分を太陽光発電設備の敷地として使用するようなケースが考えられます。なお、併設型太陽光発電事業は改正省令によって農地所有適格法人が農業に関連して行う事業に追加された事業ではなく、農地法上の農業概念には包含されません。

b 農地法上の転用許可の要否

併設型太陽光発電事業は営農地に隣接する土地に太陽光発電設備を建設するものであり、当該発電設備の底地で耕作を行うことを想定していないので、平成30年通知の対象外となり、当該底地が農地である限り、農地法上の転用許可が原則必要となります。ただし、前述したとおり、農山漁村再生可能エネルギー法に基づく基本計画の設備整備区域の対象であり、市町村から設備整備計画について認定を受けた場合には、農地法上の転用許可は不要となります。

また、平成30年通知に基づく一時転用ではないため、農用地区域内農地お

---

29 この場合には、当該権利を設定する期間を支柱に係る一時転用期間と同じ期間とするとともに、一時転用許可と同時に当該権利を設定することが必要とされています。もっとも、かかる農地法3条1項の許可の取得のためには、実質的には下部の農地の賃借人等権利者の同意を得れば足りることとなっています（営農型発電設備の実務用Q&A（都道府県、市町村および農業委員会担当者向け）問61参照）。

よび第一種農地については原則転用許可を受けることはできません（農地法
4条6項1号、5条2項1号）。ただし、前述したとおり、農山漁村再生可能
エネルギー法に基づく基本計画の設備整備区域に含まれている場合には、第
一種農地についても併設型太陽光発電に利用できる余地はあります。

    c　農業と発電事業の分業の可否

　併設型太陽光発電事業において、発電事業者と営農者を分けることは可能
です。このうち、発電事業者が営農者から発電設備の敷地部分の所有権・使
用権を取得する場合には農地法5条1項に基づいて都道府県知事から転用許
可を受ける必要があります。ただし、前述したとおり、農山漁村再生可能エ
ネルギー法の認定設備整備計画に基づく場合には、かかる転用許可は不要と
なります。

　併設型太陽光発電事業では営農者は転用許可を受けて発電事業者に農地を
譲渡または発電事業者のために地上権もしくは賃借権を設定することによっ
て、発電事業者と営農者を切り分けることが可能となります。この場合、投
資家から見ると従来の太陽光発電事業に係るプロジェクトファイナンスと同

図表2－7　併設型太陽光発電事業

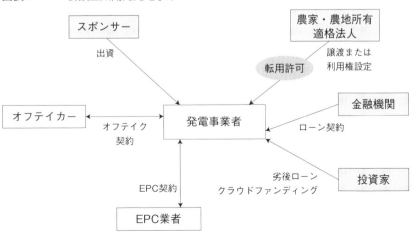

様のスキームとなり、より多くの投資家からの投資を期待しやすいと考えられます。例えば、

① 太陽光発電事業の投資家が農地所有適格法人に荒廃農地の購入資金を投融資する。

② 農地所有適格法人は①の資金によって取得した荒廃農地の一部で農業を再開する。

③ 荒廃農地の残部については転用許可を受けて、発電事業者に対して譲渡または地上権もしくは賃借権を設定して太陽光発電を行う。

④ 農地所有適格法人は農業収入および土地の譲渡・賃料収入から投資家に対する配当・返済を行う。

といったスキームも考えられると思います（この場合は、荒廃農地の一部について農業を再開することから農山漁村再生可能エネルギー法上の諸手続においても好意的な取扱いが期待できる余地もあります）。

(3) 植物工場屋根部分での太陽光発電事業について

a 植物工場屋根部分での太陽光発電事業とは

植物工場屋根部分での太陽光発電事業とは、植物工場の屋根部分に太陽光発電設備を設置し行う太陽光発電事業をいいます。なお、植物工場屋根部分での太陽光発電事業は改正省令によって農地所有適格法人が農業に関連して行う事業に追加された事業ではありません。

b 農地以外の敷地に太陽光発電設備付植物工場を建設する場合

農地以外に植物工場を建設する場合、その敷地は農地ではないので、敷地の取得・利用権取得のために農地法上の許可を受ける必要はなく、敷地の取得・利用権取得は農地所有適格法人でない者でも行うことができます。

農地以外の敷地に植物工場を建設する場合には、上述のとおり農地所有適格法人は必要ないので、一般事業法人が金融機関や投資家からの資金を用いて植物工場および太陽光発電設備並びにその敷地利用権を保有し、当該一般事業法人が植物工場および太陽光発電設備運営を外部のオペレーターに委託

図表2－8　植物工場型（農地法非適用）スキーム

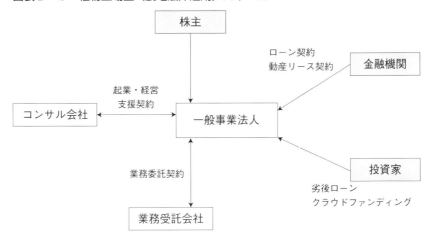

することが可能になります。

　さらにこのスキームは、農地法の適用を受けないスキームなので植物工場およびその敷地について信託設定が可能となり、対象資産の流動性も向上します。したがって、従来どおりのTK-GKスキームを利用することや、太陽光発電設備付植物工場TMKファンドやREITの組成も可能となり幅広い投資家からの投資を期待できます。

(4)　農地に太陽光発電設備付植物工場を建設する場合

a　農地に植物工場を建設する場合の許認可

　農地に植物工場を建設する場合、その敷地は農地ですので、敷地の取得・利用権取得のために農地法上の許可を受ける必要があります。また、植物工場建設のためには原則として農地の転用許可を受ける必要があります。

　もっとも、植物工場が農作物栽培高度化施設[30]に該当する場合には、当該

30　農作物の栽培の用に供する施設であって農作物の栽培の効率化または高度化を図るためのもののうち周辺の農地に係る営農条件に支障を生ずるおそれがないものとして農林水産省令で定めるものを意味します（農地法43条2項）。

植物工場において行われる農作物の栽培が耕作に該当するものとみなされるため、農地法上の転用許可は不要となります（農地法43条1項）。ただし、この場合、植物工場の敷地は農地のままとなりますので、農地所有適格法人が当該敷地の取得・利用権取得を行う必要があり、信託設定も許容されないと考えられます。

また、植物工場の屋根または壁面に太陽光発電設備を設置する場合において当該植物工場が農作物栽培高度化施設に該当するためには以下の条件を満たす必要があります（処理基準第14.1.(7)①）。

① 売電しない場合……発電した電力を農作物栽培高度化施設に設置されている設備に直接供給するものであり、発電能力が当該農作物栽培高度化施設の瞬間的な最大消費電力を超えないこと。

② 売電する場合……認定農業者または認定新規就農者が、農業経営改善計画または青年等就農計画に位置づけられた農作物栽培高度化施設の屋根または壁面に太陽光発電設備を設置すること。

すなわち、農地上で転用許可を得ずに植物工場屋根部分での太陽光発電事業を実施しようとした場合、経営基盤強化促進法に基づく認定農業者でない限り、植物工場屋根部分での太陽光発電は当該植物工場において使用する電力を賄うものに限られると考えられます。

b 植物工場と発電事業の分業の可否

植物工場屋根部分での太陽光発電事業において、発電設備事業者と営農者を分けることは可能です。この場合、発電事業者は植物工場の屋根部分について使用権の設定を受けるだけですので、農地法上の制約には服しないことになります。一方で、農地上の農作物栽培高度化施設に該当する農地上の発電施設において、上記(3)bの売電を行うことは（発電事業者と営農者が分離されている場合に、発電事業者が認定農業者であることはレアケースと思われます）難しく、農地上に建設された植物工場で発電事業者と営農者を分けることが可能であるのは当該植物工場で使用する電力の発電を第三者に委託するよう

な事案になるかと思われます。

⑸　**営農型風力発電事業について**

　a　営農型風力発電事業とは

　営農型風力発電事業とは、農地に支柱を立てて、営農を継続しながら上空部分に簡易な構造で支えられる小型の風力発電を設置して行う風力発電事業をいいます。なお、営農型風力発電事業は改正省令によって農地所有適格法人が農業に関連して行う事業に追加された事業ではありません。

　b　農地法上の転用許可の要否

　⑴ b において営農型太陽光発電事業について記載したものと同様、その支柱について農地法4条1項または5条1項に基づく農転許可が必要となり、平成30年通知により取扱いが明確化されています（営農Q&A問21）。一時転用許可の対象として可否を判断されること、かかる一時転用許可を得るためには、発電設備の下部の農地において営農の適切な継続が確実と認められることが必要であること、一時転用許可の期間についても営農型太陽光発電事業と同様です。

　c　農業と発電事業の分業の可否

　設置者と営農者を分けることは可能ですが、①⑶において営農型太陽光発電事業について記載したものと同様の点に留意する必要があります。

⑹　**連動型バイオマス発電・熱供給事業**

　a　連動型バイオマス発電・熱供給事業とは

　連動型バイオマス発電・熱供給事業とは、生産した農畜産物等を原料として用いるバイオマス発電事業およびバイオマス熱供給事業をいいます。なお、連動型バイオマス発電・熱供給事業は上述のとおり改正省令によって農地所有適格法人が農業に関連して行う事業に追加されています。

　b　農地法上の転用許可の要否

　連動型バイオマス発電・熱供給事業は当該発電設備の底地で耕作を行うことを想定しておりませんので、当該底地が農地である限り、農地法上の転用

許可が原則必要となります。ただし、前述したとおり、農山漁村再生可能エネルギー法に基づく基本計画の設備整備区域の対象であり、市町村から設備整備計画について認定を受けた場合には、農地法上の転用許可は不要となります。

c　農業と発電事業の分業の可否

連動型バイオマス発電・熱供給事業において、設置者と営農者を分けることは可能です。

5　融資制度・補助金

再生可能エネルギーの導入支援に活用できる補助金および特別な融資制度として執筆時点では次のようなものがありますので、これらの制度を活用することも検討に値します。なお、上記のスキームのいずれを選択するとしても利用できる制度に大きな違いはありません。

① 補助金

・食料産業・6次産業化交付金

・自治体実施の補助金[31]

② 特別な融資制度

・日本政策金融公庫中小企業事業環境・エネルギー対策資金（中小企業向け）

・スーパーL資金（経営基盤強化促進法上の認定農業者向け）

・青年等就農金（経営基盤強化促進法上の認定新規就農者向け）

・経営体育成強化資金（主業農業者、新規参入者向け）

・農業改良資金（農商工連携法（中小企業者と農林漁業者との連携による事業活動の促進に関する法律（平成20年法律第38号））や六次産業化法（地域資源を活用した農林漁業者等による新事業の創出等及び地域の農林水産物の利用

31　農林水産省「営農型太陽光発電取組支援ガイドブック」15頁以下参照

促進に関する法律（平成22年法律第67号））等により計画の認定を受けた農業
者等向け）

海面・陸上養殖ビジネスに
対する投融資

　株式会社FRDジャパンが木更津で運用する「おかそだちサーモン」の閉鎖循環式陸上養殖（RAS）実証プラントでは、バクテリアを活用した独自の脱窒・ろ過技術を用いて水替えを極力削減し、海や川を必要としない養殖方法を開発しており、今後は商業ベースに乗せるための規模拡大も検討されています。また、ポーランド、フランス、米国等でビジネスを展開するピュアサーモングループの日本法人ソウルオブジャパン株式会社は、アジア最大規

事業―FRDジャパン公式ウェブサイト
陸上養殖生サーモン『おかそだち』の生産企業
(frd-j.com)

模の年間１万トンのアトランティックサーモンのRASプラントを三重県に建設する計画を実行中であるなど、海外での実績をベースに巨大陸上養殖施設の設置に着手する動きも見られます。

　一方、海面養殖の分野では、ウミトロン株式会社は、スマート給餌器による遠隔給餌サービスやスマートカメラによるAI・IoT技術を活用して、海面養殖ビジネスのコンピュータ化・省力化のための技術を提供し、さらに「うみとさち」ブランドにより、養殖魚のバリューチェーンの構築にも取り組んでいます。

　水産資源を保護しつつ、収量を増加させることの必要性・重要性が叫ばれる状況下で、上記のとおり先進的漁業への取組が進む一方で、水産・漁業法務インフラは多くの課題を抱えています。

1　日本の漁業の現状と課題

　近年、日本では漁業生産量が減少傾向にあり、また、人口減少や食生活の変化等に伴い、水産物消費量も減少傾向となっています。具体的には、日本における漁業・養殖業の生産量は、昭和59年（1984年）の1,282万トンをピークに減少し、2020年度における食用生産量は301万トンとなっています。また、食用魚介類の国内消費仕向量は、平成13年度（2001年度）までは850万トン前後で推移していたものの、その後減少し続け、2020年度には526万トン（概算値）となっています[32]。さらに、食用魚介類の国内消費仕向量は減少傾向にあるものの、日本の１人当たりの食用魚介類の消費量は世界平均の２倍を上回っており、日本は依然として大量の水産物を消費する国であっ

---

[32]　日本の漁業に関する情報およびそれに対する対策等をまとめた政府発行の資料としては、例えば、水産庁『令和３年度水産白書』（令和４年）、水産庁『水産基本計画』（令和４年３月）、水産庁『水産計画の改革について』（令和３年８月）、農林水産省『養殖業成長産業化総合戦略』（令和３年７月）、水産庁監修『我が国の養殖業と成長産業化に向けた論点整理（令和２年３月10日版）』（令和２年３月）、農林水産省大臣官房統計部『令和３年漁業・養殖業生産統計』（令和４年５月）、水産庁『内水面漁業・養殖業をめぐる状況』（令和４年６月）などが挙げられます。

て、大規模なマーケットが存在する一方で、日本の水産物輸入量は増加しており、2020年度における日本の食用魚介類の自給率（概算値）は、57％[33]にとどまっています。このような日本の漁業の縮小傾向と輸入量の増加に鑑みると、水産資源の継続的確保の観点からは、国内の漁業生産量の増加に向けた対策が急務となっています。

　具体的な施策はさまざま考えられるところですが、基本的な視点として、既存の漁業や漁業従事者の利益を守るとともに、新規参入や水産ビジネスの近代化・多角化を実現することとのバランスをいかに取るかが重要であり、例えば、以下のようなものが考えられます。

- ・現在の漁業従事者の事業環境の維持・改善（既存の漁師・漁協のサポート、高齢化・後継者対策）
- ・新しい養殖設備の導入（適正品種の発見・改良（ゲノム編集技術等の活用）、養殖場所の多様化（新規漁業区、陸上養殖）、給餌（昆虫・CO_2由来飼料）・育成方法の改良）
- ・市場参入者・ビジネススキーム・資金調達方法の多様化（個別の養殖方法と事業モデルとの整理・分類、事業性評価・トラックレコード、漁業関連法・会社法・金融関連法からの法的許容性の整理）
- ・バリューチェーンの改革（魚卵・餌の入手／育成／加工／流通／販売におけるリスク配分／収益配分の適正化）
- ・サステナビリティ対応（海面養殖と海洋環境保護、餌となる小魚の枯渇対策、養殖に必要なエネルギー供給（電力／熱）問題）

なお、日本の水産業の今後を検討するにあたっては、官民一体となって養殖業に取り組んできたノルウェーのサーモン養殖が参考となります。同国で

33　平成29年4月策定の水産基本計画において、食用魚介類の自給率目標値は70％に設定されていました。また、令和4年3月策定の水産基本計画において、令和9年度の食用魚介類の自給率目標値は70％、令和14年度の食用魚介類の自給率目標値は94％とされています。

は、国を挙げた大規模なプロモーション活動を行いつつ、技術の開発、規模の拡大を進めながら、企業統合等による集約化によって、一体的なサプライチェーンを構築しています。このような官民一体となった販売戦略の展開により、生産量や日本に向けた輸出量を急激に拡大させ、現在では、更なる事業規模の拡大やグローバル化も相まって、海外輸出のターゲットを日本市場から世界市場に拡大しています[34]。

2 養殖事業の発展のための法的考察

(1) 養殖事業の概要と分類

a 海面養殖等と陸上養殖

養殖事業は、海面養殖、内水面養殖および陸上養殖に大別されますが、それぞれの特色について表にまとめると図表2－9のとおりです。

(イ) 海面養殖等

海面養殖は海面（海面に準ずる湖沼として告示される水面を含みます）において行われる養殖事業であり、内水面養殖は内水面（海面以外の水面）において行われる養殖事業をいいます（以下、海面養殖と内水面養殖を合わせて「海面養殖等」と表記します）。

(ロ) 陸上養殖

陸上養殖は大きく分けて掛け流し方式および閉鎖循環方式の2つの方法によってなされます。掛け流し方式は外部から水をくみ上げて養殖に利用した後、利用後の水を排水する方式であり、閉鎖循環方式は一度注水を行った水を循環器を使用してろ過しながら循環させ、再度養殖に利用する方式です。閉鎖循環方式には、基本的には利用した水を全て循環させて、蒸発分等のみ

---

34 農林水産省『養殖業成長産業化総合戦略』（令和3年7月）5頁においては、「我が国の養殖業を輸出産業として発展させるには、ノルウェーのサーモン養殖業の展開過程を知り、我が国養殖業の成り立ちも考慮しながら特に官民一体となった市場調査・マーケティングによる需要創出に積極的に取り組む必要があると考えられる。」として、日本における官民一体の取組の必要性について言及されています。

養殖方法	海面養殖・内水面養殖	陸上養殖
事業実施場所	海面養殖：沿岸などの海水域 内水面養殖：湖沼、河川、池など	陸上
必要な漁業権	区画漁業権	必要なし
メリット	・加工場や漁港・市場へのアクセスが容易。 ・初期投資コストや運営コストが陸上養殖と比較して低い。	・自然災害や気候変動といった不可抗力の影響を受けにくい。 ・生産計画に応じて魚類の孵化、生育時期を調整することが可能。 ・ろ過装置により、アニサキスなどの寄生虫やマイクロプラスチック・重金属等の汚染物質の影響を排除可能。 ・（特に閉鎖循環方式の場合）養殖業等に由来する食べ残しの餌やプラスチックごみの海への流出が乏しい。
デメリット	自然・天候リスクを受けやすい。	養殖施設の導入・維持コストが高い。

を注水するもの（完全閉鎖循環方式）と、利用した水の一部のみを循環させるもの（半閉鎖循環方式）があります。

b　養殖事業のキーファクター

養殖事業の成功において重要な要因は、養殖地の選択[35]、魚種の選択、生

35　海面養殖については、漁業権を確保可能な漁場が必要となり、また、自然災害の影響を受けやすいため、自然災害の有無やその程度・頻度が養殖地の選択において重要な意味を有します。陸上養殖についても、完全閉鎖循環方式でない限りは一定規模の注水が必要不可欠となるため、水源の確保は重要となる他、電気の調達に係る価格および容易性も重要となります。その他、加工場・消費地へのアクセスの容易さ、輸出戦略への対応可能性、漁業従事者・技術者の継続的確保の可否、自治体からの金銭的あるいは許認可関連の協力の有無等も養殖地の選択の要素となります。

図表2－10　養殖事業の新技術

	養殖準備	育成・生産	加工・流通
水	・完全循環型人工海水	・水質管理（溶存酸素、水温、pH、塩分濃度、濁度） ・ろ過装置	
餌	・高機能飼料（育成期間短縮） ・新規飼料（CO_2由来、昆虫、植物）	・自動給餌装置 ・給餌管理システム	
養殖魚・卵	・魚卵人工孵化 ・種苗生産・人工種苗 ・養殖魚種開発（ゲノム編集技術の利用） ・腸内環境整備	・生育状況モニタリング ・成長管理（魚群誘導） ・水中ドローン・水中カメラ	・自動収穫 ・冷蔵・冷凍技術 ・トレーサビリティ（DX）

産の規模[36]、持続可能性、バリューチェーンの構築（魚卵・餌の仕入れ→生育・生産→保存・加工・流通→販売・ブランド化）等が挙げられます。また、養殖事業は、そのリスクや課題を解消または低減させる新規技術の研究・開発が急激に進んでいるため、これらの新規技術をいかにして活用するかおよびビジネスプランにどのように盛り込むかという点は、養殖事業の成功において重要な要因となるものと考えられます。このような新規技術には、例えば、図表2－10に記載したようなものが挙げられます。

c　事業実態の客観化の必要性

現在の養殖事業において外部からの資金調達が活発ではない理由の一つと

36　国内においては初めから大規模な養殖事業を開始する事業者は少なく、年間生産量数十トン規模で実証実験的に養殖事業を開始し、最終的には商業ベースに乗るように年間生産量数千トン規模に漸次的に規模を拡大することを計画する事業者が多いと思われます。

して、その事業実態の把握と予想のしにくさから、金融機関が融資をしづらい状況にあることが指摘されています。また、多くの養殖事業者が実証実験規模から商業ベース規模に拡大する場合に、資金調達の困難さが大きな阻害要因となっていると思われます。このため、トラックレコードを積み上げるなど、養殖事業の事業実態を客観化することが必要であり、まずは、事業計画、予算、財務諸表といった書類の作成をすることが挙げられ、さらに、養殖業に関する各種指標をモニタリングすることも有用と考えられます。

養殖魚の生産効率をモニタリングするための指標としては、Gross yield、養殖魚の生存率、養殖魚のサイズなどが挙げられます。Gross yieldとは、一定の生産エリアにおける生産量を示したもの[37]です。養殖魚のサイズは、魚種によっては測定が難しい場合もありますが、例えば、IoT技術を活用して、水中カメラとスマートフォンのアプリで、水中にいる魚のサイズを自動で測定・管理するシステム等を提供している企業もあり、最新技術の発展とともにモニタリングを容易にすることができる場合もあると考えられます。また、餌の使用効率を測る指標については、FCR（Feed Conversion Ratio）が最も重要な指標と考えられています。このFCRは、一定の期間に与えた餌の量を同期間内に生産された漁獲量で割った値となります。餌代は養殖業のランニングコストの大半を占めるものとなりますので、餌の使用効率の把握は養殖業の実態把握に重要となります。

d 養殖事業のリスクファクターとその対応

養殖事業に伴うリスクとその対応としてまとめると、図表2−11のとおりとなります。

(2) 養殖事業に適用され得る主な許認可・レギュレーション

養殖事業は、海面養殖、内水面養殖および陸上養殖に大別されますが、それぞれに適用される主な許認可・レギュレーションについて表にまとめると

---

[37] 具体的には、1つの生け簀で1年間に生産された養殖魚の量を生け簀の体積で割った値などが挙げられます。

図表2−11　養殖事業に伴うリスクと対応

リスクファクター	対　応
疫病やミスオペレーション	・（陸上養殖の場合）循環方式を用いることで水質をコントロールする。 ・稚魚について、信頼できる仕入先との間で継続的な契約を締結する。 ・新規技術を利用し、属人的な作業を削減する。 ・コンサルティング会社などとマネジメント契約を締結し、管理を委託する。 ・保険を利用する。
天然魚との価格競争	・（陸上養殖の場合）生産計画に応じて魚類の孵化、生育時期を調整する。 ・大手の外食チェーン、スーパーマーケット、コンビニエンスストアなどとの間で継続的な販売契約を締結する[38]。
収益化まで長期の期間が必要	・外部からの投融資を利用する。 ・新規技術を利用し生育期間を短縮する。
海面養殖等に特有のリスク（自然災害に影響を受けやすい、収益発生のタイミングが限定的）	・新規技術を利用し生育期間を短縮したり、水中カメラで収集したデータを保険の設定に利用する。

図表2−12のとおりです。

　a　漁　業　法

　まず、漁業法上の規制が及ぶのは基本的に海面養殖等に限られ、この区画で養殖等を行うためには漁業権を取得することが必要となります。この漁業権に関して近時、漁業法の大きな改正が令和2年12月1日に施行されていま

38　ただし、①養殖魚は天然魚との価格競争などによって価格変動があるため、購入者があらかじめ一定の価格で一定量の養殖魚の買取りを約束することは難しく、できたとしても単位当たりの単価は大幅に安くなってしまうおそれがあること、②水産業界には契約文化がないことなどからすると、条件を固定した継続的な販売契約は、現時点においては現実的ではない部分もあると考えられます。

図表2−12　養殖事業に適用される主な許認可・レギュレーション

養殖方法	海面養殖等	陸上養殖
適用される主なレギュレーション	漁業法（昭和24年法律第267号）	廃棄物処理法（廃棄物の処理及び清掃に関する法律（昭和45年法律第137号）） （掛け流し式の場合） 水質汚濁防止法（昭和45年法律第138号）
	持続的養殖生産確保法（平成11年法律第51号） 内水面漁業振興法（内水面漁業の振興に関する法律（平成26年法律第103号）） 飼料安全法	

す。

　改正前漁業法では、漁業の免許のためには申請者が適格性を有することが必要とされていました（改正前漁業法13条1項1号）。そして、適格性が認められるためには、主に海区漁業調整委員会における投票の結果、総委員の3分の2以上によって漁業もしくは労働に関する法令を遵守する精神を著しく欠き、または漁村の民主化を阻害すると認められた者でないことが必要とされていました（改正前漁業法14条1項）。また、更新の際の優先順位も規定されており（改正前漁業法17条）、地元の漁業協同組合などに優先的に漁業権が与えられることとなっていました。

　しかし、改正漁業法によると、この免許のための適格性の要件が緩和され、①法令を遵守せず、または遵守することが見込まれないような場合および②暴力団関係者である場合を除いて適格性が認められることとなりました（改正漁業法72条1項）。また、免許の申請が複数ある場合においても、①漁業権の期間満了の際に従前の漁業権者が漁場を適切かつ有効に活用していると認められない場合や②免許の内容となる漁業による漁業生産の増大並びにこれを通じた漁業所得の向上および就業機会の確保その他の地域の水産業の

発展に最も寄与すると認められる者であれば、企業が漁業権を取得する道が開かれました。なお、ここでいう「適切かつ有効」に活用とは、漁場の環境に適合するように資源管理や養殖生産等を行い、将来にわたって持続的に漁業生産力を高めるように漁場を活用している状況をいいます（水産庁「海面利用制度等に関するガイドライン」第3.2.(2)ア）。

　この他、海面養殖等に関する漁業法上の許認可・レギュレーションとしては、漁場計画（漁業法62条、67条）が挙げられます。

　すなわち、都道府県知事は管轄する海面および内水面について、5年ごとに海区漁場計画および内水面漁場計画を策定することが要求され、当該漁場計画には海区・内水面における漁業権に関する事項（漁場の位置および区域、漁業の種類、漁業時期、区画漁業権に関する個別漁業権または団体漁業権の別等）が記載されます[39]。なお、都道府県知事は漁場計画案の作成に際し、当該海区の漁業者、漁業を営もうとする者その他の利害関係人の意見を聞くものとされています（改正漁業法64条）。

b　持続的養殖生産確保法

　持続的養殖生産確保法は、漁業協同組合等による養殖漁場の改善を促進するための措置および特定の養殖水産動植物の伝染性疾病のまん延の防止のための措置を講ずることにより、持続的な養殖生産の確保を図り、もって養殖業の発展と水産物の供給の安定に資することを目的とする法律です（持続的養殖生産確保法1条）[40]。漁業法とは異なり、一部の法規制については、海面養殖等の他、陸上養殖にも適用があります。

39　漁業計画を参照することで、ファイナンス供与先候補となる海面・内水面養殖事業に関して、既存の漁業権の概要や新規参入の可能性に関する基本的情報を把握することが可能と解されます。また、この他、漁業登録令（昭和26年政令第292号）に基づく免許漁業原簿（漁業権登録簿、入漁権登録簿、漁業図、漁業信託登録簿）からの情報入手も可能です。

40　家畜伝染病予防法の適用対象は、同法および同法施行令（家畜伝染病予防法施行令（昭和28年政令第235号））の特定する種類のほ乳類、鳥類および蜜蜂に限定されており、魚類の伝染病については持続的養殖生産確保法が規制法となっています。

(イ) 持続的養殖生産確保基本方針

　農林水産大臣は、持続的な養殖生産の確保を図るための基本方針を定めることが要求されており、当該基本方針では、具体的に、①養殖漁場の改善の目標に関する事項、②養殖漁場の改善および特定疾病のまん延の防止を図るための措置およびこれに必要な施設の整備に関する事項、③養殖漁場の改善および特定疾病のまん延の防止を図るための体制整備に関する事項、および④その他養殖漁場の改善および特定疾病のまん延防止に関する重要事項が定められています（持続的養殖生産確保法3条)[41]。

　持続的養殖生産確保基本方針は、基本的には、海面養殖等に従事する漁業権者および漁業協同組合（以下、総称して「区画漁業権者等」といいます）を念頭に置いた記載となっていますが、養殖漁場の改善および特定疾病のまん延防止に関する方針については陸上養殖業者の行動指針として機能するものと解されます[42]。

(ロ) 漁業改善計画・勧告等

　区画漁業権者等（したがって、陸上養殖業者は除外されます）は、養殖漁場における対象動植物、養殖漁場の改善目標とそのための措置、実施時期、施設、体制整備等に関する漁場改善計画を作成し、都道府県知事の認定を受けることができます（持続的養殖生産確保法4条)。そして、区画漁業権者等が認定を受けた漁場改善計画を変更しようとするときは、都道府県知事の認定を受ける必要があります（同法5条)。

　この点、漁業改善計画の認定は基本的には法的な義務ではありませんが[43]、当該養殖業者および養殖漁場が持続的養殖生産確保法および基本方針を遵守していることの根拠となるといえます[44]。

41　平11.8.30付け農林水産省告示第1122号「持続的な養殖生産の確保を図るための基本方針」
42　養殖事業者に対してファイナンス供与する場合には、持続的養殖生産確保法と基本方針の遵守・体制整備についてコベナンツ規定を設けることが有用と考えられます。

(ハ) 特定疾病に関する義務

　養殖方法の区別なく、養殖業者は、特定疾病（種類ごと[45]に適用対象となる伝染性疾病が施行規則により特定されています）の発生またはその疑いを発見した場合には、都道府県知事または農林水産大臣に対して届出義務を負います。都道府県知事または農林水産大臣は、届出養殖業者に対して、①検査を受けるべき旨、②特定疾病に罹患した養殖水産動植物または罹患の疑い・おそれのある養殖水産動植物の移動制限や焼却等の処分、③病原体の付着し、またはそのおそれのある漁網、生け簀等の設備の消毒等を命令することができます[46]（持続的養殖生産確保法8条1項）。この他、都道府県知事または農林水産大臣には、特定疾病等の予防の観点から、養殖水産動植物の検査、注射、薬浴または投薬を命令する権限（同法9条の2）、養殖施設等で立入検査等を行う権限（同法10条）、報告徴取権限（同法11条）が認められています。

c　内水面漁業の振興に関する法律

　内水面漁業の振興に関する法律（以下「内水面漁業振興法」といいます）は、内水面漁業の振興に関し、基本理念を定め、並びに国および地方公共団体の責務等を明らかにするとともに、内水面漁業の振興に関する施策の基本となる事項を定めることにより、内水面漁業の振興に関する施策を総合的に推進し、もって内水面における漁業生産力を発展させ、あわせて国民生活の安定向上および自然環境の保全に寄与することを目的とする法律です（同法1条）。内水面漁業振興法は、内水面漁業を対象としているため、養殖漁業

43　ただし、持続的養殖生産確保法7条において、都道府県知事等は、漁業協同組合等が基本方針に則した養殖漁場の利用を行わないため、養殖漁場の状態が著しく悪化していると認めるときは、当該漁業協同組合等に対し、漁場改善計画の作成その他の養殖漁場の改善のために必要な措置を取るべき旨の勧告をする旨規定されています。

44　そのため、認定を受けた漁場改善計画の具備や都道府県知事からの勧告（持続的養殖生産確保法7条）等の遵守を前提条件やコベナンツとすることも考えられます。

45　さけ科魚類、こい、ふな属魚類、まだい、えび類、あわび、かき類、ほや等が規定されています（持続的養殖生産確保法施行規則（平成11年農林水産省令第31号）1条）。

46　都道府県知事の命令に基づく移動制限や焼却・消毒等の処分により損失を受けた場合には、通常生ずべき損失の補償が認められています（持続的養殖生産確保法9条）。

との関係では、原則として、内水面養殖がその規制対象となりますが、指定養殖業としてうなぎ養殖業が指定されていることから、うなぎの陸上養殖については、内水面漁業振興法上の許可制に関する規制の対象となります（同法26条、内水面漁業の振興に関する法律施行令1条）。また、うなぎ養殖業以外の陸上養殖事業を届出養殖業（内水面漁業振興法28条1項）とする旨の内水面漁業振興法施行規則および内水面漁業振興法施行令の改正案（令和5年4月1日施行予定）が令和4年12月付けで農林水産省から公表されており（詳細は下記(ハ)に記載のとおり）、留意が必要です。

(イ)　内水面漁業振興基本方針・都道府県計画等

　　農林水産大臣は、内水面漁業の振興に関する基本方針を定めることが要求されており、当該基本方針では、具体的に、①内水面漁業の振興に関する基本的方向、②内水面水産資源の回復に関する基本的事項、③内水面における漁場環境の再生に関する基本的事項、④内水面漁業の健全な発展に関する基本的事項、および、⑤その他内水面漁業の振興に関する重要事項が定められています（内水面漁業振興法9条）[47]。また、都道府県は、当該都道府県の区域にある内水面について、内水面水産資源の回復に関する施策および内水面における漁場環境の再生に関する施策を総合的かつ計画的に実施する必要があると認めるときは、基本方針に即して、これらの施策の実施に関する計画を定めるよう努めるものとされています（同法10条）[48]。

　　なお、この他、内水面漁業振興法11条ないし25条においては、国または地方公共団体に対する内水面漁業の振興に関するさまざまな努力義務が定められています。

(ロ)　指定養殖業

　　内水面漁業振興法においては、漁業法の規定が適用される水面以外の水面

47　平29.7.25付け農林水産省告示第1262号「内水面漁業の振興に関する基本方針」
48　水産庁によれば、令和4年6月時点では19県が都道府県計画を策定しているとのことです。水産庁『内水面漁業・養殖業をめぐる状況』（令和4年6月）6頁。

で営まれる養殖業であって政令で定めるものを指定養殖業として定めており[49]、養殖場ごとに農林水産大臣の許可を受けることを要求しています。上記のとおり、現時点で指定養殖業として政令で指定されている養殖業は、うなぎ養殖業のみですので、うなぎの陸上養殖は、指定養殖業に該当します。

(ハ) 届出養殖業（改正予定）

内水面漁業振興法では、漁業法の規定が適用される水面以外の水面で営まれる指定養殖業以外の養殖業であって政令で定めるものを届出養殖業（内水面漁業振興法28条1項）として定めています。この点、これまでに届出養殖業に指定されている養殖業はなかったものの、うなぎ養殖業以外の陸上養殖事業を届出養殖業とする旨の内水面漁業振興法施行規則および内水面漁業振興法施行令の改正案（令和5年4月1日施行予定）が令和4年12月付けで農林水産省から公表されています[50]。令和5年1月の時点で、改正後の内水面漁業振興法施行規則及び内水面漁業振興法施行令の内容は確定していないため、その内容に修正が生じる可能性があるものの、令和4年12月付で公表された改正案によれば、令和5年4月1日以降にうなぎ養殖業以外の陸上養殖事業を営もうとする者は、養殖場ごとに、その養殖業を開始する日の1カ月前までに、農林水産大臣に届出を行う必要があります（なお、改正の施行時

---

[49] なお、内水面漁業振興法においては、漁業法の規定が適用される水面以外の水面で営まれる指定養殖業以外の養殖業であって政令で定めるものを届出養殖業と定めていますが、現時点において、当該届出養殖業を定めた政令は不見当です。

[50] 「内水面漁業の振興に関する法律施行規則の一部を改正する省令案」（https://public-comment.e-gov.go.jp/servlet/PcmFileDownload?seqNo=0000245949）および「内水面漁業の振興に関する法律施行令の一部を改正する政令案」（https://public-comment.e-gov.go.jp/servlet/PcmFileDownload?seqNo=0000244609）参照。なお、届出養殖業に指定される予定の養殖業は正確には以下のとおりです。
　陸地において営む養殖業であって、次の各号のいずれにも該当するもの
① 食用の水産動植物（うなぎを除く。）を養殖するものであること。
② 次のいずれかに該当するものであること。
　イ 水質に変更を加えた水又は海水を養殖の用に供するもの
　ロ 養殖の用に供した水を飼料の投与等によって生じた物質を除去することなく養殖場から排出するもの

に現にうなぎ養殖業以外の陸上養殖事業を営んでいる者についても、令和5年6月30日までに届出を行う必要があります)[51]。

d　飼料の安全性の確保及び品質の改善に関する法律

飼料の安全性の確保及び品質の改善に関する法律（以下「飼料安全法」といいます）は、飼料および飼料添加物の製造等に関する規制、飼料の公定規格の設定およびこれによる検定等を行うことにより、飼料の安全性の確保および品質の改善を図り、もって公共の安全の確保と畜産物等の生産の安定に寄与することを目的とした法律です（同法1条）。この点、飼料安全法にいう「飼料」とは、家畜等の栄養に供することを目的として使用される物をいう（同法2条2項）ところ、このうち「家畜等」（同法2条1項）には、ほ乳類、鳥類および蜜蜂に加え、一部の魚類・甲殻類[52]も含まれる（飼料の安全性の確保及び品質の改善に関する法律施行令（昭和51年政令第198号）1条4号）ため、海面養殖等および陸上養殖のいずれについても、給餌養殖については、飼料安全法の規制が及ばないか留意する必要があります。

もっとも、飼料安全法に基づき農林水産大臣は飼料および飼料添加物の製造・使用・保存方法・表示に関する基準、成分に関する規格を定めていますが（飼料安全法3条）、飼料安全法が規制対象とするのは、主として、基準に適合しない飼料または飼料添加物の製造・販売行為であり（同法4条）、養殖業者による飼料または飼料添加物の使用自体を直接の規定対象とするものではありません[53]。ただし、都道府県職員により報告の徴収や立入検査[54]等

51　指定養殖業にも適用がありますが、届出養殖業に該当する場合、実績報告書の提出（内水面漁業振興法29条1項）等も必要になる点には留意が必要です。

52　具体的には、ぶり、まだい、ぎんざけ、かんぱち、ひらめ、とらふぐ、しまあじ、まあじ、ひらまさ、たいりくすずき、すずき、すぎ、くろまぐろ、くるまえび、こい、うなぎ、にじます、あゆ、やまめ、あまごおよびいわななどが家畜等に含まれます。海外品種の魚類を養殖する場合にも、家畜等に含まれるかは慎重に確認する必要があります。

53　海外で生産される飼料または飼料添加物を養殖事業で用いるために輸入することも想定されますが、飼料安全法において規制対象となるのは、「販売の用に供するため」の輸入であり（飼料安全法4条2号、4号）、養殖事業者が自ら使用するための輸入は禁止対象の類型には含まれていません。

が行われる場合には、飼料または飼料添加物の使用者も対象となるため、養殖業者はこれらの処分に協力・対応する必要があります（同法55条、56条、違反した場合の罰則は同法70条3号、4号）。

e　その他の法規制

上記の他、実施する養殖業に関して、廃棄物の処理及び清掃に関する法律（以下「廃棄物処理法」といいます）にいう「廃棄物」（同法2条1項）が生じる場合には、廃棄物処理法に従って処理等を行う必要があり、また、（特に掛け流し式の陸上養殖を行う場合、）実施する養殖業に関して利用した水の排出については、水質汚濁防止法を遵守する必要があります。

なお、養殖業に限らず水産物・水産加工品に関する取引一般に関して、水産庁によって「水産物・水産加工品の適正取引推進ガイドライン」（令和3年11月。以下、本eにおいて「本ガイドライン」といいます）が策定されています。本ガイドラインが策定された背景には、(a)水産庁が過去に行ったアンケート等から水産物・水産加工品の取引において、望ましくない取引[55]が行われており、その中には長年の取引慣行だからという理由で、法令違反のおそれのある取引を行っている例も存在し、看過すれば水産業の成長産業化の妨げとなるおそれがあること、(b)そのような取引慣行の背景には、私的独占の禁止及び公正取引の確保に関する法律（昭和22年法律第54号。以下「独占禁止法」といいます）や下請代金支払遅延等防止法（昭和31年法律第120号。以下「下請法」といいます）等に対する理解や対応の不足など、法令等に則した基本的な取引ルールが浸透していないことに原因があると考えられること等があります。そこで、本ガイドラインは、水産物・水産加工品の取引を行う当

54　飼料の使用に関する必要な報告の徴収（飼料安全法55条3項）、養殖施設への立入り、飼料、原材料、飼料の使用状況の検査、関係者への質問、飼料・原料の無償収去（飼料安全法56条3項）。

55　例えば、取引相手によるコスト増加を反映しない価格決定、納品価格の不当な値引き、漁獲物を漁協の販売事業を利用せず自身で販売しようとする組合員に対して漁協が販売事業の利用を強制する行為、不合理な物流センターフィー等の負担要求、取引に関与しない第三者による合理的な理由のない仲介手数料の徴収など。

事者の経営者・組合長、役員、調達担当、経理担当等に、特徴的な問題事例を提示し、できるだけわかりやすい形で法令の考え方を示すことにより、取引上の法令違反を未然防止することを一つの目的として策定されたものです。本ガイドラインでは、水産物・水産加工品の取引において問題となり得る独占禁止法や下請法等の法令等の規制を概観し、その上で、独占禁止法または下請法において問題となり得る具体的事例をベースに、関連法規[56]の留意点、望ましい取引慣行・取引実例について整理したものです。養殖業を実施するにあたっては、適正な取引を実施するために本ガイドライン（特に漁業者・仲買人・加工業者と消費地市場の卸売業者や小売業者との取引等に関して記載された部分）を確認することが有益であるといえます。

(3) 養殖事業への新規参入

a 海面養殖等

上述のように、令和2年12月1日の改正漁業法の施行により企業が漁業権を取得する道が開かれましたが、その一方で、本書発行時において調査した範囲では、漁業権を新規に企業に割り当てたような実績はなく、新規申請しているような情報も不見当であり、漁業権のほぼ全てが旧来どおり漁業組合に割り当てられているようです。現実的には、漁師の高齢化・引退・過疎化が進み漁協全体としての活動ができていないような一部の地域を除き、企業が漁業権を取得して新規参入をすることは難しい可能性があります。また、具体的にどの漁業区でどの程度の漁獲となっているか等の細かいデータの収集は困難であり、新規参入に適した漁業区を見つけることも容易ではないよ

---

56 独占禁止法や下請法の他、平17.5.13付け公正取引委員会告示第11号「大規模小売業者による納入業者との取引における特定の不公正な取引方法」、公正取引委員会「農業協同組合の活動に関する独占禁止法上の指針」（平成19年4月18日）、公正取引委員会「優越的地位の濫用に関する独占禁止法上の考え方」（平成22年11月30日）、平17.6.29付け公正取引委員会事務総長通達第9号「『大規模小売業者による納入業者との取引における特定の不公正な取引方法』の運用基準」、平15.12.11付け公正取引委員会事務総長通達第18号「下請代金支払遅延等防止法に関する運用基準」（https://www.jftc.go.jp/shitauke/legislation/unyou.html）など。

うに思われます。

これらの現状を踏まえて、現状企業が海面養殖等に参入する方法として
は、大きく以下の3つが考えられます。

(イ)　漁協の組合員となっている漁業法人を通じた参加

まず、漁協の組合員となっている漁業法人を通じて、海面養殖等に参入す
ることが考えられます。具体的には、既存の漁師や漁業法人に対して、新規
技術の提供をすることやバリューチェーンの面から協力することが考えられ
ます。近時は、給餌効率化、養殖魚のモニタリング、漁業コンサルティング
などの各種サービスを提供する企業も増えていますが、既存の漁業や漁業従
事者の事業を維持・補完する観点からも、このような形での海面養殖等への
参加もますます重要となっています。

(ロ)　漁協の組合員として新規参加

次に、既存の漁協に組合員として新規参加することが考えられます。法人
が組合員となるためには、①当該組合の地区内に住所または事業場を有する
漁業を営む法人であること、②常時使用する従業者の数が300人以下であ
り、かつ、その使用する漁船の合計総トン数が1,500トンから3,000トンまで
の間で当該組合が定款で定めるトン数以下であることが必要です（水産業協
同組合法（昭和23年法律第242号）18条1項3号）が、当該法人がかかる資格を
有していれば、組合は正当な理由なく、組合への加入を拒むことはできない
こととなります（同法24条）。

(ハ)　漁業権の取得

3つ目が、漁業権の取得です。前述したとおり、新たな区画漁業権を取得
するためには都道府県知事の免許が必要であり、その際の手順・スケジュー
ルはおおむね図表2−13のとおりです。

漁業権を取得する場合には、都道府県知事から条件が付された場合に当該
条件を遵守すること（漁業法86条1項）や、資源管理の状況等を1年に一度
以上報告することが必要です（漁業法86条1項、漁業法施行規則（令和2年農

図表2−13　新たな区画漁業権を免許する際の手順・スケジュール

```
┌─────────────────────────────────────────────────────────┐
│ ①希望者による相談                                        │
└─────────────────────────────────────────────────────────┘
```

【ポイント】
□希望者に対して事業計画案等を求め、当該漁場の自然的条件や利用状況等を踏まえ、必要な助言等を行うとともに実施可能性を判断する

```
┌─────────────────────────────────────────────────────────┐
│ ②関係者・関係機関との調整（利害関係人の意見聴取等）      │
└─────────────────────────────────────────────────────────┘
```

【ポイント】
□海区漁場計画の満たすべき要件を踏まえ、特に次の点に留意する
　□他の漁業の操業に支障を及ぼさないよう、当該関係漁業者、漁業協同組合等と協議・調整を図る
　□船舶の航行、停泊、係留、水底電線の敷設の他土地収用法その他土地収用に関する特別法により土地を収用しまたは使用することができる事業に支障を及ぼさないようにする
　□漁場区域が港湾法における港湾区域、港則法における港の区域その他船舶交通の輻輳する水域と重なる場合には、港湾管理者の長、港長等関係機関の長と協議・調整を図る
　□漁場区域が河川または海岸保全区域と重なる場合には、当該漁業権の漁場の区域等の内容および免許の際に付す条件について、当該水域の管理者と協議・調整を図る
　□団体漁業権として設定することが当該区画漁業権に係る漁場における漁業生産力の発展に最も資すると認められる場合には、団体漁業権として設定する
　□保全沿岸漁場がある場合、漁業権の内容たる漁業に係る漁場の使用と調和しつつ、水産動植物の生育環境の保全および改善が適切に実施されるようにする
□開発計画等に伴う補償により漁業権が消滅した水域に再度漁業権を設定する場合、当該補償契約の内容や事業計画の中止・変更の有無を確認し、現時点で漁場として利用することが可能かどうかを確認する（当該補償に係る関係者が不明な場合にあっても、過去の経緯等を可能な限り調査すること）
□意見聴取は、パブリックコメントの方法に準じて実施する
□反社会的勢力やそれに関連するものによる不当な関与を排除する
□正当な理由のない金銭の授受を排除する

手続期間
の目安
約3月
〜6月

```
┌─────────────────────────────────────────────────────────┐
│ ③聴いた意見に検討を加えて結果を公表                      │
└─────────────────────────────────────────────────────────┘
```

【ポイント】
□検討結果の公表は、パブリックコメントの方法に準じて実施する。公表の際は、希望者の事業計画や環境調査結果等を示しつつ、どのような根拠に基づき判断したのか等、検討プロセスを明らかにする

```
┌─────────────────────────────────────────────────────────┐
│ ④海区漁場計画の変更案の作成                              │
└─────────────────────────────────────────────────────────┘
```

※②における【ポイント】を再確認すること

⑤海区漁場計画の変更案について海区漁業調整委員会（以下「委員会」という）へ諮問

⑥委員会による公聴会の開催

⑦委員会からの答申

⑧海区漁場計画の変更および公示

【ポイント】
□漁業の免許予定日および沿岸漁場管理団体の指定予定日は、公示の日から起算して３月を経過した日以後の日とする

※以下、漁業権行使規則については団体漁業権にのみ関係

⑨免許の申請・漁業権行使規則の認可の申請

【ポイント】
□次の事項を確認する
　□申請者は漁業法72条１項または２項の免許の適格性を有しているか
　□申請の内容が海区漁場計画の内容と異なっていないか
　□免許することで、同種の漁業を内容とする漁業権の不当な集中に至るおそれがないか
　□漁場の敷地・水面が他人に所有・占有されている場合、その所有・占有者の同意があるか
　□漁業権行使規則が不当に差別的ではないか
□申請が複数ある場合、地域の水産業の発展に最も寄与すると認められる者に免許する

⑨'沿岸漁場管理団体の指定の申請・沿岸漁場管理規程（以下「管理規程」という）の認可の申請

【ポイント】
□申請者は漁業法110条の適格性を有しているか
□役職員の構成が保全活動の実施に支障を及ぼすおそれがないか
□保全活動以外の業務が、保全活動の適正かつ確実な実施に支障を及ぼすおそれがないか
□管理規程の内容について、
　□保全活動を効果的かつ効率的に行う上で的確であると認められる
　□不当に差別的なものではない
　□受益者への費用負担の協力の額が、利益の内容および程度に照らして妥当なものである

手続期間
の目安
約２月

手続期間
の目安
約３月

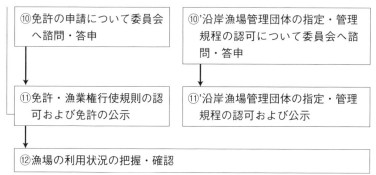

（出所）　令３.９.７付け３水管第1529号水産庁資源管理部管理調整課長・水産庁増殖推進部栽培養殖課長連名通知「新たな漁業権を免許する際の手順およびスケジュールについて」（一部筆者修正）

林水産省令第47号）28条１項）。

　また、近時の養殖設備技術の向上により、より海岸から離れた地域や波が高い地域等での養殖が可能となる可能性があります。例えば、衛星写真などを使って養殖に適した区域を発見する技術が向上した場合、従来の漁業区の外で新規の漁業区を企業が取得できる余地もあり得ると考えられます。

b　陸上養殖

　陸上養殖事業には原則として漁業法の適用はなく、漁業権などの許認可を取得することは不要です（ただし、上記(2)ｃ(ハ)参照）。その意味で、陸上養殖は海上養殖等と比較して法務の面からは参入障壁が少ない事業といえ、企業による陸上養殖事業への新規参入も期待されます。

(4)　養殖事業における資金調達

　養殖漁業の資金調達については、まだ外部の金融機関や投資家からの資金調達が活発に行われている状態ではなく、多くの養殖業者が商社金融、親会社によるエクイティ出資、国からの補助金等に頼っているのが現状と思われます。

　商社金融とは、資材購入資金の乏しい養殖業者が、種苗や餌を購入する産地の水産商社に養殖魚の販売代金と相殺してもらうことにより支払猶予を受

け、産地商社は代金回収リスクを資材代に上乗せするという取引慣行をいいます。商社金融は養殖生産の維持・拡大に貢献してきた面もありますが、養殖業者の事業活動は、産地商社・販売業者との取引のあり方に大きな影響を受けることになります。

　収益性の高い養殖事業の実現のためには、新規技術を導入し、生産規模を拡大させ、単位当たりの生産コストを低減させることが必要であるところ、現状の資金調達方法は十分とはいえず、外部の金融機関や投資家からの資金調達が必要になると考えられます。外部の金融機関や投資家から養殖事業者が資金を調達する方法としては、①漁業投資ファンドによるエクイティ出資、②金融機関によるローン（コーポレートファイナンス）、③アセットファイナンス、④プロジェクトファイナンスなど多様な方法が考えられますが、事業規模の段階に応じて適切な方法を選択する必要があります。例えば、中小規模の段階では、金融機関がリスクを取りにくいことから、漁業投資ファンドなどのエクイティ出資を中心とした資金調達をしたり、アセットファイナンスを活用して先端設備のリースを受けることでイニシャルコストの低減を図ったりすることなどが考えられます。また、トラックレコードと事業ノウハウが蓄積し、大規模な養殖事業を行う段階では、プロジェクトファイナンスで大きな資金需要を賄うことなどが考えられます。

a　漁業投資ファンドによるエクイティ出資

　漁業投資ファンドによるエクイティ出資を検討する上で、重要な法律として、投資円滑化法が挙げられます。

　投資円滑化法の改正法が令和3年8月2日に施行される前は、投資対象が農業法人に限定されていたところ、同改正により、農林水産大臣の承認を受けた承認会社（現状ではアグリビジネス投資育成株式会社）または承認組合（投資事業有限責任組合）の出資対象に漁業法人および漁業生産組合[57]が追加されたこと（改正後投資円滑化法2条1項3号）が養殖事業へのファンド出資において重要なポイントとなります。これによって、金融機関や投資家は、承認

図表2-14 漁業投資ファンド

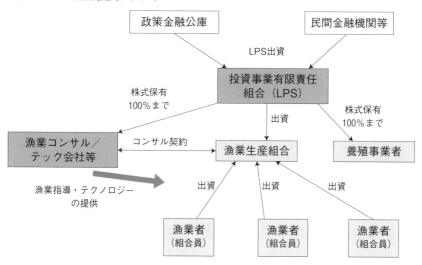

会社または承認組合を通じて漁業法人や漁業生産組合に分散投資をすることも可能となり、漁業に対するファンド出資の大きな後押しとなる可能性があります。また、前述のとおり、養殖漁業への新規参入の方法として、既存の漁師や漁業法人に対してコンサルや新規技術によるサポートを提供することで経営参加するという方法が考えられますが、承認組合である漁業投資ファンドは、このようなコンサルや新規技術によるサポートを提供する漁業コンサル／テック会社に対する投資も可能となっています（同法2条1項5号）。このように資金だけではなく、漁業コンサル／テック会社を通じたコンサルや新規技術によるサポート業務を提供するような特色ある漁業投資ファンド

---

57 漁業生産組合とは、互助会的な意味合いを持つ漁業協同組合とは異なり、漁業生産をするための組織となります。投資円滑化法の改正が2021年8月2日に施行される前は、漁業生産組合への出資が許されるのは、原則、漁民に限られており（水産業協同組合法79条）、漁民とは、漁業を営む個人または漁業を営む者のために水産動植物の採捕もしくは養殖に従事する個人をいうため、個人以外の者は、漁業生産組合に対しては、組合員として出資をすることができないのが原則でした。

の組成も可能となっており、今後の発展が期待されます。

　b　金融機関によるローン（コーポレートファイナンス[58]）

　水産庁は、金融機関からの融資を得るための便宜も考慮し、養殖業事業性評価ガイドラインを公表しています。同ガイドラインにおいて、水産庁は、養殖業における経営の特徴、金融事情、食の安全・環境配慮等の事業性評価を行うための基本的留意点を述べ、6つの事業性評価の項目（市場動向、経営事業継続力、販売力、動産価値、品質生産管理、リスク管理・対策）と評価手法を提示し、この評価項目と評価手法に基づき作成する「養殖業ビジネス評価書」の作り方を示し、養殖事業者の事業性が見える化されやすくなるようにしています。

　金融機関としては、養殖業事業性評価ガイドラインの他、第三者の評価機関も活用しながら、養殖業の事業特性の理解と融資の円滑化を進めることが期待されています。逆に、養殖事業者としても、融資を受けるにあたっては、同ガイドラインを踏まえて養殖事業の事業実態が客観化されるようトラックレコードの作成に努めるとともに、金融機関へ協力することなどが求められているといえます。

　c　アセットファイナンス

　アセットファイナンスとは、対象資産の交換価値に依拠したファイナンスであり、具体的なファイナンス供与の手法としては、担保融資、リース取引等が考えられます。

　㋑　担保融資

　担保融資は、アセット保有者が所有する養殖設備、生け簀内の養殖魚、売掛債権等の資産の交換価値を評価し、当該資産に担保権を設定して、評価額に応じた融資を実行するファイナンス手法となります。

　また、養殖魚を担保対象とする場合、対象となるアセットごとに担保設定

58　コーポレートファイナンスとは企業の信用力（企業価値）に依拠した金融を意味します。

図表 2 −15　養殖魚を担保対象とする場合の論点

論　点	対　応
担保対象の評価方法	金融機関において担保としての評価方法のノウハウが乏しい場合があり、養殖魚の販売会社等の専門的知見を有する外部業者に評価を委託することが考えられます。
担保対象の期中管理方法	借入人である養殖漁業者に月次程度の報告をする誓約を融資契約上盛り込むことが考えられます。また、養殖業者が利用している生産管理システムがあるような場合には、当該システムに集約された情報を金融機関も共有を受けることも考えられます。餌料供給会社や養殖魚の販売業者と連携することで、養殖魚の生育状況や個体数を把握することも考えられます。
担保対象の処分方法	養殖魚の処分の時期（養殖魚の生育状況、大量の養殖魚を市場で放出することによる価格下落のリスクの有無等）について慎重な判断が必要となりますので、専門的な知見を有する販売会社の協力をあらかじめ取り付けておくことが望ましいと考えられます。また、養殖魚が出荷可能となるまでに一定の育成期間が必要な場合もあるため、事前に当該育成の委託先を選定しておくことも考えられます。

方法は異なる[59]他、特有の論点として、図表 2 −15のような論点が生じ、対応を講ずる必要があります。

㈹　リース取引

　リース取引は、リース会社またはリース会社の設立した特別目的会社が養殖設備、養殖に用いる船舶や水中ドローン等のアセットを取得し、事業遂行者にリースをするファイナンス手法となります。リース期間中のリース料やリース期間満了時の残存価値の実現によってアセットの取得コストを回収するファイナンスリース取引と、ファイナンスリース取引に該当しないオペ

---

[59]　漁業権は物権とみなされる（漁業法77条 1 項）ため、抵当権を設定することが可能となります。対抗要件は、登記に代わる免許漁業原簿への登録となります（漁業法117条 1 項および 2 項）。ただし、個別漁業権を目的とする抵当権の設定および当該抵当権の実行には都道府県知事の認可が必要である点に留意が必要となります（漁業法78条 2 項および79条 1 項但書）。

レーティングリース取引のいずれもが考えられます。

　また、レッサーは、アセットの取得資金を金融機関からの借入で調達することも考えられ、その場合の貸付は、上記(イ)に記載した担保融資と同様のスキームと論点が発生することになると考えられます。

　リース取引において、レッシー（養殖業者）がデフォルトした場合、レッサーはリース対象物件を売却し、または、他の養殖業者に再度リースすることで投資を回収することとなります。したがって、リース取引は、中古市場が確立されているアセットや、他の養殖業者であっても承継して利用可能であるアセットに適したファイナンス手法ということができます。

d　プロジェクトファイナンス

　プロジェクトファイナンスとは、特定のプロジェクトに対するファイナンスであり、その返済原資を原則として当該プロジェクトからのキャッシュフローに限定するファイナンスを指します。特定の資産の交換・清算価値に依拠するのではなく、あくまでプロジェクトから将来発生するキャッシュフローに依拠する点がアセットファイナンスと異なります。

　養殖事業の場合、養殖事業者の保有する資産には、①網、筏など第三者への転売が困難なものが含まれていたり、②陸上養殖の敷地などの不動産についても、オフィスビルやレジデンス用地などと比較して高い交換価値はない場合が多く、アセットファイナンスのように資産の交換価値のみに着目するのでは、養殖事業全体をカバーする資金調達を行うことには限界があると考えられます。そこで、養殖事業の保有する資産の交換価値を超えた規模の融資を実現する場合、養殖事業の将来のキャッシュフローも含めて信用力を判断するプロジェクトファイナンスの利用が必要となります。特に、借入人側の資金需要に対して、事業性評価を個別の養殖事業単位で行い、当該養殖事業以外のリスクが入り込むことを防ぎたいという貸付人のニーズがある場合、プロジェクトファイナンスは有効な資金調達の手法になることが考えられます。

(イ)　事業遂行者向けプロジェクトファイナンスの場合に想定されるストラクチャー

（ⅰ）　ストラクチャー概要

事業遂行者向けのプロジェクトファイナンスとしての（陸上養殖）ストラクチャーは、図表2－16のようなものが考えられます。

①　事業遂行者として特別目的会社（事業遂行SPC。株式会社または合同会社が一般的）を設立し、エクイティ投資家が事業遂行者に出資を行います。

②　貸付人が事業遂行者にプロジェクトファイナンスローンを実行します。

③　エクイティ投資家からの出資および貸付人からのプロジェクトファイナンスローンを原資として、事業遂行者は養殖設備の底地の利用権設定契約、養殖設備の工事請負契約等、養殖設備の建設に必要となる各契約を締結し、養殖設備を所有します。

図表2－16　陸上養殖のプロジェクトファイナンスにおけるストラクチャー

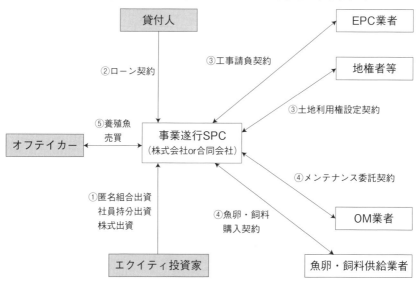

④　事業遂行者は養殖業務委託契約、養殖設備のメンテナンス委託契約、魚卵・飼料購入契約等、養殖設備の完工後のプロジェクトの運営に必要な各関連契約を締結します。

⑤　養殖魚が出荷可能となった場合、事業遂行者はオフテイカーに養殖魚を売却し、当該売却代金を原資としてプロジェクトの運営費用の支払、プロジェクトファイナンスローンの弁済およびエクイティ投資家への配当を行います。

　なお、養殖設備の建設期間についてはリードタイムが発生し、養殖設備の建設が遅延するリスクや想定していたプロジェクトコストで設備の建設が完了しないリスクが発生することとなります。また、養殖設備の設置場所は都市部からは遠隔地にあることも多く、（開発型不動産流動化案件のように）敷地価格にも依拠しつつ建中ファイナンスを提供するという設定は難しいと考えられます。現状では、このようなリスクを回避すべく、養殖事業者やスポンサーの信用に依拠したコーポレートファイナンスや、養殖事業者やスポンサーによるエクイティ出資により建設期間中の資金調達が行われ、養殖設備完成後に融資を実行する方が金融機関には受け入れやすいと思われます。ただし、養殖設備の建設業者のパフォーマンスや信用力、完工保証、建設期間中の保険の付保、エクイティ投資家のエクイティ出資の割合等を勘案の上、個別の案件に応じて建設期間中の融資実行を行うことも考えられます[60]。むしろ、養殖事業者としては、建設業者への中間前払金など建設期間中に随時発生するプロジェクトコストの支払原資としてプロジェクトファイナンスローンの利用を期待する場合も多いと考えられます。

(ⅱ)　セキュリティパッケージの構成

　プロジェクトファイナンスにおける担保権は、主に①第三者がプロジェクトに必要な資産に担保権を設定したり、差し押さえたりすることによってプ

---

[60]　近年、数多く行われている再生可能エネルギー発電事業に係るプロジェクトファイナンス案件においても、建設期間中の融資が行われることが一般的です。

ロジェクトに必要な資産が散逸し、プロジェクトの運営に支障を来すことを防ぐこと（いわゆる担保権の防衛的機能）および②ステップイン[61]を確保することを目的として設定されます。したがって、貸付人は当該プロジェクトに属する全ての重要な資産・契約関係について担保権を設定することが一般的

図表2−17　担保権を設定することが考えられる主な資産

資　　産	担保権	対抗要件
事業遂行者の株式	株式質権	株主名簿への記載
事業遂行者の社員持分	債権質権	借入人に対する確定日付のある通知または借入人の確定日付のある承諾
事業遂行者に対する匿名組合出資持分	債権質権	借入人に対する確定日付のある通知または借入人の確定日付のある承諾
主要なプロジェクト関連契約に係る債権・オフテイカー向け売掛債権	債権質権	プロジェクト関連契約の相手方に対する確定日付のある通知またはプロジェクト関連契約の相手方の確定日付のある承諾
主要なプロジェクト関連契約に係る契約上の地位	地位譲渡予約	―
不動産（養殖設備等）	抵当権	登記
動産（養殖設備、養殖魚等）	動産譲渡担保	占有改定または動産譲渡登記
養殖設備に係る土地利用権	（地上権の場合）抵当権／（土地賃借権の場合）譲渡担保権または質権	（地上権の場合）登記／（土地賃借権の場合）登記
保険金請求権／預金債権	債権質権	保険会社／口座開設銀行に対する確定日付のある通知または保険会社／口座開設銀行の確定日付のある承諾

となります（いわゆる全資産担保の原則）。具体的には、図表2−17の資産について図表内にあるような担保権を設定することが考えられます。

㋺　アセット保有者向けプロジェクトファイナンスの場合に想定されるストラクチャー

（ⅰ）　ストラクチャー概要

アセット保有者向けのプロジェクトファイナンスとしてのストラクチャーは、図表2−18のようなものが考えられます。

①　アセット保有者として特別目的会社（アセット保有SPC。株式会社または合同会社が一般的）を設立し、エクイティ投資家がアセット保有者に出資を行います。

②　貸付人がアセット保有者にプロジェクトファイナンスローンを実行しま

図表2−18　アセット保有者向けプロジェクトファイナンスのストラクチャー

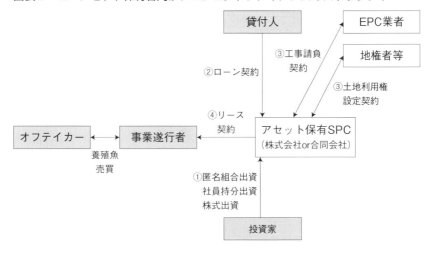

61　ステップインとは、プロジェクトの収益が悪化し、借入人がデフォルトとなった場合に、金融機関は必ずしも担保物件を売却・換価することで債権回収を図ることをせず、プロジェクトの権利および契約関係を全て第三者（金融機関が招聘した新スポンサーの支配下の会社を主に想定）に移して、新たなスポンサーの下でプロジェクトを再生・継続させることで、債権回収を図ることを意味します。

す。

③　エクイティ投資家からの出資および貸付人からのプロジェクトファイナ
　ンスローンを原資として、アセット保有者は養殖設備の底地の利用権設定
　契約、養殖設備の工事請負契約等、養殖設備の建設に必要となる各契約を
　締結し、養殖設備を所有します。

④　アセット保有者は事業遂行者に対して養殖設備をリースし、事業遂行者
　は当該養殖設備を利用して養殖事業を行います。

⑤　アセット保有者は事業遂行者から受領するリース料を原資としてプロ
　ジェクトファイナンスローンの弁済およびエクイティ投資家への配当を行
　います。

　このストラクチャーは、レッシーである事業遂行者が当該養殖設備を利用
した対象養殖事業のみを行う特別目的会社である場合、プロジェクトファイ
ナンスに近接したものになりますが、レッシーである事業遂行者を他業や当
該養殖設備以外の設備を利用した養殖事業を行っている事業会社とした場合
には、レッシーの信用力に依拠したコーポレートファイナンス寄りの性格を
有することになります。また、リースを用いている点でアセットファイナン
スにも近い部分もありますが、養殖事業からのキャッシュフローにも着目
し、養殖設備の交換価値に依拠した額を超える信用供与が行われている場合
には、典型的なリース取引とも異なるプロジェクトファイナンスとの中間形
態としての性質を有します。

　また、レッシーが他の事業なども行い信用力のある事業会社であったり、
あるいはこのような事業会社の関連会社でスポンサーサポートが受けられる
場合、①リース料を固定化したり、最低リース料を定めることで、デット投
資家およびエクイティ投資家が安定した投資回収を期待できるようにした
り、②逆に、リース料の一部を対象養殖事業の業績連動型とすることで、対
象養殖事業のリスクを負担しつつもより有利なスプレッドを求めることがで
きるようにするなど、取引の経済条件にも多くのバリエーションが考えられ

ます。

　　(ⅱ)　セキュリティ・パッケージの構成

　上述したとおり、アセット保有者向けファイナンスはアセット保有者およ
び事業遂行者の性質や依拠する対象（養殖設備の交換価値かキャッシュフロー
も含めるか）によってバリエーションが考えられ、担保権の構成もそれぞれ
の取引に応じたものを検討する必要があると考えられます。例として、プロ
ジェクトファイナンス的な側面が強く全資産担保が妥当する場合には、(イ)(ⅱ)
に列挙したものと同様の資産について、同様の担保を設定することが考えら
れます。ただし、①貸付人がアセット保有者に対して有するローン債権を被
担保債権とする貸付人の担保権（第１順位）と②アセット保有者が事業遂行
者に対して有するリース料債権を被担保債権とするアセット保有者の担保権
（第２順位）の２種類の担保権を含めた担保権を設定することがあり得る点
に留意が必要です。

⑸　今後の展望

　水産物消費大国である日本において、漁業生産量が減少傾向にある中、天
然資源の枯渇を防ぎつつ、安定的かつ持続可能な水産物の供給を可能とする
ためには、養殖事業の発展が非常に重要といえます。

　すでに、水産庁や多数の民間企業によって、養殖事業の課題の分析や、養
殖事業に関する新たな技術の研究・開発が進められるとともに、養殖事業の
発展のための取組が実践に移されています。その反面、かかる取組はまだ始
まったばかりであり、現時点において養殖事業の発展が十分であるとはいえ
ない状況にあるのが現実であると思われます。

　今後、本書において記載した法務からのアプローチ等も踏まえて、事業者
の養殖事業への新規参入やバリューチェーンを含めた養殖事業の運営の合理
化が進み、投資家や金融機関からの適切な資金調達が更に活性化することが
期待されます。

＊「アクアビジネス（養殖漁業）に対する金融機関による投融資に関する法的考察」（銀行法務21No.871、872）を改編のうえ掲載

`

森林ビジネスの可能性

　森林は生物多様性の保全、土砂災害その他の自然災害の防止、地球環境の保全、水源涵養、木材や食糧、肥料・飼料等の物質生産といった多面的機能を有しており[※1]、持続可能な森林の経営管理の重要性は広く認識されています。日本の森林面積は国土面積の約3分の2に当たる約2,500万haであり、また、このうち約1,000万haを占める人工林の約半数が主伐期を迎えているなど、森林資源は豊富です。他方で、小規模・零細な所有構造や林業従事者の減少・高齢化、路網整備や高性能林業機械の導入の遅れにより、森林資源が十分に活用されていない現状があります[※2]。さらに、過疎化や高齢化による、森林所有者の一部または全部が不明な森林（共有者不明森林、所有者不明森林）もまた、森林を適切に経営管理していくこと、また経営規模を大型化していく上での障害となっています[※3]。

　このような問題に対処するため、手入れの行き届いていない森林について経営管理の集積・集約化を図る「森林経営管理法」が制定されました（平成31年4月1日施行）。同法に基づく森林経営管理制度は、森林の経営管理ができない森林について、市町村が森林所有者から経営管理の委託を受け、林業経営に適した森林は地域の林業経営者に再委託するとともに、林業経営に適さない森林は市町村が公的に管理をする制度です。なお、市町村が経営管理を行うには、経営管理権集積計画を定めることとなりますが、計画策定について森林所有者をはじめとする関係権利者全員の同意が必要となるところ、一定の手続の下、不明森林共有者や不明森林所有者は市町村が定めようとする経営管理権集積計画に同意したものとみなす特例措置が設けられています。

　また、令和3年4月に成立した「民法等の一部を改正する法律」および「相続等により取得した土地所有権の国庫への帰属に関する法律」により、所在等不明共有者に関する裁判制度や裁判所による所有者不明土地管

理命令、相続登記の申請の義務化等が導入され、これらの新制度による共有者不明森林・所有者不明森林への対応の促進も期待されます[4]。

　森林の多面的機能の一つとして二酸化炭素の吸収による地球温暖化の防止（緩和）も挙げられ、カーボンニュートラルの観点からも改めて注目を集めています。日本におけるカーボンクレジットである「J-クレジット制度」[5]においても、森林法に基づき市町村等に認定された森林経営計画に沿って適切に施業されている森林について、当該区域の森林の成長による吸収量を算定してクレジットとして認証申請することが認められており、森林ビジネスにおける新しい収益源として期待されています。法令改正に基づく森林の経営・所有の集約化に伴う経営規模の拡大やストラクチャードファイナンスを用いた資金調達などを組み合わせることにより、従来型の林業にとどまらない、新しい森林ビジネスの可能性がますます高まっているといえるでしょう。

※1　林野庁ウェブサイト「森林の有する多面的機能」(https://www.rinya.maff.go.jp/j/keikaku/tamenteki/con_1.html)。

※2　林野庁『令和3年度森林・林業白書』(2022年) 第1部第1章第1節「森林の適正な整備・保全の推進」、第1部第2章第1節「林業の動向」等参照 (https://www.rinya.maff.go.jp/j/kikaku/hakusyo/r3hakusyo/index.html)。

※3　林野庁ウェブサイト「森林経営管理制度（森林経営管理法）について」(https://www.rinya.maff.go.jp/j/keikaku/keieikanri/sinrinkeieikanriseido.html)。

※4　所有者不明土地に関する近時の法改正等の詳細については、国土交通省『所有者不明土地ガイドブック』(2022年) 参照 (https://www.mlit.go.jp/totikensangyo/content/001482580.pdf)。

※5　j-クレジット制度の概要については、J-クレジット制度ウェブサイト参照 (https://japancredit.go.jp/)。

第3章

食と農の
サステナビリティ対応

農林水産業と地球環境

　いうまでもなく、空気や水といった自然資本（森林、土壌、水、大気、生物資源等、自然によって形成される資本）なくして、私たちの社会・経済は成り立たないのであり、SDGsの17のゴールを階層化したとき、自然資本は他のゴールの土台になります。

　農林水産業は、自然資本を直接活用して食糧等を生産するため、自然資本との相互の影響が極めて大きい点が、他の産業と比較した場合の特徴であるといえます。

　まず、地球環境が農林水産業に与える影響について、ごく簡単に概観すると、肌で感じるとおり、我が国の年平均気温は100年当たり1.26℃の割合で上昇し、2020年の日本の年平均気温は、統計を開始した1898年以降最も高い値となりました。これにより、水稲の高温障害（白未熟粒）の発現やりんごの着色不良等の農産物の品質低下、収量減少や漁獲量の減少がすでに発生しています。また、1時間降雨量50mm以上の豪雨の発生回数も年々増加しており、1976年〜1985年と比較して1.4倍になっています。これにより、ハウスの浸水や土砂が田畑に流れ込む等の被害が発生しています（図表3－1、直線は長期変化傾向）。

　他方で、農林水産業が地球環境、特に温暖化に与える影響を概観すると、世界の温室効果ガス（GHG）の年間排出量約520億トン（CO_2換算、以下同様）のうち、農業・林業・その他土地利用による排出量は約120億トンであり、全排出量の23％に上ります（2007年〜2016年平均値）。また、我が国におけるGHGの年間排出量約11.50億トンのうち、農林水産分野の排出量は約5,084万

図表3－1　気候変動・大規模自然災害の増加と農林水産業への影響

■日本の年平均気温偏差の経年変化

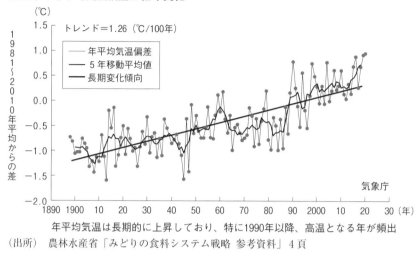

年平均気温は長期的に上昇しており、特に1990年以降、高温となる年が頻出

（出所）　農林水産省「みどりの食料システム戦略 参考資料」4頁

　トンであり、全排出量の4.4％を占めます（2020年度現在）。我が国の農林水産分野での温室効果ガスの排出の内訳は、水田や、家畜の消化管内発酵（いわゆる牛のゲップ）、家畜排せつ物管理等によるCH_4（メタン。温室効果はCO_2の約25倍）の排出や、農用地土壌や家畜排せつ物管理等によるN_2O（亜酸化窒素。温室効果はCO_2の約298倍）の排出が挙げられます（図表3－2）。

　以上の地球環境の実情、および農林水産業との相互関係を踏まえ、次節以降では、食と農の持続可能性（サステナビリティ）に関する国内外の政策を紹介します。

図表3－2　農業由来の温室効果ガス（GHG）の排出

■世界の農林業由来のGHG排出量

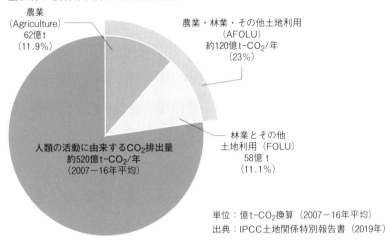

農業
（Agriculture）
62億t
（11.9％）

農業・林業・その他土地利用
（AFOLU）
約120億t-CO_2/年
（23％）

林業とその他
土地利用（FOLU）
58億t
（11.1％）

人類の活動に由来するCO_2排出量
約520億t-CO_2/年
（2007－16年平均）

単位：億t-CO_2換算（2007－16年平均）
出典：IPCC土地関係特別報告書（2019年）

■日本の農林水産分野のGHG排出量

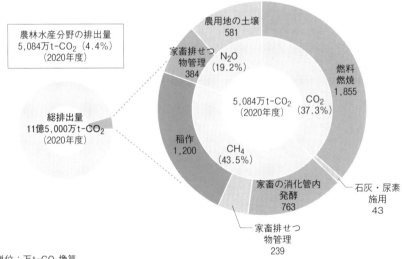

農林水産分野の排出量
5,084万t-CO_2（4.4％）
（2020年度）

総排出量
11億5,000万t-CO_2
（2020年度）

農用地の土壌
581

家畜排せつ
物管理
384

N_2O
（19.2％）

燃料
燃焼
1,855

5,084万t-CO_2
（2020年度）

CO_2
（37.3％）

稲作
1,200

CH_4
（43.5％）

家畜の消化管内
発酵
763

石灰・尿素
施用
43

家畜排せつ
物管理
239

単位：万t-CO_2換算
＊温室効果は、CO_2に比べメタンで25倍、N_2Oでは298倍。
出典：国立環境研究所温室効果ガスインベントリオフィス「日本の温室効果ガス排出量データ」を
　　　基に農林水産省作成

（出所）　農林水産省「みどりの食料システム戦略　説明資料」5頁

我が国のサステナビリティ関連政策の概要とビジネス展開

1 我が国における喫緊の課題

　我が国の食料生産を担う基幹的農業従事者は、2010年から2020年までの10年間で70万人減少しました。平均年齢は66歳から68歳に上がり、着実に高齢化が進んでいます。今後一層の担い手減少が見込まれ、生産基盤の脆弱化が深刻な課題になっています（図表3－3）。

　このような現況の下、第4章で紹介する、除草ロボットやドローンでの農薬散布など、アグリテックによる労働力補完が急務になっているところです。

　また、我が国は、食料生産を支える肥料原料のほぼ100％、エネルギーも定常的に輸入に依存しています（図表3－4）。この実態は、輸入・運搬による環境負荷はもちろん、食料安全保障の観点からも極めて深刻な状況です。いうまでもなく、食料は、人の生命・健康維持に必須であり、数日でも供給が途絶すると飢餓が生じます。究極的には、我が国周辺での軍事的紛争や天災等により、農機材の燃料や化学肥料、畜産飼料などを輸入できない場合をも想定した、食料安全保障としての生産能力の確保が不可欠です。

2 みどりの食料システム戦略

　我が国では、農林水産省が、2021年5月に、持続可能な食料システムの構築に向けて「みどりの食料システム戦略〜食料・農林水産業の生産力向上と持続性の両立をイノベーションで実現〜」（以下「みどりの食料システム戦略」

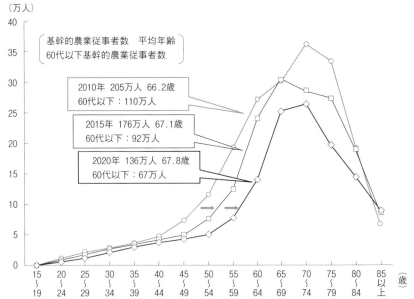

図表3－3　担い手の高齢化と担い手不足

（万人）

凡例：
基幹的農業従事者数　平均年齢
60代以下基幹的農業従事者数

2010年　205万人　66.2歳
60代以下：110万人

2015年　176万人　67.1歳
60代以下：92万人

2020年　136万人　67.8歳
60代以下：67万人

出典：農林水産省「2020年農林業センサス」、「2015農林業センサス」（組替集計）、「2010年世界農
　　　林業センサス」（組替集計）
　　　基幹的農業従事者：15歳以上の世帯員のうち、ふだん仕事として主に自営農業に従事してい
　　　る者をいう。
（出所）　農林水産省「みどりの食料システム戦略　説明資料（令和4年5月）」7頁

といいます）を策定しました。

　みどりの食料システム戦略は、我が国の持続可能な食料システム構築に向
けた政策目標のパッケージであり、民間事業者等に義務を課すものではあり
ません。この戦略では、食のサプライチェーンを①調達、②生産、③加工・
流通、④消費の4段階に分けて、各段階で具体的に取り組むべき内容が掲げ
られています。

　掲げられた取組は多種多様であり、研究者や民間事業者に対して更なる開
発を促すものですが、一例を挙げますと、①調達段階では、資材・エネル
ギー調達における脱輸入・脱炭素化・環境負荷軽減の推進のための取組とし

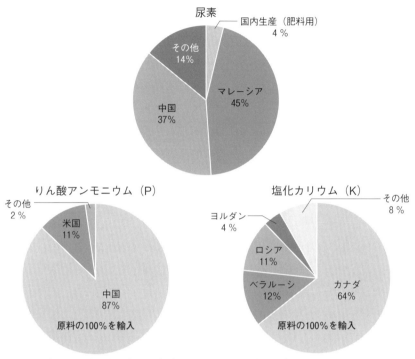

図表３－４　食料生産を支える肥料原料の自給率

尿素

国内生産（肥料用）
4％

その他
14％

マレーシア
45％

中国
37％

りん酸アンモニウム（P）

その他
2％

米国
11％

中国
87％

原料の100％を輸入

塩化カリウム（K）

その他
8％

ヨルダン
4％

ロシア
11％

ベラルーシ
12％

カナダ
64％

原料の100％を輸入

出典：財務省貿易統計等を基に作成（2019年７月～2020年６月）

（出所）　農林水産省「みどりの食料システム戦略　参考資料」７頁

て、営農型太陽光発電（第２章で解説したソーラーシェアリング）の普及、②生産段階では、イノベーション等による持続的生産体制の構築のための取組として、AIの画像分析によるピンポイントでの農薬散布、③加工・流通段階では、ムリ・ムダのない持続可能な加工・流通システムの確立のための取組として、食品ロス削減等に向けたデータ・AIを活用した需給予測システムの構築、④消費段階では、環境にやさしい持続可能な消費の拡大や食育の推進の取組として、学校給食等での地場産農林水産物を利用すること（地産地消）等が掲げられています。

　みどりの食料システム戦略では、2050年までの目標として14のKPIが掲げ

図3−5 みどりの食料システム戦略KPI

KPI			個別指標	基準値（基準年）
温室効果ガス削減	①	農林水産業のCO$_2$ゼロエミッション化（2050）	燃料燃焼によるCO$_2$排出量（基準値に対する削減率）	1,659万 t -CO$_2$ （2013年）
	②	農林業機械・漁船の電化・水素化等技術の確立（2040）	農業機械 化石燃料使用量削減に資する農機の担い手への普及率	—
			林業機械 高性能林業機械の電化等に係るTRL（※） ※Technology Readiness Level：特定の技術の成熟度を評価するための指標	—
			漁船 技術開発の進捗	—
	③	化石燃料を使用しない園芸施設への完全移行（2050）	加温面積に占めるハイブリット型園芸施設等の割合	—
	④	我が国の再エネ導入拡大に歩調を合わせた、農山漁村における再エネの導入（2050）	—	
環境保全	⑤	化学農薬使用量（リスク換算）の50％低減（2050）	化学農薬使用量（リスク換算値）	23,330 （リスク換算値） （2019農薬年度） （注1）
	⑥	化学肥料使用量の30％低減（2050）	化学肥料使用量	90万トン （2016年肥料年度） （注2）
	⑦	耕地面積に占める有機農業の割合を25％に拡大（2050）	耕地面積に占める有機農業※の取組面積（割合） ※国際的に行われている有機農業	2.35万ha （2017年）

※グレーの部分は、2030年の中間目標を新たに設定したもの。
注1） 農薬年度は、2018年10月〜2019年9月とする。
注2） 肥料年度は、2016年7月〜2017年6月とする。
　　　化学肥料の需要実績の算定に用いている窒素質肥料の輸入量について、近年、一部
　　　いるところ。このため、基準値、現状値ともに現在公表されている直近のデータで
（出所）　農林水産省「『みどりの食料システム戦略』KPI2030年目標の設定について」1頁

144

2030年 目標		2050年 目標
1,484万 t -CO$_2$ (10.6%)		0万 t -CO$_2$ (100%)
既に実用化されている化石燃料使用量削減に資する電動草刈機、自動操舵システムの普及率：50%	2040年 技術確立	
TRL 6：使用環境に応じた条件での技術実証 TRL 7：実運転条件下でのプロトタイプ実証		
小型沿岸漁船による試験操業を実施		
加温面積に占めるハイブリッド型園芸施設等の割合：50%		化石燃料を使用しない施設への完全移行
2050年カーボンニュートラルの実現に向けて、農林漁業の健全な発展に資する形で、我が国の再生可能エネルギーの導入拡大に歩調を合わせた、農山漁村における再生可能エネルギーの導入を目指す。		2050年カーボンニュートラルの実現に向けて、農林漁業の健全な発展に資する形で、我が国の再生可能エネルギーの導入拡大に歩調を合わせた、農山漁村における再生可能エネルギーの導入を目指す。
10%低減		11,665 （リスク換算値） （50%低減）
72万トン （20%低減）		63万トン （30%低減）
6.3万ha		100万ha （25%）

が工業用に仕向けられている可能性があり、業界からの聞き取り等を通じて精査を行ってある2016肥料年度の数値（精査前の数値）を用いている。

られ、2022年6月には、2030年までの中間目標として新たに「KPI2030」が決定されました（図表3－5）。

中でも、耕地面積に占める有機農業の割合を25％に拡大するという目標については、食農業界において注目を浴びています。2018年時点の耕地面積に占める有機農業の割合は0.5％（2万3,700ha）ですので[1]、野心的な目標であることが読み取れます。

3 みどりの食料システム法

(1) 概　　要

みどりの食料システム戦略における野心的な目標を達成するための第一歩として、2022年4月22日、「環境と調和のとれた食料システムの確立のための環境負荷低減事業活動の促進等に関する法律」（令和4年法律第37号。以下「みどりの食料システム法」といいます）が成立しました（2022年5月2日公布、2022年7月1日施行）。

みどりの食料システム法では、まず、農林漁業者主体の活動として、有機農業に資する事業や温室効果ガスの排出削減に資する事業活動等[2]が「環境負荷低減事業活動」とされ（同法2条4項）、このうち集団または相当規模で行われることにより地域における環境負荷の低減の効果を高めるものが「特定環境負荷低減事業活動」とされています（同法15条2項3号）。また、機械・資材メーカーや食品事業者等の事業者主体の活動として、環境負荷の低減に資する資材または機械の生産・販売等の事業が「基盤確立事業」とされています（同法2条5項）。

1　農林水産省「みどりの食料システム戦略 参考資料」17頁
2　①堆肥その他の有機質資材の施用により土壌の性質を改善させ、かつ、化学的に合成された肥料および農薬の施用および使用を減少させる技術を用いて行われる生産方式による事業活動、②温室効果ガスの排出の量の削減に資する事業活動、③前二号に掲げるものの他、環境負荷の低減に資するものとして農林水産省令で定める事業活動が挙げられています。

図表3－6　みどりの食料システム法《制定経過》

時系列	経緯
2021年5月12日	「みどりの食料システム戦略」策定
2021年12月24日	法制度化の推進 ・金子農水大臣より「みどりの食料システム戦略」を生産現場で実践に移し、農林漁業者や食品事業者、消費者等の関係者で基本理念を共有するための新たな法制度を創設する旨の発言（みどりの食料システム戦略本部第7回「議事要旨」）
2022年2月22日	「環境と調和のとれた食料システムの確立のための環境負荷低減事業活動の促進等に関する法律案」閣議決定
2022年4月22日	「環境と調和のとれた食料システムの確立のための環境負荷低減事業活動の推進等に関する法律」（以下「みどりの食料システム法」）衆参本会議で全会一致で可決・成立 →2022年5月2日公布
2022年7月1日	みどりの食料システム法、および、以下の政省令施行 ・環境と調和のとれた食料システムの確立のための環境負荷低減事業活動の促進等に関する法律施行令 ・農業委員会等に関する法律施行令の一部を改正する政令 ・環境と調和のとれた食料システムの確立のための環境負荷低減事業活動の促進等に関する法律施行規則 ・環境と調和のとれた食料システムの確立のための環境負荷低減事業活動の促進等に関する法律に基づく基盤確立事業実施計画の認定等に関する省令

　市町村は「環境負荷低減事業活動」の促進に関する基本的な計画を作成し（みどりの食料システム法16条1項）、基本計画が作成された地域で「環境負荷低減事業活動」または「特定環境負荷低減事業活動」を行おうとする事業者は「環境負荷低減事業活動」または「特定環境負荷低減事業活動」の実施に関する計画を提出し、その認定を受けることができるとされています（同法19条、21条）。

　そして、「環境負荷低減事業活動」の計画の認定を受けた農林漁業者は、

図表 3 - 7　農林漁業者主体の活動と事業者主体の活動

○農林漁業者主体の活動

振興される事業活動	内　容	主なメリット
環境負荷低減事業活動	農林漁業者が環境負荷の低減を図るために行う事業活動（みどりの食料システム法2条4項） ① 堆肥その他の有機質資材の施用により土壌の性質を改善させ、かつ、化学的に合成された肥料および農薬の施用および使用を減少させる技術を用いて行われる生産方式による事業活動 ② 温室効果ガスの排出の量の削減に資する事業活動 ③ 前二号に掲げるものの他、環境負荷の低減に資するものとして農林水産省令で定める事業活動	・必要な設備等への資金繰り支援、農業改良資金等の償還期間の延長（同法23条〜27条） ・環境負荷低減事業活動の用に供する設備等の取得費用の32%（建物は16%）を特別償却可（農水省「令和4年度税制改正事項」）
特定環境負荷低減事業活動	環境負荷低減事業活動のうち、集団または相当規模で行われることにより地域における環境負荷の低減の効果を高めるもの（みどりの食料システム法15条2項3号）	上記環境負荷低減事業活動におけるメリットの他、 ・農地取得／転用許可のワンストップ化（同法28条：農地法の特例） ・補助金等交付財産の目的外使用の承認手続のワンストップ化（同法30条）
有機農業の栽培管理協定	特定区域内にある相当規模の一団の農用地所有者等が有機農業の生産団地を形成するために締結する栽培管理協定（みどりの食料システム法31条1項） 〈要件〉 ・協定区域内の農用地所有者等の全員の同意（同法31条3項） ・市町村長による認可（同法33条）	栽培管理協定は、市町村長の認可の公告後に、協定区域内の農用地所有者等になった者に対しても、効力を有する（同法35条）

○事業者（機械・資材メーカーや食品事業者等）主体の活動

振興される事業活動	内　容	主なメリット
	基盤確立事業環境負荷の低減を図るために行う取組の基盤を確立するた	・必要な設備等への資金繰り支援（同法41条）

	めに行う事業（みどりの食料システム法2条5項） ① 先端的な技術に関する研究開発およびその成果の移転の促進に関する事業 ② 新品種の育成に関する事業 ③ 環境負荷の低減に資する資材または機械類その他の物件の生産および販売に関する事業 ④ 環境負荷の低減に資する機械類その他の物件を使用させる契約に基づき当該物件を使用させることに関する事業 ⑤ 環境負荷の低減を図るために行う取組を通じて生産された農林水産物をその不可欠な原材料として用いて行う新商品の開発、生産または需要の開拓に関する事業 ⑥ 前号に規定する農林水産物の流通の合理化に関する事業	・基盤確立事業の用に供する設備等の取得費用の32％（建物は16％）の特別償却可（農水省「令和4年度税制改正事項」） ・品種登録出願料および登録料の軽減又は免除（法42条：種苗法の特例） ・農地取得／転用許可のワンストップ化（法43条：農地法の特例） ・補助金等交付財産の目的外使用の承認手続のワンストップ化（法44条）

「環境負荷低減事業活動」の用に供する設備等[3]の取得に要する費用の32％（建物については16％）を特別償却することができる[4]他、農業改良資金融通法（昭和31年法律第102号）等の特別融資に関する認定を受けられたり、「特定環境負荷低減事業活動」の認定も受ける場合には農地の取得および転用に関する許認可もワンストップで受けることが可能になります（みどりの食料システム法28条）。また、「基盤確立事業」についても同様の税制優遇措置等が認められています（同法41条～44条）。

(2) ビジネスへの活用

みどりの食料システム法を契機としたビジネス展開として、まず、基盤確立事業においては、「農林漁業者」といった主体の特定がなされておらず、

---

3 化学肥料の施肥料を減少させる土壌センサ付可変施肥田植え機などが想定されているようです。

4 農林水産省「令和4年度税制改正事項」（令和3年12月）

また、定義上、比較的広汎な事業が対象に含まれ得るため、食農にかかわる事業者、特にアグリ・フードテック事業については、広く基盤確立事業として認定される可能性があります。

　また、「特定環境負荷低減事業活動」および「基盤確立事業」において、農地法上の許可がワンストップで得られるようになる等、これまで農業委員会との折衝を含めた事実上のハードルをクリアしやすくなることが期待されます。

　さらに、あるビジネスについて、みどりの食料システム法のみならず、趣旨・理念を同じくする他の法制度を横断的に検討することが必要です。例えば、みどりの食料システム法における「環境負荷低減事業活動」のうちの「温室効果ガスの排出量の削減に資する事業活動」（同法2条4項2号）──典型的には、森林管理プロジェクトや植林──について、J-クレジット制度をはじめとする公的・民間カーボンクレジットの認証・売却による収益確保が併せて可能ではないか、あるいは、改正後投資円滑化法（第2章第4節②⑷a参照）により、旧来は農業法人のみに限定されていた投資対象が、林業法人等にも拡大されたところ、当該改正後投資円滑化法の活用によってエクイティによる資金調達が可能ではないか等というように、ビジネスモデル・収益構造の構築にあたって、複数の法制度にまたがった検討を行うことが有益と考えます。

EUのサステナビリティ関連政策の概要と日本企業に与える影響

1 はじめに

　食分野において、世界各国にまたがる形でサプライチェーン（フードバリューチェーン）を構築するための仕組みとして、これまで食品安全や品質に関する制度のグローバルな規模での統合（ハーモナイゼーション）が行われてきました。代表的なものとして、WHOとFAOが共同で設立したCodex Alimentariusがあります。これは、科学的なエビデンスをベースにして、主に食品安全に関する国際的な規格（食品添加物や残留農薬の安全基準など）を定める機関であり、各国に対して法的な拘束力を直接に有するものではありませんが、各国の食品安全法制にも強い影響力を及ぼす枠組となっています[5]。また、グローバルに食品を流通させるにあたり、各国法の基準が異なることは時に自由貿易への妨げ（非関税障壁）ともなるため、WTOにおける国際通商のルール作りにおいても、制度間のハーモナイゼーションが意識されています。この意味で、サステナビリティという観点は地球規模のものであり、現状、サプライチェーンが世界各国にまたがる形で構築されている以上、地域・国ごとに設定されるサステナビリティを意識した政策もグローバルに影響を及ぼし合うものであることがほぼ必然的に想定されることになります。例えば、日本の食肉製品を海外に輸出しようとする場合で、当該輸出国において、輸入品もカバーする形で、動物福祉に関する一定の手当てがな

---

[5]　Codex Alimentarius「About Codex Alimentarius」（2023.1.9）https://www.fao.org/fao-who-codexalimentarius/about-codex/en/

されていない食肉を用いて生産された製品の取扱いが禁止されているとした場合、当該国への輸出品に関しては、国内あるいはその他の国向けの輸出品とは異なる対応が必要になることになり、そのための追加コストを拠出してまで当該輸出を目指すべきかという検討が必要になると考えられます。あるいは、日本において何らかのプラントベースの食品を製造し、これをサステナビリティに資する食品として海外で販売したいと考えた場合に、その食品のパッケージ上でどのような文言を使ってアピールできるのかも考慮すべきポイントとなるでしょう。もし、輸出国において、輸入品もカバーする形で、そのようなパッケージ上の表現に関する一定のルール（いわゆるgreen claim/environmental claimに関するルール）が制定されている場合には、その基準を満たしているかを確認しなければなりません。

　このような食とサステナビリティに関するルールは、（もちろん上記で述べたように、Codexなどの国際的な枠組みとの整合性やWTOにおける通商の観点でのハーモナイゼーションを維持する観点から）各国において完全に自由に制定できるわけではありませんが、一方で、サステナビリティと一口にいっても、各国の事情に応じて比較的取り組みやすい課題から取組が難航する取組などその優先順位にいくつかのレイヤーが存在することが通常です。そうすると、各国において、自国の競争力にできるだけ負の影響が起きない、あるいは自国の競争力を向上させるような形でサステナビリティへの対応を可能にする方向でのルールを先んじて作り、これを国際的な秩序として通用させるインセンティブが生じることになります。このような流れを踏まえて積極的な動きを見せているのがEUです。日本企業としては、主に以下の観点でこのようなグローバルなレベルでのトランジションを目指す政策の動向に注視しておく必要があると考えられます。

① 　大きな政策の方向性（内容・優先順位・タイムライン）を把握する。
② 　上記の政策のうち、特に自社との関連性が強いと考えられるものについては、個別の法律などルールメイクの具体的な内容を把握する。

③　具体的なルールにおける自社へのインパクトを評価し、対応方法を検討する。

　上記のうち②や③は、企業、あるいは業界ごとに個別の取組が必要になり、一般化が難しいこともあり、本稿ではまずEUを対象として、①の政策の概要を説明することを中心にしつつ（下記②）、②や③に関連する事項についても一般論の範囲で言及します（下記③）。

2　EUの政策

（1）　EUグリーンディール政策

　まず、EUにおける近時のサステナビリティ対策の大きな動向としては、「EUグリーンディール政策」の策定が挙げられます。「EUグリーンディール政策」は、フォン・デア・ライエン氏がEU委員会（EUROPEAN COMMISSION）の委員長に就任した直後の2019年12月11日に、EU委員会によって策定された政策[6]で、①2050年までのカーボンニュートラル、②資源の利用から切り離された経済成長、③誰ひとり、どの地域も取り残さないことなどを確保するとされています。また、EUの全ての行動や政策は、「EUグリーンディール政策」の目標に貢献する必要があることが宣言されるなど、「EUグリーンディール政策」は食関連分野にとどまらず、EUにおけるサステナビリティ対応政策のロードマップとなることが期待されています。実際に、「EUグリーンディール政策」に関連して主に図表3－8のような取組がなされています[7]。

---

[6]　EUROPEAN COMMISSION「COMMUNICATION FROM THE COMMISSION The European Green Deal」（2023．1．9）https://eur-lex.europa.eu/legal-content/EN/TXT/HTML/?uri=CELEX:52019DC0640&from=EN

[7]　EUROPEAN COMMISSION「A European Green Deal」（2023．1．9）https://ec.europa.eu/info/strategy/priorities-2019-2024/european-green-deal_en

図表 3 － 8　EUグリーンディール政策に関連した取組

2019年12月11日	「EUグリーンディール政策」公表
2020年 1 月14日	EUグリーンディール投資計画および移行メカニズム公表
2020年 3 月 4 日	EU気候法の法案提出
2020年 3 月10日	EU産業戦略採択
2020年 3 月11日	循環型経済行動計画発表
2020年 5 月20日	・2030年に向けたEU生物多様性計画発表 ・「A Farm To Fork Strategy（農場から食卓まで戦略）」発表
2020年 7 月 8 日	エネルギーシステムの統合と水素に関するEUの戦略採択
2020年 9 月17日	気候目標計画2030発表
2020年10月14日	・メタンガス戦略発表 ・持続可能な化学薬品戦略発表
2020年12月 9 日	EU気候協定発表
2021年 2 月24日	気候変動に対する新EU戦略の発表
2021年 3 月25日	有機栽培行動計画発表
2021年 5 月17日	持続可能なブルーエコノミー発表
2021年11月17日	森林破壊の阻止、持続可能な革新的廃棄物管理、土壌の健全化に関する提案

⑵　EUの食関連分野に関する政策

a　EUの食関連分野の現状

　EUでは、2019年時点で、温室効果ガスの排出量のうち約10.3％を農業分野が占めており[8]、今後の食料需要の増加などを踏まえると、2050年以降（特に他の産業で）脱炭素化の動きがより進んだ場合には、農業分野が最大の

---

[8]　Eurostat「Climate change - driving forces」（2023. 1 . 9 ）https://ec.europa.eu/eurostat/statistics-explained/index.php?title=Climate_change_-_driving_forces#Industrial_processes_and_product_use

温室効果ガス排出分野となる可能性も指摘されています[9]。「EUグリーンディール政策」は、農業に限らず、運輸、エネルギー、建設、鉄鋼業、繊維、化学等あらゆる産業分野における取組を対象としていますが、農業および食の分野における中核を担う政策として2020年5月20日に「A Farm To Fork Strategy（農場から食卓まで戦略）」（以下「Farm to Fork戦略」といいます）が発表されました。

b　Farm to Fork戦略の概要

Farm to Fork戦略[10]は、持続可能な食料システム構築の課題に包括的に取り組むこととされており、農業生産についてだけではなく、漁業や養殖、また消費活動に関しても言及があります。具体的には、大きく分けて①持続可能な食料生産の確保、②食料安全の確保、③持続可能な食品加工、卸売、小売、接客、フードサービス業務の活性化、④持続可能な消費および健康的で持続可能な食生活の促進、⑤フードロスの削減、⑥食品偽装への対応の6つを持続可能な食料システム構築のための政策課題と位置づけています。

また、その中でも①持続可能な食料生産の確保の中では以下のとおりいくつかの野心的な数値目標が設定されています。

(イ)　農薬の使用について

農業における農薬の使用は、土壌、水質、大気汚染につながり、農薬の標的としない植物、昆虫、鳥類、動物にも悪影響を与え得るとして、既存の施策に加えて、2030年までに農薬の使用量とリスク全体の50％、危険性が指摘されている農薬については一律で「使用量」を50％削減するための行動を取ることとされています。

9　EUROPEAN COMMISSION「IN-DEPTH ANALYSIS IN SUPPORT OF THE COMMISSION COMMUNICATION COM（2018）773」（2023．1．9）https://ec.europa.eu/clima/system/files/2018-11/com_2018_733_analysis_in_support_en.pdf

10　European Commission「Farm to Fork Strategy」（2023．1．9）https://ec.europa.eu/food/system/files/2020-05/f2f_action-plan_2020_strategy-info_en.pdf

　Farm to Fork戦略では、窒素やリンなどの養分は全て植物に吸収される
わけではなく、余分な養分は大気、土壌、水質などに漏出し、環境に悪影響
を与えるとされています。そこで、土壌の肥沃度を維持しながら養分の無駄
遣いを50％削減し、これによって2030年までに肥料の使用を20％削減するこ
とを目標としています。また、この目標のためには関連する環境・気候法令
を整備していくことが必要ともされています。

㋩　抗微生物薬耐性（Antimicrobial resistance）について

　EUでは、抗微生物薬の過剰使用や不適切利用によって、（推定）３万3,000
人もの命が失われているとされています。そこで、抗微生物薬についても畜
産業や養殖業での販売量を2030年までに50％削減するとしています。

㋥　有機栽培について

　Farm to Fork戦略では、有機作物の市場拡大と有機農業の発展は生物多
様性に資するとともに、新規の雇用を創出し、若い農業者にとって魅力的な
産業とすることにもつながるとされています。そこで、2030年までにEUの
農地の少なくとも25％を有機農法で栽培し、有機水産業を大幅に増加させる
という目標のために種々の手段を講じていくこととされています。

　さらに、「1はじめに」でも言及したとおり、Farm to Fork戦略はEUで
構築した食料システムをサステナビリティに関する世界基準とすることを目
標としており、「PROMOTING THE GLOBAL TRANSITION」という大項
目を設けて、よりサステナブルなアグリ・フードシステムの構築に向けて、
グローバルな規模でのトランジションをサポートする役割をEUが担うべき
ことを謳っています。

3　日本企業としての着眼ポイント

　上記2でFarm to Fork戦略の概要を説明しましたが、それではこういっ
た政策を目の当たりにして、自社の事業に対してどのようなインパクトがあ

り得るのかをどのようにして見ればいいのか、どのように情報収集をすれば
いいのかという点を、（あくまで一般論の範囲ではありますが）検討してみま
しょう。

(1) Farm to Fork戦略の位置づけ

まず前提として、Farm to Fork戦略は、具体的な法律ではなく、政策目
標のパッケージであるため、ここに記載されていることが、直接に何らかの
規制として適用されることはありません。一方で、Farm to Fork戦略の別
紙（ANNEX）を見ると、Farm to Fork戦略の目標を具体的に達成するため
に手当てすべきアクションプランとその想定タイムラインが記載されていま
す。このタイムラインも法的拘束力を有するものではなく、あくまで「目
標」ではありますので、このとおりに法制がなされるとは限りませんが、一
方で、各制度の優先順位を判断する上では大変参考になる情報です。

(2) 個別の制度に関する検討

参考までに、本稿執筆時点（2023年1月9日）に近いところで、日本の事
業者への影響が比較的大きいと考えられる制度を1つ挙げてみましょう。
Farm to Fork戦略においては、EU域内の市民の消費行動をより健康でサス
テナブルなものに変容していくことは極めて重要なテーマとして設定されて
います。そのようなテーマの実現のために、EU域内におけるFront-of-pack
栄養義務表示（mandatory front-of-pack nutrition labeling）の構築が提唱され
ており、Farm to Fork戦略の別紙において、2022年中に当該法的枠組みに
ついての提案を行う旨が記載されていました[11]。実際には当該法案の提出時
期が遅れ、本稿執筆時点（2023年1月9日）では、その根底にある考え方は
科学的なエビデンスに基づいてより消費者にわかりやすい形で、個別の食品
に関する栄養面での評価を伝達することにあり、「消費者によりわかりやす
い」という観点で、通常の食品表示のように、パッケージの裏側ではなく

11　前掲脚注10

Front-of-pack（パッケージの表面）に情報を掲載することが想定されています。つまり、一目見て、この食品は栄養面で優れているか否かがわかるように表示を行うことを義務づける方向での法制が検討されているということになります。例えば自社製品でEU向けに販売されている商品がもし栄養面で優れていないというカテゴリーに分類された場合、食品パッケージの表面に、「この商品は栄養面で優れていない」ということを端的に示す何らかの表示を載せなければならなくなるということを意味します。このことは、本来、必ずしも当該食品を食べることで健康に悪影響があるということを直接意味するものではありませんが、消費者の意識として、「健康に悪い避けるべき食品である」とのイメージを持たれる可能性は高く、食品メーカーにとって、自社製品に及ぼすインパクトは大きいといえるでしょう。本稿執筆時点（2023年1月9日）でEUレベルでの統一的なルールが存在しないことは上述のとおりですが、すでに小売店における実務レベルでは、このようなFOPに関する任意ベースでのスキーム（法律に基づく義務的な表示事項としてではなく、任意での表示事項として導入される仕組み）がEU域内におけるいくつかの加盟国において運用されています。代表的なものとして、2017年にフランス政府により導入され、その後、ベルギー、スイス、ドイツ、スペイン、オランダ[12]、ルクセンブルクに導入が拡大されている「Nutri-Score」という制度があります[13]。この制度は、具体的な食品ごとに、その成分に基づいて、独自のアルゴリズムを用いた分析を行うことで、当該食品が栄養面で優れているか否かをA〜Eのランク（スコアが最も高いのがAで、低いのがE）を用いて分類し、商品パッケージの表面に当該アルファベットとバックグラウンドの色分け（スコアが高いものほど緑系になり、低いものほど赤系にな

12　本稿の執筆者は本稿執筆時点（2023年1月9日）においてオランダに居住していますが、一般的な小売店においてNutri-Scoreの付された食品を目にすることは普通にあります。

13　Santepubliquefrance.fr.「Nutri-Score.」（2023.1.9）https://www.santepubliquefrance.fr/en/nutri-score

る）を付してビジュアル化することが行われています[14]。

　そうすると、当初の想定どおりであれば2022年度中に、このような事業者に大きなインパクトを有する制度ができあがってしまうようにも思えますが、事はそう単純ではありません。まず、EU域内における食品表示の制度はEUレベルで統一されています。具体的には、Regulation（EU）No 1169/2011という法律が食品表示に関するルールを定めており、今回検討がされているような義務的な栄養表示に関する制度ではありませんが、Front-of-packに関する表示事項一般についてのルールも規定されています。そのため、今回の栄養義務表示を実現しようとすれば、この既存の制度を前提に必要な変更を加えることが必要となりますが、新たな制度を作るにあたっては、栄養面で優れているか否かの算定方法を科学的な根拠に基づいて確立する必要があるため、EUにおける食品安全等のリスクアセスメントを行う独立した機関であるEuropean Food Safety Authority（通称EFSA）による科学的な調査が行われ、その結果も公表されています[15]。その上で、具体的な制度設計を行うに際しては、加盟国間での調整が必要になりますが、特に、前掲のNutri-Scoreについては、主にイタリアなどの地中海食文化圏の食事とは相性が悪い（そういった食品のスコアが悪くなる傾向にある）ことなどもあり、必ずしもEU域内全ての国からの賛同を得ているわけではなく、「EU域内での統一的な義務表示」を制定することは容易な状況ではないといえます。そのため、あくまでFarm to Fork戦略においても、Proposalを出すことの目標が2022年中となっているのであり、具体的な法制度化は更に先のことになります。

14　前掲脚注13参照

15　EFSA Journal Volume 20, Issue 4「Scientific advice related to nutrient profiling for the development of harmonised mandatory front-of-pack nutrition labelling and the setting of nutrient profiles for restricting nutrition and health claims on foods」（2023．1．9）https://efsa.onlinelibrary.wiley.com/doi/full/10.2903/j.efsa.2022.7259

4 ま と め

　以上、②においてEUの政策の流れを概観した上で、③において、個別の政策について、関連する法制度や背景事情も含め具体例を挙げながら概説を行いました。どうしても海外の、特にEUのように、「サステナビリティ対応が進んでいそうな地域・国」が発表した政策となると、個別具体的な検討を経ないまま、先進的な内容が語られている印象を受けがちではありますが、実際には、上記③でも見たとおり、具体的な制度的変更は立法を待たねばならず、その道のりは必ずしも容易ではないことがわかります。また、各社に影響を及ぼし得る政策は当然に異なり、自社の海外展開における影響度合いを測る上では、各制度の具体的な内容を１つずつ検討した上で、自社としてどのような対応を行うかの検討（制度設計までの時間や、当該分野における自社の国際的な影響力などにも鑑みてルール設計自体にどのように関与するかの検討も含みます）が必要になると考えられます。

GAP認証制度

　食と農のサステナビリティ対応として、農業における持続可能な生産工程を認証する制度であるGAP認証制度について概説します。

1 GAP認証制度の概要

　GAPとは、適正農業規範（Good Agricultural Practice）の略称であり、農業において、食品安全、環境保全、労働安全等の持続可能性を確保するための生産工程管理の取組をいいます。近年では2020年東京オリンピック・パラリンピック競技大会の選手村に提供される食材の調達基準としてGAP認証等が採用されたことで[16]、使用可能な日本の食材が限定的となるなどして話題になりました。

　GAP制度自体は（一部の項目で食品衛生法などの法令が遵守されていることが関連する他）法令上の根拠を有する制度ではありませんが、今後、輸出もしくは一部の日本企業へ販売する際の要件となることや補助金交付の要件となることが考えられるため、農業生産者はこれに対応することが急務となる可能性があります。そこで、本項ではGAP認証制度が求められるようになった背景、およびGAP認証制度の種類を概説し、実際の活用場面について検討します。

16　公益財団法人東京オリンピック・パラリンピック競技大会組織委員会「東京2020オリンピック・パラリンピック競技大会持続可能性に配慮した調達コード（第3版）」

⑴ GAP認証制度の背景

　グローバル化の進展により、食品の調達は国境を越えてますます活発に行われるようになっています。EU（欧州連合）は1990年代にいち早く市場統合を果たしましたが、域内で流通するあらゆる商品について品質の保証、特に安全性を確保するため、さまざまな先駆的な取組を導入しました。例えば、EU域内における工業製品の安全性確保のための標準規格として、1993年には「CEマーキング」を導入しました。そして、食品の安全性確保のため、1997年に欧州小売業協会（EUREP）によって提案され2000年に確立したのが、EUREPGAPです。2005年からEU域内の量販店はEUREPGAP認証を取得した生産者の農産物のみを扱うようになったため、EU域内へ輸出する外国の生産者にもEUREPGAP認証の取得が事実上義務づけられるようになりました。2007年には、EUREPGAPは少なくとも80カ国で8万の認定生産者をカバーしているとして、名称をGLOBALGAPに変更しました。

　このEUREPGAP（GLOBALGAP）はその後のGAP認証制度の枠組みとなり、次項で紹介する我が国発のGAP認証制度は、これをひな形として作られたものです[17]。

⑵ 我が国のGAP認証制度の種類について

　我が国で主に利用されているGAP認証制度の特徴と概要は図表3−9のとおりです。

　図表中の「GFSI」（Global Food Safety Initiative）とは、食品・消費財大手や小売大手が加盟する国際的な業界団体であるCGF（The Consumer Goods

---

17　GAP認証制度導入の背景に関する参照サイトは、以下のとおりです。
　https://www.naro.affrc.go.jp/archive/niaes/magazine/072/mgzn07208.html
　https://www.maff.go.jp/j/seisan/gizyutu/gap/gap_guidelines/manual/02-00_manual
　-p2.pdf

図表3－9　GAP認証制度の特徴

	JGAP	ASIAGAP	GLOBALG.A.P.
運営主体	一般財団法人日本GAP協会		Food PLSU GmbH（ドイツ）
国内外のスーパーマーケットの現状	一部の大手スーパーなどが取得を要求		一部の大手スーパーなどが取得を要求　特に欧州で普及
東京オリンピック・パラリンピックの調達基準	○		○
GFSI承認	―	青果物、穀物、茶について承認	青果物について承認
日本での取得状況（注）	4,903経営体	2,403経営体	692経営体

（注）　JGAPおよびASIAGAPについては2021年3月時点、GLOBALG.A.P.については2020年12月末時点。
（出所）　農林水産省「GAP（農業生産工程管理）をめぐる情勢」（令和4年4月）2頁の表を一部改編

Forum）が、食品安全の向上と消費者の信頼強化に向けて2000年に発足した組織です。GFSIは、食品安全等に関する基準を策定し、当該基準を満たした民間の認証規格を承認する活動を行っており、欧米を中心とした世界の食品小売・製造事業者においては、GFSIが承認した規格による認証が取引の条件となりつつあります[18]。ASIAGAPは、2018年10月31日に、日本発のGAP認証制度としては初めてGFSIの承認を取得しました。

　上記の他にも、都道府県やJAなどが策定しているGAPについて、「農業生産工程管理（GAP）の共通基盤に関するガイドライン（平成22年4月）」（以下「共通基盤ガイドライン」といいます）への準拠状況を個別に確認し、準拠

18　農林水産省ウェブサイト「民間団体による第三者認証を備えたGAP（GAP認証）」

確認が取れたGAPとして、農林水産省ガイドライン準拠GAPがあります。なお、農水省は、共通基盤ガイドラインに基づく食品安全、環境保全、労働安全の３分野のGAPの取組を、国際的にも一般的となっている人権保護および農場経営管理の分野を加えた国際水準相当のGAPの取組に引き上げ、全国に普及することを目指し、2022年３月８日、「国際水準GAPガイドライン」[19]を策定しました。「国際水準GAPガイドライン」の策定に伴い、共通基盤ガイドラインは2022年３月８日付けで廃止されましたが、共通基盤ガイドラインへの準拠確認がとれていたGAPに関しては、2025年３月31日までの間、その効力を有するものとされています（国際水準GAPガイドライン附則）。

3 GAP導入の必要性

⑴ GAPを推進する政策について

2021年３月に公表された新たな「食料・農業・農村基本計画」では、「食品安全や環境保全、労働安全、人権保護、農場経営管理等に資する農業生産工程管理（GAP）について、2030年までにほぼ全ての産地で国際水準GAPが実施されるよう、現場での効果的な指導方法の確立や産地単位での導入を推進する」とされており、今後、各種政策において国際水準GAPの実施が要件となっていく可能性があります。実際に、2018年４月から環境保全型農業直接支払交付金の交付要件に国際水準GAPの実施が求められることとなり[20]、今後もこうした補助金や特別融資にあたってGAPの実施が求められる可能性があります。

⑵ GAP認証農産物を取り扱う企業の増加

農水省は、GAP認証農産物を取り扱う意向を有している実需者（製造業、

---

[19] https://www.maff.go.jp/j/seisan/gizyutu/gap/gap_guidelines/guidelines/01_guideline-all.pdf

[20] 2022年度においては、2021年５月に策定された「みどりの食料システム戦略」を踏まえ、2021年度まで「国際水準GAPの実施」としていた事業要件は「持続可能な農業生産に係る取組を実施すること」に変更されています。

卸売・小売・飲食業、サービス業）を「GAPパートナー」として公表しており、2022年7月現在、大手スーパー、外食チェーン、食品企業など50社以上の企業が登録されています[21]。

欧州他各国への輸出はもちろん、日本国内においても、GAPパートナー等との取引に際してGAP認証取得が求められる可能性があり、また、このことは、GAPパートナー等に対し、JAや卸売業者を通じて農産物を販売する中小規模農家も例外ではありません。

(3) その他のメリット

GAPを実施することにより作業が標準化され、特に大規模化する際には、作業内容の管理を容易にし、新規の従事者に作業内容を共有することが容易になるなど、作業が合理化することが考えられます。

また、農業法人のM&Aにおいて、一定程度コンプライアンスを遵守していることの担保につながり、適正対価で事業を売却できる等の効果が期待されます。

---

21 https://www.maff.go.jp/j/seisan/gizyutu/gap/gap-info.html

コラム 「ビジネスと人権」とアグリ・フード

　近時のサステナビリティへの関心の高まりに伴い、「ビジネスと人権」の概念および課題についてもますます注目が集まっています。ビジネス活動のグローバル化が進展する一方で、強制労働、児童労働等の人権に及ぼす負の影響も拡大しており、このような企業活動による人権侵害についての企業の責任に関する国際的な議論が活発に行われてきました。2011年には、「ビジネスと人権」分野における最も重要な国際的枠組みの一つである「ビジネスと人権に関する指導原則：国際連合『保護、尊重及び救済』枠組実施のために」[※1]が国連人権理事会において全会一致で支持されました。指導原則では、国家の人権保護義務、企業の人権尊重責任、救済へのアクセスという３本柱が規定され、国家と国家は、相互に補完し合いながら、それぞれの役割を果たしていくことが求められています。

　日本においても、2020年に「『ビジネスと人権』に関する行動計画（2020－2025）」[※2]が策定・公表され、さらに、国際基準を踏まえた企業による人権尊重の取組を促進するため、2022年９月、「責任あるサプライチェーン等における人権尊重のためのガイドライン」[※3]が策定・公表されました。

　指導原則や上記ガイドライン等において、企業には、その人権尊重責任を果たすため、(1)人権方針の策定、(2)人権デューディリジェンスの実施、(3)自社が人権への負の影響を引き起こしまたは助長している場合における救済への取組が求められています。このうち、人権デューディリジェンスは、①負の影響の特定・評価、②負の影響の防止・軽減、③取組の実効性の評価、④説明・情報開示という一連の行為による、継続的なプロセスであるとされています。経済協力開発機構（OECD）は、OECD多国籍企業行動指針に基づき作成した「責任ある企業行動のためのOECDデュー・ディリジェンス・ガイダンス」[※4]のほか、OECDは産業分野別のガイダ

ンスも作成しており、人権デューディリジェンスの検討・実施にあたって参考になります。アグリ・フードとの関係では、OECDと国連食糧農業機関（FAO）が共同で作成した「責任ある農業サプライチェーンのためのOECD-FAOガイダンス」[5]がとりわけ重要です[6]。

　アグリ・フード業界では、強制労働のほか、土地や水等の天然資源にアクセスする権利等に関する人権侵害リスクが高いと指摘されており、指導原則に従った企業の取組や人権侵害リスクについての主要なベンチマークの一つであるCorporate Human Rights Benchmark（CHRB）においても、継続的にアグリ・フード分野の企業が分析・評価されています[7]。アグリ・フードに携わる企業には、自社内のみならず、バリューチェーン上の人権侵害リスクにも目を配り、適切に対処していくことが一層求められているといえます。

　日本においては、ビジネスと人権をはじめとするサステナビリティ対応は、主に上場企業が（国際）資本市場で資金調達を行うような場合や企業の情報開示との文脈から導入が検討されてきたこともあり、中小規模の企業や個人が担い手の大部分を占める農林漁業分野では、まだ将来の課題であるととらえられていた節もあります。ただし、特に欧米では法制化も進み、日本においても上記ガイドラインの策定・公表が行われるなど、国内外を問わずサステナビリティ対応をバリューチェーンレベルで実現することが求められる傾向が明確になるにつれて、バリューチェーンの関与企業が中小企業または個人であってももはや待ったなしの問題となりつつあります[8]。このためアグリ・フードの分野でも人権対応がますます重要な対応課題となり、この傾向は今後もますます顕著になっていくと思われます。

※1　和訳版：https://www.unic.or.jp/texts_audiovisual/resolutions_reports/hr_council/ga_regular_session/3404/
※2　https://www.mofa.go.jp/mofaj/files/100104121.pdf
※3　https://www.meti.go.jp/press/2022/09/20220913003/20220913003-a.pdf
※4　和訳版：https://www.mofa.go.jp/mofaj/files/000486014.pdf

※ 5　和訳版：https://www.mofa.go.jp/mofaj/files/100100155.pdf

※ 6　その他、関係する国際的な基準として、「農業・フードシステムにおける責任ある投資のための原則（CFS-RAI原則）」「国家の食料安全保障の文脈における土地、漁業、森林の保有に関する責任あるガバナンスのための任意ガイドライン（VGGT）」「責任ある農業投資原則（PRAI）」等も参照。

※ 7　World Benchmarking Alliance（WBA）, "Corporate Human Rights Benchmark"（https://www.worldbenchmarkingalliance.org/corporate-human-rights-benchmark/）.

※ 8　指導原則では、一般原則として「この指導原則は、すべての国家とすべての企業に適用される。すべての企業とは、その規模、業種、拠点、所有形態および組織構成に関わらず、多国籍企業、およびその他の企業を含む」と明記されており、日本政府のガイドラインにおいても、「本ガイドラインは法的拘束力を有するものではないが、企業の規模、業種等にかかわらず、日本で事業活動を行う全ての企業（個人事業主を含む。以下同じ。）は、国際スタンダードに基づく本ガイドラインに則り、国内外における自社・グループ会社、サプライヤー等（サプライチェーン上の企業およびその他のビジネス上の関係先をいい、直接の取引先に限られない。以下同じ。）の人権尊重の取組に最大限努めるべきである」とされている（ガイドライン1.3）。

第4章

フードテック・
アグリテック

フードテックの概要

1 はじめに

　フードテックは、昨今、さまざまな文脈で注目されています。スタートアップや大手食品企業が、培養肉や植物肉をはじめとした代用肉の研究開発・商品開発の取組を進めており、植物肉については日本においてもさまざまな商品がスーパー等で販売されています。また、ICT技術を活用した新たなスマート家電の誕生や各消費者の嗜好に合わせたパーソナライズド食を実現する技術・サービスが誕生するなど、食の分野においても、テクノロジーを活用する動きが活発化しています。

　このような食の分野におけるテクノロジーの導入は、先進諸国を中心に世界規模で進展しており、食の需要・食の安全・環境負荷の低減・栄養摂取・サステナビリティ等のさまざまな観点での課題を解決するものとして期待されています。

　また、食の分野におけるこのようなテクノロジーの導入は、今後ますます進展するものと予想され、フードテックは未来の食にとって不可欠の要素であるといえるでしょう。

　フードテックへの投資も活発化しており、図表4－1のとおり、2019年には、世界規模で見ると年間2兆円を超える金額が投資されています。

　そのような民間の動きに対応して、官においても、フードテックに関するさまざまな政策・取組が進められてきました。

　例えば、農林水産省は、2020年4月に、スタートアップや大手食品企業等

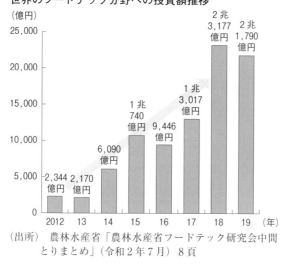

図表4－1　フードテックの投資額推移

世界のフードテック分野への投資額推移

（出所）　農林水産省「農林水産省フードテック研究会中間とりまとめ」（令和2年7月）8頁

　のフードテックに関する活動実態の把握や構造的な課題の把握のため、フードテック研究会を立ち上げました。また、2020年10月には、フードテック研究会で明らかになった問題意識や課題について、更に検討を進めるため、フードテック官民協議会が立ち上がりました。

　フードテック官民協議会においては、培養肉やヘルスフードテック、ゲノム編集、昆虫食等の特定のトピックごとにワーキングチームが立ち上がり、あり得べきルール整備のあり方等についても議論がされています。

　食の分野におけるテクノロジーの導入と新しい食品・サービスの開発に伴い、新たな法的な課題も出てきています。具体的には、新たな商品・サービスに適用される法令が不明確であったり、従前には顕在化しなかった法的問題が生じるなどの動きが出てきています。新しいビジネスの持続的な発展のためには、当該ビジネスの適法性が明確にされていることが重要であり、事前に当該商品・サービスの適法性を分析することが必要です。

　そこで、本パートでは、フードテックに関して問題となり得る法的論点を

いくつか紹介します。

　もっとも、下記②のとおり、フードテックの外延は非常に幅広く、フードテックとは何かについては必ずしも意見が一致しているわけではありません。したがって、フードテックに関係する法令を網羅的に分析することは現実的ではないため、本パートでは、培養肉および植物肉にスポットを当てて解説を行います。

　なお、本書執筆時点の政官界の動向として、以下のような動きがありました。

　まず官においては、2022年6月20日付けの報道で、厚生労働省が培養肉に関して規制の是非を検討するため、専門家の研究班を設置する旨が取り上げられました[1]。

　また、政治の世界においても動きが出てきており、2022年6月13日には、「細胞農業によるサステナブル社会推進議員連盟」の設立総会が開催されました。培養肉の開発に取り組む企業の出現や海外でのルール形成の動向等を踏まえ、畜産関係者と調和し細胞農業を発展させ、我が国の食料安全保障に資するとともに食料システムを通じてサステナブルな社会を推進することを目的としているとのことです。

② フードテックとは

　フードテックは、フード（Food）とテクノロジー（Technology）を掛け合わせた言葉であり、確たる定義があるわけではありませんが、例えば、フードテックに取り組む経済産業省の若手チームによれば、フードテックを「サイエンスとエンジニアリングによる食のアップデート」と定義しています[2]。

1　読売新聞オンライン「「ハム1枚15万円」の「培養肉」、安全性確認へ厚生省が年度内に研究班…将来の産業化に備え」（2022年6月20日付け）
2　METI Journal ONLINE「経産省がなぜフードテックの旗を振るのか」（2021年2月19日付け）

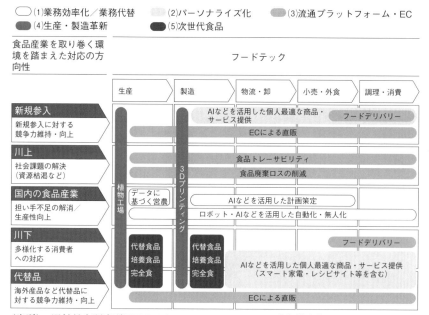

図表4-2　フードテックのサービス類型

⬭(1)業務効率化／業務代替　　▨(2)パーソナライズ化　　▨(3)流通プラットフォーム・EC
⬤(4)生産・製造革新　　⬤(5)次世代食品

（出所）　野村総合研究所NRI Public Management Review「食品産業の将来を担うフードテックの可能性と発展に向けた方向性」（2020年1月付け）

　かかる定義からも理解されるように、さまざまな技術がフードテックの概念に含まれます。例えば、図表4-2に記載のように整理されることもあります。

3　具体的な取組事例

　具体的には、以下のような取組が各社ウェブサイトやメディア等で取り上げられています。

a　培養肉

　培養肉はウシやトリ等の細胞を培養して作った肉のことを指しますが、2022年3月31日、日清食品ホールディングス株式会社と東京大学大学院情報理工学系研究科竹内昌治教授の研究グループが、産学連携の「培養肉」の研

図表4-3　作製に成功した食べられる培養肉

足場材料
（食用血漿ゲル）

細胞
（ウシ筋細胞）

栄養成分
（食用血清を含む培養液）

ウシ筋組織
（培養肉　※食用色素で着色）

（出所）　日清食品ホールディングスウェブサイト

究において「食べられる培養肉」の作製に日本で初めて成功したと発表しました[3]。同社の発表によると、ウシ筋細胞を食用可能な素材のみで培養することが可能になったとのことであり、今後、「培養ステーキ肉」の実現に向け、立体筋組織の更なるサイズアップ等を目指して研究が進められる予定とのことです。

　培養肉は、従来の食肉生産プロセスよりも地球環境に与える負荷が小さいなどのメリットがあると指摘されており、今後、食肉需要を満たすテクノロジーとして注目されています。

3　日清食品ホールディングスお知らせ「日本初！「食べられる培養肉」の作製に成功　肉本来の味や食感を持つ「培養ステーキ肉」の実用化に向けて前進」（※産学連携の「培養肉」において日本初）

培養肉の研究開発は世界中で進められており、2020年12月19日には、ニワトリの羽の細胞から培養された人工的な鶏肉の販売が、世界で初めて、シンガポールのレストランにおいて顧客に提供されました。なお、シンガポールにおける培養鶏肉の提供については、シンガポール食品庁（Singapore Food Agency）の販売認可が取得されています。

　その他の最近の日本国内の動向としては、大阪大学・島津製作所・シグマクシスが、2022年3月28日に、3Dバイオプリント技術等を活用して培養肉生産・社会実装に取り組むことを発表するなどの動きがありました[4]。

b　植物肉

　植物肉は、大豆等の植物由来のタンパク質を原材料として生産した肉様の商品をいいますが[5]、培養肉と同様、従来の食肉プロセスの地球環境への負荷を軽減させながら、世界のタンパク質需要を満たすものとして従前から注目されています。

　日本国内においては、培養肉はいまだ流通していないのに対して、植物肉

図表4-4　大豆を原料とした植物肉

（出所）　筆者撮影

4　島津製作所プレスリリース「大阪大学大学院工学研究科、島津製作所、シグマクシス、3Dバイオプリント技術で協業～技術開発を加速し、環境・食糧・健康など社会課題の解決を目指す～」
5　定義や規格等が確立していない点は留意が必要です。

はさまざまな商品が流通しており、大手スーパーやファストフード店でも販売されています。

日本の法規制

1 日本における培養肉・植物肉に関する法規制の概要

　日本では、EUの新規食品規則（Regulation（EU）No.2015/2283。以下「EU
新規食品規則」といいます）[6]のような新規食品一般を規制する法令は存在し
ません。なお、詳細は④(2)で後述のとおりですが、EUの新規食品規制にお
いて、新規食品とは、1997年 5 月15日以前にEU内で人間によって相当量が
消費されていなかった食品を指すとされています（同規制 3 条）。

　そのため、日本では、新規食品（以下では、これまで人々にとって食経験が
なかったものという意味で用います）を生産販売する場合には、当該食品ごと
に適用される法令を検討し、その適法性を分析する必要があります。

　食品の安全一般を規制対象とする法律として、飲食による健康被害の発生
を防止するための法律である食品衛生法が存在します。また、食品の安全性
確保のためには、食品に関する情報が正しく提供される必要があるところ、
食品表示については、食品を摂取する際の安全性および一般消費者の自主的
かつ合理的な食品選択の機会を確保するための法律である食品表示法があり
ます[7]。

　植物肉はすでに日本の市場においても流通しており、食品安全については
食品衛生法、食品表示については食品表示法や景品表示法の下で主に規制が
されています。他方、培養肉については、現時点では日本の市場において流

6　https://eur-lex.europa.eu/legal-content/EN/TXT/?uri=celex%3A32015R2283

通しておらず新規食品に当たると考えられますが、食品衛生法・食品表示法を含め、適用される法令が明確になってはいません（当該法令がどのように適用されるのかを含みます）。2019年10月時点ではありますが、政府は、培養肉の商品化を見据えた法律や制度の整備について、その必要性を含めて回答する段階にはない旨の回答をしていたところです[8]。

　以下、培養肉および植物肉それぞれについて、個別に解説を行います。

2 　培 養 肉

　上記のとおり、日本において培養肉は人々にとって食経験がないものであるため、新規食品に当たると考えられますが、具体的にどのように法令が適用されるのか明確ではありません。

　もっとも、食品衛生法および食品表示法は、食品一般を規制対象としており、培養肉にも適用され得るものと考えられます。

　具体的に食品衛生法および食品表示法が培養肉にどのように適用されるのかについては、別途の検討が必要ですが、前提として、各法律の規制の概要等を紹介します。

(1)　食品衛生法上の規制

a　食品衛生法の概要

　食品衛生法は、食品の安全性の確保のために公衆衛生の見地から必要な措置を講ずることにより、飲食に起因する衛生上の危害の発生を防止し、国民

7　景品表示法は商品および役務の取引に関連する不当な景品類および表示による顧客の誘引を防止するため、一般消費者による自主的かつ合理的な選択を阻害するおそれのある行為の制限および禁止について定めることにより、一般消費者の利益を保護することをその目的としています（同法1条）。食品に関する正しい情報提供を担保するにあたり、表示が必要な事柄が表示されないという事態を防ぐため、食品表示法は一定の事項の表示を義務づけ、他方、虚偽や誇大など不適切な表示がされてしまう事態を防止するため、景品表示法は不当な表示を禁止しています。その他、知的財産法との観点では商標法（昭和34年法律第127号）や不正競争防止法（平成5年法律第47号）の適用も検討する必要があります。

8　令和元年12月10日受領答弁第106号

の健康の保護を図ることをその目的としています（同法1条）。食品衛生法上、「食品」は、全ての飲食物を指し、医薬品、医薬部外品および再生医療等製品を除くものとされています（同法4条1項）。

食品衛生法上、一定の場合に食品の販売等が禁止されています（同法6条ないし10条。食品衛生法は食品添加物も規制していますが、本パートでは食品に限定した記載としています。以下同じです）。例えば、不衛生な食品で人の健康を損なうおそれのあるものを販売することは禁止され（同法6条）、これに反した場合の措置として、廃棄（同法59条1項）、営業許可の取消し、営業の禁止または停止（同法60条1項）、罰則（同法81条、88条）等が定められています。このように、健康を損なうおそれのある食品が流通しないように安全面からの規制がされています。

また、飲食による危害を未然に防止するための見地から、国内で流通する食品について、製造・保存等の基準や規格等が定められており（食品衛生法13条1項）、当該基準や規格に適合しない食品については、その製造や販売等が禁止されます（同条2項）。規格基準については昭34.12.28付け厚生省告示第370号「食品、添加物等の規格基準」が定めており[9]、同基準は、「A. 食品一般の成分規格」「B. 食品一般の製造、加工及び調理基準」「C. 食品一般の保存基準」を定め、「D. 各条」において、個別の食品（食肉および食肉製品を含みます）の成分規格も定めています。このように、食品衛生法とそれに基づく規格基準により、食品安全に対する規制がなされています。

b 販売禁止措置（食品衛生法7条）

上記のとおり、日本では、新規食品一般を規制する法令は存在しませんが、食品衛生法上、「一般に飲食に供されることがなかつた物」（同法7条1項）について、一定の場合に販売禁止措置が取られ得る旨の規定があります。すなわち、同項は、「厚生労働大臣は、一般に飲食に供されることがな

9　厚生労働省ウェブサイト「食品別の規格基準について」

かつた物であつて人の健康を損なうおそれがない旨の確証がないもの又はこれを含む物が新たに食品として販売され、又は販売されることとなつた場合において、食品衛生上の危害の発生を防止するため必要があると認めるときは、薬事・食品衛生審議会の意見を聴いて、それらの物を食品として販売することを禁止することができる」と定めており、新規食品が事後的に規制され得る旨が規定されています。

　この規定は、昭和47年8月29日に食品衛生法の追加により制定されたものです。当時この規定が追加された経緯としては、昭和40年代以降、科学技術の発展により従来利用されなかった資源の活用や新しい物質の開発が行われ、石油から分離したノルマルパラフィン等を基にタンパク質（いわゆる「石油タンパク[10]」）を作ろうとする等の試みが行われるに至っていたところ、これら食経験のない「一般に飲食に供されることがなかつた物」については、物自体の安全性そのものが未知数であるため、既存の枠組みでは十分に新しい問題に対処することが難しい面があったことが挙げられています[11]。

　食品衛生法7条1項の「一般に飲食に供されることがなかつた」物には、それまで未知の物質はもちろん、物質それ自体は既知のものであっても、食品としてあるいは添加物として利用されることのなかったものを含むとされています。また、「人の健康を損なうおそれがない旨の確証がないもの」とは、人の健康を損なうおそれがあるものに加え、いずれとも判断できない場合も含み、当該食品を原因とした健康被害発生の疑いを払拭できないという趣旨をいうものであるとされています[12]。「確証のない」に該当する食品が

10　「石油タンパク」とは、石油から分離したノルマルパラフィン等を栄養源として酵母等の微生物を培養し、その微生物をタンパク源として利用するものであり、我が国では、動物の飼料としての利用とその起業化が検討されるに至っていたとされています（日本食品衛生協会編著『新訂　早わかり食品衛生法〈食品衛生法逐条解説〉第7版』（日本食品衛生協会、2020年）59頁）。
11　平15.8.29付け薬食発第0829006号厚生労働省医薬食品局長通知「食品衛生法第4条の2の規定による食品又は物の販売禁止処分の運用指針（ガイドライン）について」（以下「平成15年ガイドライン」といいます）

全て販売を禁止されるのではなく、厚生労働大臣が個別に販売を禁止したもの以外は、原則として販売できると考えられています[13]。

　本条項に基づく措置は、食品と健康被害との間の高度の因果関係が認められない段階で、当該食品の流通を暫定的にとはいえ禁止することができるものであり、営業者の営業の自由に対し大きな影響を与え得ることから、食品衛生上の危害の発生を未然に防止するという目的のために必要かつ合理的なものでなければならず、注意喚起等他の手段によっては危害発生を防止し得ない場合の手段として制限的に運用するものであるとの考えが示されており[14]、その一例として「新たな規格基準の設定を通じて危害の発生のおそれのある製造加工方法を禁止することができる場合」には、あえて本規定を適用する必要はない旨の考えが示されています[15]。

　培養肉が、食品衛生法7条1項の対象となるかどうかは必ずしも明確な見解は示されていません。もっとも、培養肉が未知の物質に該当すると認められる可能性はあり、また、物質それ自体は既知のものと認められても、食品として利用されたことのないものとして、「一般に飲食に供されることがなかった」物と認められる可能性も否定できないものと考えられます。同項の

12　具体的には、食品に含まれる特定の成分について、①研究機関における試験研究結果、②諸外国からの情報提供、③保健所等からの報告等を通じ健康上の懸念が強く指摘（示唆）された場合、「人の健康を損なうおそれがない旨の確証がないもの」に該当することとなるとの考えが示されています。また、国が安全性および効果を審査して許可した特定保健用食品等十分な科学的評価を受けているものは、基本的に「確証がある」ものと考えられている旨示されています。上記①から③については、2項（一般に食品として飲食に供されている物であって当該物の通常の方法と著しく異なる方法により飲食に供されているもの）についての説明ですが、その趣旨・文言は同様であるため、新開発食品等（1項）にもあてはまるものと考えられます。https://www.mhlw.go.jp/shingi/2009/05/dl/s0529-9r.pdf
13　前掲『新訂　早わかり食品衛生法〈食品衛生法逐条解説〉第7版』60頁
14　平成15年ガイドライン第1の3
15　平成15年ガイドライン第2の2(1)。こちらの例示は2項（一般に食品として飲食に供されている物であって当該物の通常の方法と著しく異なる方法により飲食に供されているもの）についての説明ですが、その趣旨・文言は同様であるため、新開発食品等（1項）にもあてはまるものと考えられます。

適用対象となる例として、従来の自然界の動植物の採取等とは異なる方法で開発されたものや、食経験のなかった新しい素材で、人の健康を損なうおそれがない旨の確証がないものが考えられるところ、その製造過程に鑑みて、培養肉については、従来の自然界の動植物の採取等とは異なる方法で開発されたものに該当すると考えられます。

　この制度を根拠として食品の販売が禁止された事例は過去存在しておらず、また制定が昭和47年と古いこともあり、昨今の情勢を踏まえてこの制度がどのように解釈・適用されるべきかという点は今後議論が必要になるものと考えられます。また、上述のとおり、本条項が適用される場合であっても、本条項に基づく措置の適用は限定的になされるべき旨の考えが示されているところです。

　今後は、培養肉に関する安全性をいかに担保するかという点が食品衛生法との関係では重要になると考えられます。

⑵　食品表示法上の規制

a　食品表示法の概要

　食品表示法上、「食品」は全ての飲食物を指すとされており（ただし、医薬品、医薬部外品および再生医療等製品を除きます。同法2条1項）、この点は食品衛生法と同様です。食品表示法4条は、「内閣総理大臣は、内閣府令で、食品及び食品関連事業者等の区分ごとに、次に掲げる事項のうち当該区分に属する食品を消費者が安全に摂取し、及び自主的かつ合理的に選択するために必要と認められる事項を内容とする販売の用に供する食品に関する表示の基準を定めなければならない」と定めているところ、具体的な基準は内閣府令である食品表示基準に委ねており、食品表示法と食品表示基準が食品表示に関する一般的なルールを定めています。

　食品関連事業者等（食品の製造業者、加工業者、輸入業者、販売業者等（食品表示法2条3項））は、食品表示基準に従わない食品を販売することを禁止しています（同法5条）。食品表示基準には、原材料名、添加物、保存方法、

消費・賞味期限および栄養成分等の細かい表示の基準が定められており、これに違反した場合には、行政による措置命令（同法6条）や公表（同法7条）等の対象となります。命令に違反した場合、行為者は、1年以下の懲役または100万円以下の罰金（同法20条）、法人は、1億円以下の罰金（同法22条1項2号）に処せられることとなります。また、食品関連事業者等が食品を摂取する際の安全性に重要な影響を及ぼす事項について基準に従った表示がされていない食品を販売し、または販売しようとする場合には、内閣総理大臣または都道府県知事は、食品の回収その他必要な措置命令または業務停止命令をすることができるとともに（同法6条8項）、命令した旨を公表することになります（同法7条）。

　食品表示基準は、加工食品（2章）、生鮮食品（3章）、添加物（4章）についてそれぞれ義務表示・任意表示の事項や方式を定めています。食品表示として、どのような事項をどのように表示しなければならないかは、食品の類型ごとに異なります。例えば、加工食品を販売する際に表示すべき事項のうち、横断的義務表示事項（どのような加工食品であっても共通して表示しなければならない事項）については、名称、方法、消費期限または賞味期限等が定められています（食品表示基準3条）。また、一定のカテゴリーの加工食品にのみ適用のある表示ルールを定めた個別的義務表示（食品表示基準4条。ルールの詳細は食品表示基準別紙19において定められています）については、どのカテゴリーに属するかにより表示事項・表示方法が異なるため、ある食品について表示すべき事項を検討するには、その食品のカテゴリーを確認する必要があります。

b　培養肉との関係

　食品表示基準上、「加工食品」は、「製造又は加工された食品」と定義され、調味や加熱等したものが該当し、具体的な品目は食品表示基準別表1に掲げられています。また、「生鮮食品」は、「加工食品及び添加物以外の食品」と定義され、具体的な品目は食品表示基準別表2に掲げられています。

ある食品が生鮮食品と加工食品のいずれに該当するかにつき、消費者庁作成の「早わかり食品表示ガイド」においても一部紹介されていますが、培養肉についての記載はありません。

この点、加工食品の定義における「製造」とは、その原料として使用したものとは本質的に異なる新たなものを作り出すこととされており、「加工」とは、あるものを材料としてその本質は保持させつつ、新たな属性を付加すること、また、新たな属性を付加する行為であり、加工行為を行う前後で比較して、本質の変更を及ぼさない程度の行為を指すものとされています[16]。他方、生鮮食品について、調整・選別を行った食品が該当するとされており、「調整」とは、一定の作為を行うが加工には至らないもの（単なる切断、輸送・保存のための乾燥、単なる凍結等。生産者による収穫後の作業の一環として行われる大豆の乾燥行為等）、「選別」とは一定の基準によって仕分け、分類すること（一定の基準によって分別しているりんごのサイズ分け等[17]）と説明されています。

培養肉の製造過程については、大きく分けて①細胞を選定・採取し、②細胞を培養し、③形状加工をするものと整理できます。上記過程は、原料として使用したものとは本質的に異なる新たなものを作り出すこと（製造）に該当するか、少なくとも新しい属性を付加する行為（加工）に該当すると考えられ、製造または加工された食品として「加工食品」に該当するものと考えられます。

加工食品の分類は、食品表示基準の別表1において定められていますが、「培養肉」[18]というカテゴリーは当該別表1には定められていません。そのため、培養肉が食肉製品（別表1の14項）に該当するのか、あるいは具体的に列挙されたいずれのカテゴリーにも属さないものとして、その他の加工食品（別表1の24項）に該当すると考えるべきかが論点となると思われます。ここ

16　食品表示基準Q&A（総則－14）（総則－15）
17　食品表示基準Q&A（総則－20）

で、「食肉製品」とは、「加工食肉製品、鳥獣肉の缶・瓶詰、加工鳥獣肉冷凍食品、その他の食肉製品」とされていますが、この説明のみでは培養肉が「食肉製品」のカテゴリーに含まれるか否かは明らかではありません。

　この点、個別的義務表示事項（食品表示基準19条および別表24）を見ると、「食肉」という加工食品に当たる場合、生食用の牛肉については、と畜場の所在地の都道府県名の記載が必要となることから、とさつまたは解体というプロセスを経ずに製造される培養肉は「食肉」には当たらないと考えることもできそうです。あるいは、と畜場の所在地については「該当なし」と記載しつつ、あくまで「食肉」に当たると考えることもできるかもしれませんが、いずれにしろ現時点では明らかではありません。

　なお、上記とは別に、仮に培養肉を商用化できる技術的基盤が整ったとしても、食品表示に関するルールに変更がない場合、培養肉であることを特に明示せずに販売すること、あるいは逆に「培養肉」であると積極的に謳って販売することのいずれについても、景品表示法上の不当表示に当たらないかという点は検討が必要になると思われます。また、遺伝子組換え食品については別途食品表示基準に従って表示義務が課される他、ゲノム編集技術応用食品についても、外来遺伝子およびその一部が除去されていないものは、遺伝子組換え食品として、食品表示基準に基づく遺伝子組換え表示制度に従い表示を行うことになりますので[19]、培養肉にこれらの技術を使う場合には、それぞれ別途の表示が求められるか、検討する必要があるものと考えられます。

18　「培養肉」と一括りにいっても、フォアグラ状のものから塊肉まで広く含まれるものと考えられます。前述のEat Just Inc.は、チキンナゲットの販売をシンガポールにおいて行っており、また、2021年12月、新たに鶏胸肉の販売についてシンガポール食品庁より認証を取得したとの報道がされています。（CULT FOOD SCIENCE「CULT Food Science Portfolio Company Eat Just Receives Additional Singapore Food Agency Approvals for Cultivated Chicken Products」（2021年12月20日））
19　食品表示基準Q&A「別添　ゲノム編集技術応用食品に関する事項」（ゲノム編集－2）

3 植物肉

　植物肉について統一された定義は存在しませんが、例えば消費者庁は2021年、表示の文脈ではありますが、植物肉等を「プラントベース（植物由来）食品」と呼び、「主に植物由来の原材料……で肉などの畜産物や魚などの水産物に似せて作った商品」と定義しています。また、動物由来の添加物が含まれている場合でも、主な原材料が植物由来である場合は、この「プラントベース（植物由来）食品」に含まれるものとしています[20]。

　植物肉と食品安全の問題については、植物肉も食品一般と同様に、食品衛生法上の「食品」（同法4条1項）として規制されることとなりますが、植物肉はすでに食習慣があった植物由来のタンパク質を原材料としているため、培養肉のように新規食品に当たるかといった議論はありません。

　もっとも、植物肉に風味や色を食肉に近づけるために、従来使用が認められていなかった食品添加物が使用される場合もあり得ますし[21]、遺伝子組換え技術が用いられる場合もあります。実際に、海外で流通している植物肉製品には、日本において使用が認められていない食品添加物が使用されたり、日本の安全性審査を経ていない遺伝子組換え技術が用いられたりしている食品も存在するところ、これらの植物肉製品を日本に導入する場合には、法的な対応が必要になります。そこで本パートでは、食品添加物および遺伝子組換え技術の規制についても紹介します。

　また、食品表示についても、日本では、従来から大豆ハンバーグなどの植物肉製品が慣習的に食されてきたこともあり、植物由来の製品の表示に関して、新たな立法的措置が必要とまでは考えられておりません。食品表示法、

20　消費者庁ウェブサイト「プラントベース食品等の表示に関するQ&A」のQ1参照。
21　例えば、上述の、米国のImpossible Foods社の商品であるImpossible Burgerは、肉の金属風味を再現するために、hemeと呼ばれる鉄分子を含む化合物が使用されています（Impossible Foods社ウェブサイト）。

景品表示法等の解釈の明確化、植物由来の製品のJAS規格化等により対応がなされています。

なお、諸外国では、植物肉製品の食品表示に係る法規制について、さまざまな議論がなされてきました。例えば、米国では、植物由来の製品の表示に「バーガー」「ソーセージ」等の肉を用いた食品を想起させる食品表示を用いることを禁止する州法が多数成立する中で、当該法律が表現の自由を侵害するとして違憲性が争われるといった動きもありました。

(1) 食品衛生法上の規制

a 食品添加物に関する規制[22]

食品衛生法上、「添加物」とは、「食品の製造の過程において又は食品の加工若しくは保存の目的で、食品に添加、混和、浸潤その他の方法によつて使用する物」とされています（同法4条2項）。例えば、保存料、甘味料、着色料、香料等が食品添加物に該当します。

食品添加物は、原則として厚生労働大臣が人の健康を損なうおそれのない場合として指定したものを除いて、添加物の製造、輸入、使用、販売等が禁止されています（食品衛生法12条）[23]。また、使用が認められている添加物についても、使用基準に合わない製造等は禁止されています（同法13条1項、2項）。

そのため、従来日本で使用が認められていない食品添加物を使用するためには厚生労働大臣の指定の手続が必要になります。また、日本で使用が認められている食品添加物であっても、日本で認められていない用途等で食品添加物を使用するためには、使用基準の改正等の手続が必要になります。この

---

22 厚生労働省ウェブサイト「食品添加物」参照。
23 例外的に指定を受けずに使用できるのは、既存添加物、天然香料、一般飲食物添加物のみとなります。既存添加物とは、平成7年の食品衛生法改正以前に我が国において広く使用されており、場外食経験があるもの（クチナシ色素等）をいい、天然香料とは、動植物から得られる天然の物質で、食品に香りを付ける目的で使用されるもの（バニラ香料等）をいい、一般飲食物添加物とは、一般に飲食に供されているもので添加物として使用されるもの（寒天等）をいいます。

ような指定や使用基準の改正のためには、①内閣府食品安全委員会の安全性評価、②厚生労働省の審議等が必要になり、指定等に必要な資料は、指定等を要請する事業者が自ら収集し、厚生労働省に提出する必要があります[24]。

b　遺伝子組換え食品に関する規制

いわゆる遺伝子組換え食品は、元の遺伝子にない外来遺伝子を移入した食品をいいます。これは、食品衛生法令上の「組換えDNA技術応用食品等」および「ゲノム編集技術応用食品」のうち外来遺伝子を導入するものから構成されます。

このうち、「組換えDNA技術応用食品」とは、「組換えDNA技術を応用した食品及び添加物」をいいます（「組換えDNA技術応用食品及び添加物の安全性審査の手続」（以下「審査手続告示」といいます）[25] 1条）。「組換えDNA技術」とは、「酵素等を用いた切断及び再結合の操作によって、DNAをつなぎ合わせた組換えDNA分子を作製し、それを生細胞に移入し、かつ、増殖させる技術」をいいます（「食品、添加物等の規格基準」[26]第1のA2）。この技術によれば常に外来遺伝子を移入するため、その結果製造された食品は、遺伝子組換え食品となります。

他方、「ゲノム編集技術応用食品」とは、①ゲノム編集技術によって得られた生物の全部または一部である場合、②ゲノム編集技術によって得られた生物の全部または一部を含む場合、もしくは③ゲノム編集技術によって得られた微生物を利用して製造された物である場合または当該物を含む場合のいずれかに該当する食品をいいます。そして、「ゲノム編集技術」とは、「特定の機能を付与することを目的として、染色体上の特定の塩基配列を認識する酵素を用いてその塩基配列上の特定の部位を改変する技術」をいいます。当該技術は、一般的に、A）標的とするDNAを切断し、自然修復の過程で生

24　厚生労働省ウェブサイト「食品添加物」「よくある質問（事業者向け）」のQ2参照。
25　平12.5.1付け厚生省告示第233号
26　昭34.12.28付け厚生省告示第370号

188

じた変異を得るもの、B）標的とするDNAを切断し、併せて導入したDNA
を鋳型として修復させ、変異を得るもの、C）標的とするDNAを切断し、併
せて導入した遺伝子を組み込むことで変異を得るものの３タイプに分類され
ます。このうち、タイプCによって製造された食品および、タイプBによっ
て自然には起こり得ない程度の変異が生じた場合のみが、遺伝子組換え食品
となります。

　簡潔にいえば、元の遺伝子を切断することなく遺伝子を移入することを
「組換えDNA技術」といい、これは常に遺伝子組換え食品に含まれる一方、
遺伝子を切断する技術全般をもって「ゲノム編集技術」というため、それに
伴って外来遺伝子を移入して初めて、それにより製造される食品が遺伝子組
換え食品となるのです。

　遺伝子組換え食品を輸入・販売する際は、元の食品にはない有害成分が新
たに生じていないことなど、当該食品の安全性を確保するために、厚生労働
省の安全性審査の手続を経る必要があります（食品衛生法７条、「食品、添加
物等の規格基準」第１A第２項、審査手続告示）。図表４－５のとおり、厚生労
働省は、食品安全委員会の食品健康影響評価を踏まえて、当該組換えDNA
技術応用食品等の安全性を審査します。

　そのため、日本で使用が認められていない組換えDNA技術応用食品等を
使用する際には、審査手続告示に基づき、厚生労働大臣に安全性審査の申請
をする必要があります。

　また、「組換えDNA技術応用食品等」の製造に際しては、製造所につい
て、「組換えDNA技術応用食品及び添加物の製造基準」[27]（以下「製造基準」
といいます）を遵守する必要があります。事業者として、製造基準に適合し
ているかの確認を求める際は、告示に基づき、必要な申請資料を提出する必
要があります[28]（製造基準４条）。

27　平12.5.1付け厚生省告示第234号

図表 4 − 5　安全性審査の流れ

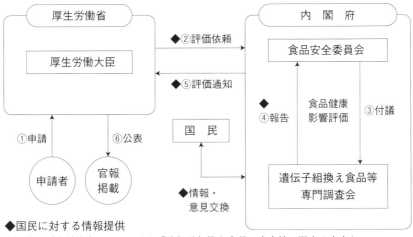

◆国民に対する情報提供
（出所）　厚生労働省ウェブサイト「遺伝子組換え食品の安全性に関する審査」

c　ゲノム編集技術応用食品に関する規制[29]

　ゲノム編集技術応用食品のうち、上述のタイプＢのうち自然界で起こり得る範囲の変異にとどまるもの、タイプＡについては、遺伝子組換え食品に該当しません。

　この点、「ゲノム編集技術応用食品及び添加物の食品衛生上の取扱要領」[30]は、ゲノム編集技術応用食品の中で、外来遺伝子およびその一部が残存しないことに加えて、実行制限酵素の切断箇所の修復に伴い塩基の欠失、置換、自然界で起こり得るような遺伝子の欠失、さらに結果として１～数塩基の変異が挿入される結果となるものは、食品衛生法上の遺伝子組換え技術に該当しない技術を用いたものとされ、遺伝子組換え食品に該当しないものとして

28　厚生労働省ウェブサイト「（別添）安全性審査又は製造基準への適合確認の申請の手続」参照。
29　厚生労働省ウェブサイト「ゲノム編集技術応用食品等」参照。
30　令１.９.19付け生食発0919第７号厚生労働省大臣官房生活衛生・食品安全審議官決定「ゲノム編集技術応用食品及び添加物の食品衛生上の取扱要領」

います。従来の育種技術（放射線照射や薬剤により人為的に不特定のDNAを切断し、自然修復の過程で生じた変異を得る突然変異誘発技術等）で起こる変化の範囲内であり、その変異の安全性の程度も、従来の育種技術を用いた場合と同程度と考えられるためです。

これら「ゲノム編集技術応用食品」については、厚生労働省の安全性審査は不要となります。ただ、データ蓄積のために、厚生労働省への届出が推奨されています。

(2) 食品表示に関する規制

a 食品表示法に関する規制

植物肉は、製造または加工された食品として「加工食品」に該当するものと考えられます[31]。そのため、植物肉を販売する際には、上述のとおり、横断的義務表示事項を表示する必要があります（食品表示基準3条1項）。

横断的義務表示事項のうち、植物肉の販売表示に際して特に留意すべき事項としては、「名称」の表示です。「名称」は、その内容を表す一般的な名称を表示する必要があるところ（同項の表の上欄「名称」の下欄）、例えば、大豆から作られている食品の場合には、「大豆」「大豆加工品」等と記載する必要があります[32]。

また、横断的義務表示事項には食品添加物も含まれるところ、加工食品に使用される食品添加物は、添加物に占める重量の割合の高いものから順に、全て表示する必要があります（同項の表の上欄「添加物」の下欄）。

「遺伝子組換え食品」であることに関しては、「遺伝子組換え」「遺伝子組換えのものを分別」「遺伝子組換え不分別」等、食品表示基準に従って、表示を行う必要があります（食品表示基準3条2項の表の中欄「遺伝子組換え食品に関する事項」の下欄）。

---

31 消費者庁リーフレット「プラントベース食品って何？」では、植物肉を含むプラントベース食品が加工食品であることを前提とした記載がされています。
32 「プラントベース食品等の表示に関するQ&A」のQ10参照。

これに対し、「ゲノム編集技術応用食品」であることについては、現時点では食品表示基準の対象外とされ、表示義務は課されていません。これは、ゲノム編集技術によって得られた変異と従来の育種技術によって得られた変異とを判別し検知するための実効的な検査法の確立が困難であるため、表示監視における科学的検証ができず、表示義務を課すことが妥当と解されないためです。

他方で、適切に情報提供がなされる場合には、食品関連事業者がゲノム編集技術応用食品に関する表示を行うことは可能とされています。ゲノム編集技術応用食品であることを表示する場合は、食品供給行程の各段階における取引記録その他の合理的な根拠資料に基づいて情報を提供することで、消費者の信頼を確保することが必要となります[33]。

b 景品表示法に関する規制

景品表示法は、商品および役務の取引に関連する不当な景品類および表示による顧客の誘引を防止するため、一般消費者による自主的かつ合理的な選択を阻害するおそれのある行為の制限および禁止について定めることにより、一般消費者の利益を保護することをその目的としています（同法1条）。

不当な顧客の誘引を防止し、一般消費者の利益を保護するため、景品表示法上、不当表示の禁止（同法5条）等が規定されています。加えて、食肉の表示に関して、景品表示法31条に基づき、「食肉の表示に関する公正競争規約」[34]が事業者団体の自主ルールとして設けられているところ、同規約において、「食肉以外のものについて、食肉であるかのように誤認されるおそれがある表示」は不当表示として禁止されています（同法4条1号）。

植物肉においては、商品名に「肉」「ミート」等の肉を想起させる文言の使用が想定されるところ、このような表示は、植物肉が食肉であるとの誤認

---

33 食品表示基準Q&A「別添 ゲノム編集技術応用食品に関する事項」（ゲノム編集－3）（答）参照。

34 https://www.jfftc.org/rule_kiyaku/pdf_kiyaku_hyouji/meat.pdf

を消費者に与えかねません。また、「ベジミート」等と表記した際に、原材料に動物性のものは使われていないと消費者を誤認させることもあり得ます。

　この点について、消費者庁は、「プラントベース食品等の表示に関するQ&A」において、一般消費者が、表示全体から、「食肉以外のものについて、食肉であるかのように誤認」する表示になっていなければ、景品表示法上問題にならない、と整理しています[35]。他方で、「食肉の表示に関する公正競争規約施行規則」10条は、植物性タンパク食品を「人造肉」「人工肉」等と表示することは、規約第4条第1号の不当表示に該当すると規定しています。

　また、植物肉に動物性の食品添加物が使用されることも考えられるところ、植物肉製品の名称から、当該製品に動物性原材料は使われていない、と消費者が誤認するおそれもあります。

　この点について、上記Q&Aは、「例えば、商品名とは別に、「原材料は植物性です（食品添加物を除く）」と表示するなど、一般消費者が、表示全体から、食品添加物を含めて全ての原材料に植物性のものを使用していないのに使用しているかのように誤認する表示になっていなければ、景品表示法上問題になることはありません。」[36]と整理しています。

c　「大豆ミート」のJAS規格化

　2022年2月24日、「日本農林規格　大豆ミート食品類」が制定されました[37]。これは、大豆を原材料とする植物肉の表示の適正化を図り、消費者の適切な商品選択に資することを目指したものであり、格付検査に合格した製品はJASマークを貼付することができます（JAS法13条）。

　日本農林規格は、動物性原材料の使用の有無、大豆タンパク質含有率、原

35　「プラントベース食品等の表示に関するQ&A」のQ1参照。
36　「プラントベース食品等の表示に関するQ&A」のQ3参照。
37　https://www.maff.go.jp/j/jas/jas_kikaku/attach/pdf/kikaku_itiran2-422.pdf

料のアミノ酸スコアの観点から、規格の対象となる食品を、「大豆ミート食品」と「調製大豆ミート食品」の2つに区分しています。「大豆ミート食品」の規格の基準は、①大豆ミート原料を用いて、製品特有の肉様の特徴を有するように加工すること、②大豆ミート原料のアミノ酸スコアが100であること、③動物性原材料およびその加工品を原材料として用いないこと、および④大豆タンパク質含有率が10％以上であることです（同規格3.1項、4.1.1項、4.2項）。他方、「調製大豆ミート食品」の規格の基準は、①に加え、⑤乳および食用鳥卵を除く、動物性原材料およびその加工品（調味料を除く）を原材料として用いないことおよび⑥大豆タンパク質含有量が1％以上であることです（同規格3.2項、4.1.2項、4.2項）。

大豆ミート食品にあっては、「大豆ミート食品」または「大豆肉様食品」「調整大豆ミート食品」または「調整大豆肉様食品」と容器包装の見やすい場所にそれぞれ記載する必要があります。また、消費者に誤認を与えないよう、当該製品が食肉ではないことの説明を容器包装の見やすい場所に記載する必要があります（日本農林規格大豆ミート食品類5項）。

4　新規食品に関する海外の法規制

(1)　米　　国

a　細胞培養食品に関する食品安全上の論点

米国では、後述するEUやシンガポールのように新規食品一般に適用されるルールは整備されていません。他方で、細胞培養食品については、適用される可能性のあるルールが存在するため、米国については細胞培養食品に焦点を当てて解説を行います。

米国において、細胞培養食品の安全性確保の面で適用があり得るものとしては、Federal Food, Drug, and Cosmetic Act（以下「FD&C法」といいます）が存在します。同法348条は食品添加物に関する規制を定めており、食品添加物につき、「意図的に使用することにより、直接的または間接的に食品の

成分となる、またはなり得る物質、あるいは食品の性質に影響を及ぼす、または及ぼし得る物質」（同法321条(s)）と広く定義されています。そして、これまでに許可を受けたことのない食品添加物の使用にあたっては、U.S. Food and Drug Administration（以下「FDA」といいます）による許可が必要とされ、細胞培養食品への使用にあたっても、同規制における許可を取得するか、後述のGRAS制度を用いて、食品添加物の許可対象の例外と整理することが必要になると考えられます。

　上記のとおり、FD&C法では、食品添加物が広範に定義されているため、細胞培養食品が食品添加物の概念に含まれ、同法が適用される可能性があります。

　細胞培養食品が、食品添加物としてFD&C法の適用を受ける場合、当該食品の販売にあたっては、原則として食品添加物に関する規制における許可を取得する必要があります。ある物質が食品添加物に該当する場合、米国で新規の使用を認められるためには、FDAに対して食品添加物申請（Food Additive Petition）を提出し、その許可を受ける必要があります（FD&C法348条）。

　そして、食品添加物の許可を申請する場合は、申請書とともに食品添加物の名称、化学的情報（化学名や成分）、物理的・化学的・生物学的特性等の添加物に関する全ての情報、使用目的、使用量、安全性に関するデータ等をFDAに提出しなければなりません（FD&C法348条(b)）。

　ただし、食品に使用される物質が、一般的に安全と認められる物質（Generally Recognized As Safe。以下「GRAS」といいます）に該当する場合、同物質は食品添加物に該当しないものとして、食品添加物に関する規制が適用されません（FD&C法201条(s)）。そして、GRASは、その分野の専門家の間の知見または経験により、一定の使用目的における条件を守れば安全であると公に証明されている物質であり、①科学的な知見または②食品として使われてきた経験（1958年1月1日以前から使用されていた物質の場合に限る）を根拠として判断されるとされています（連邦規則集21CFR Part 170.30(a)）。

b 細胞培養食品に関する表示規制

食品の表示規制については、対象とする食品により、規制内容が異なります。すなわち、Food Safety and Inspection Service（以下「FSIS」といいます）は、輸出入品を含め、州境を越えて流通する畜肉（牛、羊、豚等）およびその加工品、家きん肉（鶏、七面鳥等）およびその加工品、並びに卵製品について、安全性、品質、食品表示に関する規制を所管しており、他方で、FDAはFSISが所管する食品を除くほぼ全ての食品（同法上の「食品」）について、安全性、品質および食品表示に関する規制を所管しているため、食品の内容により、適用される規制およびその内容が異なります。

(2) EU

a 現状の規制の全体像

EUにおける新規食品の安全性に特化した規制は、主にEU新規食品規則に定められており、「新規食品（novel food）」に該当する食品をEU域内で販売するには、欧州委員会の認可を事前に受けなければならないとされています[38]。そして、EU新規食品規則において「新規食品」とは、「1997年5月15日以前にEU内で人間によって相当量が消費されていなかった食品」と定義されており（EU新規食品規則3条2項(a)）、同項にて新規食品に該当する10のカテゴリーが列挙されています[39]。これらのカテゴリーの中に「動物の細胞または培養組織から製造された食品」が含まれているため（同項(vi)）、代用肉を含む細胞培養食品もEUにおける新規食品規制の適用対象となる「新規

---

[38] なお、遺伝子組換え食品については新規食品規制の適用範囲から除外されており（EU新規食品規則2条2項(a)）、遺伝子組換え食品に関する別途の規制（Regulation（EC）No. 1829/2003）に服するものとされています。

[39] EU新規食品規則では、上記の「新規食品」の他に、「第三国由来の伝統食品」というカテゴリーを設けています。第三国由来の伝統食品とは、EU新規食品規則3条2項(a)に定義された新規食品のうち、新しい製造技術やサプリメント等が使用されていない、一次産品に由来し、EU以外の第三国において安全な消費の歴史がある食品をいいます（EU新規食品規則3条2項(c)）。第三国由来の伝統食品は認可手続において新規食品と区別され、より簡易な手続である通知手続が適用されることになっています。

食品」に該当すると考えられます。そのため、代用肉をEU域内で販売する場合には、事前に欧州委員会の認可を取得する必要があります。

　b　認可プロセスの概要

㈑　事前照会

　食品事業者は、EU域内で販売しようとする商品が新規食品規制の適用範囲に含まれるかどうかを確認する義務があります（EU新規食品規則4条1項）。自身の販売しようとする食品が新規食品に該当するかどうかは、欧州委員会の「新規食品カタログ」で確認でき、また、販売しようとする食品が新規食品に該当するかどうかが不明な場合には、販売しようとする加盟国の管轄当局に対して、当該食品が新規食品に該当するか否かを照会することができます（同条2項）。加えて、後記のように、欧州委員会により認可された新規食品は、共同体リストに記載され、共同体リストに掲載されている新規食品については、認可を受けた事業者に限らず、他の事業者もEU域内で販売することができるため、共同体リストに掲載されている新規食品については、認可を受けることなくEU域内で販売することができます。

㈡　認可申請

　照会の結果、販売しようとする商品が新規食品に該当するという結論が下され、かつ共同体リストに掲載されていない場合には、欧州委員会に対して認可申請手続を行う必要があります（EU新規食品規則10条）。また、認可申請にあたっては、法定のカバーレターの他、申請者の会社名や住所等の管理上のデータおよび申請対象の新規食品に関する科学的データ（化学物質名や学名等の識別情報や製造過程、組成データ等）等を提出する必要があります（EU新規食品施行規則3条1項および3項、附属書I並びにEFSA2016年ガイダンスPart 1およびPart 2）[40]。

㈢　欧州食品安全機関による安全性評価

　新規食品が人の健康に影響を与える可能性がある場合、欧州委員会は、申請の有効性を確認した後1カ月以内に、遅滞なく、欧州食品安全機関（以下

「EFSA」といいます)[41]にリスク評価の実施を要請します。EFSAは、欧州委員会から申請書類を受領した日から9カ月以内（EFSAが申請者に追加書類の提出を求める場合は延長可能）に意見を公表します（EU新規食品規則11条1項）。EFSAによる安全性評価は、当該新規食品がEU域内ですでに販売されている類似の食品と同程度に安全か等の法定の評価基準に則り行われます（同規則11条2項）。安全性評価の結果は、欧州委員会、各加盟国および（必要な場合）申請者に転送されます（同規則11条3項)[42]。

（二）　認可決定

　欧州委員会は、EFSAの意見が公表された日、またはEFSAの意見を要請しない場合は有効な申請書類を受理した日から7カ月以内に、申請を却下するか認可するかの判断を下します。却下する場合、申請は申請者に差し戻されますが、他方で、認可する場合は、欧州委員会は、当該新規食品を追加する共同体リストの改正案を作成した上で、植物・動物・食品・飼料に関する常設専門委員会（Standing Committee on Plants, Animals, Food and Feed。以下「SCoPAFF」といいます)[43]に提出しなければなりません。共同体リストの改正案がSCoPAFFで可決されると、欧州委員会によって採択・公布され、当該新規食品のEU域内での販売が可能になります[44]。

40　欧州食品安全機関（EFSA）2021年ガイドラインにより、申請準備段階の手続が導入され、申請準備を行っている事業者はEFSAのウェブサイトから申請することで、認可申請書類に係る適用規制や必要情報等についてEFSAから事前に一般的なアドバイス（General pre-submission advice）を受けることができます。

41　EFSAは、規則（EC）No. 178/2002に基づき設立されたEUの専門機関であり、各加盟国の代表ではなく、独立した運営委員会として運営・管理され、食品の安全に関して独立し、客観的かつ透明性のある科学的な助言を提供する役割を担っています。

42　結果公表に関する規定は存在しないものの、EFSAは、欧州委員会の要請または独自の裁量で、科学的意見（scientific opinion）を発行するものとされており（規則（EC）No. 178/2002、29条1項）、これまでEFSAが新規食品規制に基づき実施した安全性評価の報告書をウェブサイトで公表している事例がいくつかあります。

43　SCoPAFFは、食品および飼料の安全性や動物の健康福祉および植物の健康に関する常設専門委員会であり、全てのEU加盟国の代表により構成され、欧州委員会の代表が議長を務めています。

c 共同体リスト（Union list）

欧州委員会により認可された新規食品は、共同体リストに記載されます[45]。共同体リストには、これまでに認可された全ての新規食品が掲載されており、共同体リストに掲載されている新規食品については、認可を受けた事業者に限らず、他の事業者もEU域内で販売することができます。

共同体リストには、認可を受けた新規食品の使用条件や表示要件、仕様が記載されます。もっとも、申請者が申請に用いた科学データの保護を希望し、欧州委員会がこれを認めた場合は、新規食品の認可がされた日から5年間（延長不可）、後続の申請者は当該申請者の同意なしに当該申請に用いた科学データを使用することができなくなります（EU新規食品規則26条）。科学データの保護が認められた新規食品については、申請者以外の他の事業者は、当該科学データを用いずに別途認可を得ない限り、当該新規食品が共同体リストに掲載された後もEU域内で当該新規食品を販売することはできません（同規則27条）。なお、この保護期間は5年間とされており、保護期間終了後の延長は認められていません。

d 表示規制

細胞培養食品等の新規食品もRegulation（EU）No. 1169/2011に基づくEUの一般の表示規制およびその他関連する食品に関連する法の下での表示規制[46]に服するとされており、食品の名称等の一定の項目を表示することが求められることになります[47]。もっとも、既存食品に含まれていない、あるいは特定のグループの消費者の健康に影響を与え得る、食品の組成、栄養価、

---

44 SCoPAFFおよび欧州委員会における審議・採択に関する標準処理期間は、EU新規食品施行規則およびEFSAガイダンスのいずれにも規定されていません。もっとも、フード・サプリメンツ・ヨーロッパ（FSE）という国際NPOが公表しているガイダンスによると、6カ月〜18カ月程度とされています。

45 共同体リストは欧州委員会のウェブサイトからアクセス可能です。https://ec.europa.eu/food/safety/novel-food/authorisations/union-list-novel-foods_en

46 例えば、栄養および健康に関する表示は、規則（EC）No. 1924/2006に規定された要件に従うことになります。

栄養効果および使用目的等の一定の情報については、共同体リストにおいて別途追加の表示要件が定められることがあります（EU新規食品規則前文⑶およ
び9条3項(b)）。また、遺伝子組換え食品には別途の表示規制が定められており、「遺伝子組換え」または「遺伝子組換えの（原材料名）から生産された」と表示する必要がある等、表示制度が定められています（遺伝子組換食品に関する規則12条ないし14条および規則（EC）No. 1830/2003）。

(3) シンガポール

a 食品安全上の論点

フードテックを用いた食品について、シンガポール食品庁（Singapore
Food Agency。以下「SFA」といいます）は、「新規食品の安全性評価に関する規制の枠組み」[48]（以下「安全性評価枠組み」といいます）を設け、「新規食品」の販売前の安全性審査を定めています。

安全性評価枠組みにおいて、「新規食品」は、「安全に使用されてきた歴史のない食品」と定義され、「安全に使用されてきた歴史」を、最低20年間、人口の多くにおいて、人間の食生活の一部として継続的に消費され、人体の健康への重大な影響が報告されていないことと定義されています。

新規食品を生産・販売することを企図する事業者は、SFAに申請する必要があり、その際に提供すべき情報については、安全性評価枠組みにおいて詳細に規定されています[49]。SFAの安全性審査においては、製造過程において使用される物質につき、アレルゲン性や毒性等、人体に悪影響を及ぼすも

47　なお、米国と同様に、EU域内でも新規食品の表示規制についての議論がありました。植物性由来の製品を「ベジタリアンソーセージ」や「ベジバーガー」等と表記して販売することを問題視する声が主に畜産業界から上がったことを受けて、植物性由来の製品について「バーガー」や「ステーキ」「ソーセージ」といった食肉製品の形態を特定する用語の使用を禁止する内容の法案が欧州議会に提出されましたが、2020年10月23日に欧州議会は同法案を否決しました。そのため、食肉を含んでいない製品に関する表示については、現時点でEUでの統一的な規制は存在せず、各加盟国の規制に委ねられています。

48　Requirements for the Safety Assessment of Novel Foods and Novel Food
Ingredients Version dated 22 Apr 2022

のがないか、製造過程に衛生上等の問題がないか、完成した新規食品の成分、提出した実験データが科学的に裏付けされているものであるかどうか等について、詳細な情報を提供する必要があります。標準処理期間は9カ月から12カ月とされており、手続の遅延を避けるため、製品開発の初期段階でSFAに相談することが推奨されています[50]。また、SFAは南洋理工大学および科学技術研究庁と共同で、2021年にFuture Ready Food Safety Hub（以下「FRESH」といいます）を設立し、販売認可の申請をする事業者向けに、販売認可に関するコンサルティングを提供しています。

　また、新規食品の研究については、SFAの安全性評価は要求されません。もっとも、研究段階の新規食品であっても、その研究開発過程の一環として、また、その新規食品が潜在的顧客や投資家の要望を満たしていることを示すために、未評価の新規食品の官能評価試験（試食）を実施する必要がある場合があります。この場合、当該試食の目的が広告目的等でないことや、試食の安全性の確保、試食者に当該新規食品が販売認可を経ていないことやその危険性を認知させること、試食者の記録を残す等のトレーサビリティを確保すること等の条件を満たすことで、当該官能評価試験の実施の許可を受けることができます[51]。

　安全性審査を経て、SFAの販売認可を受けた「新規食品」は、販売することが可能となります。2020年12月、SFAは、Eat Just Inc.による培養肉（鶏肉）の販売を世界で初めて承認しています。

b　表示規制

　シンガポールにおいては、Sale of Food ActおよびSingapore Food Regulationsが、食品表示の一般的な要件を定めているところ、新規食品も、この要件に従う必要があります。具体的には、包装に、①食品の一般の名称、②

49　安全性評価枠組みの3.6項以下
50　安全性評価枠組みの7.5項
51　安全性評価枠組みの9.2項

成分表示、③アレルギー原因物質、④重量および⑤生産地等を記載する必要
があります（Singapore Food Regulations 5 条 4 項）。

　特に、シンガポールで包装済の代替タンパク質商品を販売する企業は、単
に「肉（meat）」と表示するのではなく、製品包装に「培養（cultured）」や
「細胞由来（cell-based）」「植物由来（plant-based）」等の表示をする必要があ
ります[52]。

---

[52]　A publication of the Singapore Food Agency（SFA）「A Guide to Food Labelling and Advertisements」（First published Feb 2010.）

アグリテックにかかわる法務

1 日本の農業の課題

　日本の農業は、農業従事者の減少・高齢化の問題に直面しています。基幹的農業従事者（15歳以上の世帯員のうち、ふだん仕事として主に自営農業に従事している者）は、1980年に413万人、2000年に240万人、2020年に136万人というように、急激に減少しています。また、基幹的農業従事者は高齢化が進んでおり、60歳以下の基幹的農業従事者は、2010年に110万人、2015年に92万人、2020年に67万人というように、急激に減少しています[53]。

　また、農業の現場では、依然として、人手に頼る作業や、熟練者でなければできない作業が多いために、省力化、人手の確保、負担の軽減が重要な課題になっています[54]。

2 アグリテックに対する期待

　これらの日本の農業の課題を解決するためには、アグリテックの導入が不可欠であるといえます。

　アグリテックとは、農業（Agriculture）と技術（Technology）を組み合わせた造語であり、農業領域で、いわゆるICT技術を活用し、農業を活性化する取組をいいます。

---

[53]　農林水産省「スマート農業の展開について」（2022年4月。以下「スマート農業の展開」といいます）2頁
[54]　スマート農業の展開3頁

農林水産省では、「スマート農業」を、「ロボット、AI、IoTなど先端技術を活用する農業」と定義しており[55]、おおむね、アグリテックと同様の意味で、「スマート農業」という言葉を用いていると思われます。そして、農林水産省は、スマート農業の効果として、以下の点を指摘しています[56]。

①　作業の自動化：ロボットトラクタ、スマホで操作する水田の水理システムなどの活用により、作業を自動化し人手を省くことが可能

②　情報共有の簡易化：位置情報と連動した経営管理アプリの活用により、作業の記録をデジタル化・自動化し、熟練者でなくても生産活動の主体になることが可能

③　データの活用：ドローン衛星によるセンシングデータや気象データのAI解析により、農作物の生育や病虫害を予測し、高度な農業経営が可能。

　AI（Artificial Intelligence）という言葉自体は、1956年のダートマス会議において、ジョン・マッカーシーが用いたのが始まりであるといわれていますが[57]、現在、「AI」と呼ばれている言葉は、2012年の「ILSVRC[58]」という世界的な画像認識のコンペティションにおいて、トロント大学のGeoffrey Hinton氏らのチームが、ディープラーニング[59]を用いて圧倒的な勝利を収めて、世界に衝撃を与えたことが発端となって用いられるようになりました。

　このコンペティションは、ある画像に写っているのが、ヨットなのか、花なのか、猫なのか等をコンピュータが自動で当てるタスクに対するエラー率

55　スマート農業の展開 4 頁

56　スマート農業の展開 4 頁

57　谷口忠大『イラストで学ぶ人工知能概論』（講談社、2014年）148頁

58　ImageNet Large Scale Visual Recognition Challenge　http://image-net.org/challenges/LSVRC/

59　ディープラーニングとは、「古くからニューラルネットワークと呼ばれている技術であるが、特に層が深いことを強調した言い方」をしているものであり（松尾豊「人工知能開発の最前線」法律時報1136号（2019年）8頁）、ニューラルネットワークとは、「人間の脳の機能や構造をまねることによって柔軟で有用な情報処理の実現を目指す情報処理の体系、および、そのシステム」をいいます（廣瀬明『複素ニューラルネットワーク［第2版］』（サイエンス社、2016年）2頁）。

の低さ（正解率の高さ）を競うものでした[60]。換言すると、このコンペティションのタスクは、いわば、コンピュータが苦手とし、人間が得意とするパターン認識[61]を、コンピュータにより行わせるタスクでした。このパターン認識のタスクについて、ディープラーニングが圧倒的な勝利を収め、現在においても顕著な成果を出し続けています。

　現在、人間が行っている農業に関する作業のうち、パターン認識が必要な作業であるがゆえに機械により行えなかった作業については、今後、ディープラーニングを利用することにより、機械による作業を行うことができるようになる可能性があります。Googleのオープンソースソフトウェア（ディープラーニング開発用ライブラリ）であるTensorFlowを用いてきゅうりの等級を判定するプログラムを作成した事例[62]は、ディープラーニングを用いることにより、パターン認識が必要な作業を機械で行うことができることを示しているといえます。

　また、同様に、AIに含まれる技術とされているディープラーニング以外の機械学習（以下「DL以外機械学習」といいます）の活用も期待されています。DL以外機械学習とは、大規模データを処理する際には、データから主として統計的処理によって有用な情報を抽出するための数理的モデルであり[63]、大要、有用な情報（パラメータ、要素等）を抽出するものであるといえます。農業に関するデータを収集し、当該データをDL以外機械学習を用いて分析して有用な情報を抽出することにより、生産性を向上させること等が期待されます。さらに、ロボットやIoTの活用について、さまざまな取組が

60　松尾豊『人工知能は人間を超えるか　ディープラーニングの先にあるもの』（KADOKAWA、2015年）144頁

61　パターン認識とは、画像、音声等のデータに対して行う情報処理で、観測されたデータをあらかじめ定められた複数のクラスのうちの一つに対応させる処理をいいます（前掲『イラストで学ぶ人工知能概論』148頁）。

62　「きゅうり等級判別、移住支援も…AI活用急拡大」2017年3月8日付け日本経済新聞電子版

63　中川裕志『東京大学工学教程　情報工学　機械学習』（丸善出版、2015年）5頁

なされています[64]。

このように、アグリテックの導入により、日本の農業が直面している農業従事者の減少・高齢化等の問題を解決することに対する期待が高まっているといえます。

3 農業データの収集および利活用

アグリテックを活用するため、すなわち、ロボット、AI、IoT等の先端技術を活用する際に重要となるのが、農業データの収集および利活用です。

農業は、自然を相手とするものであり、たくさんの因子が関係するため、さまざまなデータを収集することが必要となります。そして、近時、センサの小型化、省電力化および低価格化が進んでいます。そのため、センサを用いたデータ収集に対する期待が高まっています[65]。

センサ等によりデータを収集した上で、①当該データをディープラーニング以外の機械学習等による分析を行い、重要な要素を抽出し、作業計画を最適なものにしたり、②収集したデータを学習用データとしてディープラーニングによりプログラムを作成したり、③当該データを分析してロボット等の処理を最適化すること等が考えられます。

このように、アグリテックにおいては、データの収集および利活用が重要となります。

4 農業データ連携基盤（WAGRI）

データの利活用を促進するという観点から、内閣府の戦略的イノベーショ

---

64 スマート農業の展開5頁～19頁
65 「センサ等のデバイス開発では日本は優れた技術を持っており、より精度の高い教師データを利用できるのではないか。食品の味や見た目などのデータ化は、これからが競争であり、勝負できる。」との食品関係団体からのヒアリング結果がある（農林水産省「第2回 新AI戦略検討会議 農林水産省 説明資料」（2021年11月。以下「新AI戦略検討会議資料」といいます）20頁）。

ン創造プログラム（SIP）の「次世代農林水産業創造技術」において、農業関連データを集約および統合したプラットフォームである「WAGRI」が開発され、2019年4月から本格的に稼働しています。

WAGRIは、これまで、幅広い農業データ（環境データ、作物情報、生産計画・管理、技術ノウハウ、各種統計等）はあるものの、システム間の相互連携がほとんどなく、形式の違うデータが個々に存在している状態であったために利活用が進んでいなかったという問題を解決するため、システム間でのデータ連携、一定のルールの下でのデータ共有、および、農業関係者に対する必要なデータ提供を行うための基盤として開発されました。

5 アグリテックの導入・利用状況と、普及させるためのポイント

このように、日本の農業には農業従事者の減少・高齢化の問題があるために、アグリテックの活用の必要性が高いにもかかわらず、農業関係者の多くは、アグリテックの活用に至っていないというのが現状です。

その理由は、現時点では、農業関係者が、「このアグリテックに関するシステム・サービスを使えば、生産性の向上および経営改善によって、システム・サービスの利用料を超える利益が出る」と認識するに至っていないからであるといえます[66]。逆に、農業関係者が「このアグリテックに関するシステム・サービスを使えば、生産性の向上および経営改善によって、システム・サービスの利用料を超える利益が出る」と認識するようになれば、生産性の向上および経営改善はほとんどの農業関係者の課題であるため、急激に利用が進むことが予想されます。

農業関係者が「このアグリテックに関するシステム・サービスを使えば、生産性の向上および経営改善によって、システム・サービスの利用料を超え

---

[66] 「スマート農業技術の導入初期コストが高額」であるとの課題の指摘もなされています。

る利益が出る」と認識できるようにしていくためには、農業関係者が抱える課題の解決手段となるサービスを提供することができる事業者の参入を促すことが重要となります。「アグリテック」といっても、各農業関係者が抱える具体的な解決課題はそれぞれ異なるため、各農業関係者が抱える個別の解決課題を解決する具体的なサービスが必要となるからです[67]。

そして、アグリテックに関するシステム・サービスは、データが集積されるほど、品質（分析結果の精度等）が向上するという関係にあるため、アグリテックに関するシステム・サービスの利用が進むほど、システム・サービスの品質が高まり、その結果として更にアグリテックが普及していくという「好循環」が生まれることが期待されます。

6 農業関連データに発生し得る権利

このように、アグリテックにおいては、農業関連データの利活用が重要となります。農業関連データについて、法律上、発生し得る権利は以下のとおりです。

まず、データは、無体物であるため（有体物ではないため）、データに所有権は発生しません（民法206条、85条）。そして、無体物であるデータには、知的財産が発生する可能性があり、データに発生する知的財産は、主に、営業秘密、または、限定提供データになります。

営業秘密とは、「秘密として管理されている生産方法、販売方法その他の事業活動に有用な技術上又は営業上の情報であって、公然と知られていないものをいう」（不正競争防止法2条6項）と定義されています。一般的には、

---

67 「食品の検品工程でのAIによる画像解析など、AIを活用した画像解析サービスは食品分野でも広がりつつあるが、サービスを活用する場合、ユーザー側はどのセンサ・カメラを使い、どのようなデータ項目を把握すれば機能するのか判断することが必要。技術の標準化は課題だが、技術毎にどういう課題があって、どういうセンサを選べばよいかなど、その間を繋げられるSIのような人材が重要。食品産業分野は中小企業が99％を占め、製造工程も業種によって異なる。」との食品関係団体からのヒアリング結果があります（新AI戦略検討会議資料21頁）。

この営業秘密の定義から、有用性、非公知性および秘密管理性の3つが営業秘密の要件であるといわれています[68]、[69]。

限定提供データとは、「業として特定の者に提供する情報として電磁的方法（電子的方法、磁気的方法その他人の知覚によっては認識することができない方法をいう。次項において同じ。）により相当量蓄積され、及び管理されている技術上又は営業上の情報（秘密として管理されているものを除く。）」をいいます（不正競争防止法2条7項）。限定提供データは、データの価値の高まりを受けて、平成30年改正不正競争防止法によって、新たに創設された知的財産です。

データが、営業秘密または限定提供データ以外の知的財産に該当することは、あまりないといえます。

まず、特許法（昭和34年法律第121号）の保護対象である発明は、「自然法則を利用した技術的思想の創作のうち高度のものをいう」（同法2条1項）と定義されています。データが「技術的思想の創作」に該当することは、ほとんどないものと思われます。

次に、著作権法（昭和45年法律第48号）の保護対象である著作物は、「思想

68　経済産業省「営業秘密管理指針」3頁
69　営業秘密の保護規定は、加盟国間の最低限の保護水準を定めた「知的所有権の貿易関連の側面に関する協定」（以下「TRIPS協定」といいます）の下記規定を担保する性格を持つものです。特許庁ウェブサイト……https://www.jpo.go.jp/system/laws/gaikoku/trips/chap3.html#anchor7setu
第7節　開示されていない情報の保護　第39条〔抜粋〕
(1)　1967年のパリ条約第10条の2に規定する不正競争からの有効な保護を確保するために、加盟国は、開示されていない情報を(2)の規定に従って保護し、及び政府又は政府機関に提出されるデータを(3)の規定に従って保護する。
(2)　自然人又は法人は、合法的に自己の管理する情報が次の(a)から(c)までの規定に該当する場合には、公正な商慣習に反する方法により自己の承諾を得ないで他の者が当該情報を開示し、取得し又は使用することを防止することができるものとする。(a)当該情報が一体として又はその構成要素の正確な配列及び組み立てとして、当該情報に類する情報を通常扱う集団に属する者に一般的に知られておらず又は容易に知ることができないという意味において秘密であること(b)秘密であることにより商業的価値があること(c)当該情報を合法的に管理する者により、当該情報を秘密として保持するための、状況に応じた合理的な措置がとられていること

又は感情を創作的に表現したものであつて、文芸、学術、美術又は音楽の範囲に属するものをいう」（同法2条1項1号）と定義されています。しかし、データ自体が創作性を有することはほとんどありませんので、データが著作物に該当する場合は、あまりないものと思われます。

そして、実用新案法（昭和34年法律第123号）の保護対象は、「物品の形状、構造又は組合せに係る考案」ですが（同法1条、3条1項柱書）、データは無体物であり、有体物である「物品」に該当しないため、データは実用新案法の保護対象にはなりません。

このように、データには、主に、営業秘密または限定提供データが発生する可能性があります。そして、農業関連データは、営業秘密に該当する場合よりも、限定提供データに該当する場合の方が多いと思われます。

その理由は、農業関連データのうち、多くのものは、各データが公知である、または、秘密として管理されているとまではいえないことが多いために、営業秘密の要件である「非公知性[70]」または「秘密管理性[71]」の要件を充足しないことが多いと思われるからです。

これに対して、限定提供データには「非公知性」の要件がないため、農業関連データについて「電磁的管理性」を満たす管理（ID・パスワード等による管理[72]）を行い、さらに、その他の要件を充足すれば、限定提供データに

---

[70] 非公知性については、「「公然と知られていない」状態とは、当該営業秘密が一般的に知られた状態になっていない状態、又は容易に知ることができない状態である。具体的には、当該情報が合理的な努力の範囲内で入手可能な刊行物に記載されていない、公開情報や一般に入手可能な商品等から容易に推測・分析されない等、保有者の管理下以外では一般的に入手できない状態である。」とされています（経済産業省「営業秘密管理指針」17頁）。

[71] 秘密管理性については、「秘密管理性要件が満たされるためには、営業秘密保有企業が当該情報を秘密であると単に主観的に認識しているだけでは不十分である。すなわち、営業秘密保有企業の秘密管理意思（特定の情報を秘密として管理しようとする意思）が、具体的状況に応じた経済合理的な秘密管理措置によって、従業員に明確に示され、結果として、従業員が当該秘密管理意思を容易に認識できる（換言すれば、認識可能性が確保される）必要がある。」とされています（経済産業省「営業秘密管理指針」6頁）。

は該当することとなります。

農林水産省は、2020年に「農業分野におけるAI・データに関する契約ガイドライン～農業分野のデータ利活用促進とノウハウ保護のために～」（以下「本ガイドライン」といいます）を策定しました。そして、2021年から、農林水産省の補助事業等を用いて、スマート農機、農業ロボット、ドローン、IoT機器等を導入する場合は、そのシステムサービス（ソフトウェア）の利用契約を、本ガイドラインに準拠させることが要件化されました[73]。そのため、農林水産省の補助事業等を用いる場合には、この点に留意することが必要となります。

本ガイドラインを作成した背景・趣旨として、「スマート農業を普及させるためには、農業者が安心してデータを提供できる環境を整備し、農業分野におけるビックデータやAIの利活用を促進する必要があります。そこで、データの提供者（農業関係者）及び受領者（農業機械メーカー、ICTベンダ等）の契約の考え方及びひな形等の内容とするガイドラインをとりまとめました」とされています[74]。そして、本ガイドラインは、農業事業者が提供するデータに発生する権利等について、農業事業者にとって不利な条項にならないようにするという方向性で作成されています。

---

[72] アクセス制限は、通常、ユーザーの認証により行われ、認証の方法としては、①特定の者のみが持つ知識による認証（ID、パスワード、暗証番号等）、②特定の者の所有物による認証（ICカード、磁気カード、特定の端末機器、トークン等）、③特定の者の身体的特徴による認証（生体情報等）等が挙げられます（経済産業省「限定提供データに関する指針」10頁）。

[73] 農林水産省ウェブサイト「農業分野におけるAI・データに関する契約ガイドライン～農業分野のノウハウの保護とデータ利活用促進のために～」

[74] 前掲「農業分野におけるAI・データに関する契約ガイドライン～農業分野のノウハウの保護とデータ利活用促進のために～」

しかしながら、農林水産省の補助事業等について本ガイドラインへの準拠を要件とすることによりアグリテックの普及を促進させるという点については、柔軟な対応が必要と思われます。すなわち、農業事業者が安心してデータを提供できる環境であることには望ましい面もありますが、農業従事者の減少・高齢化の問題に直面しているにもかかわらず、農業関係者の多くがアグリテックの活用に至っていないのは、「農業者が安心してデータを提供できる環境」がないからではなく、上記⑤記載のとおり、農業関係者が、「このアグリテックに関するシステム・サービスを使えば、生産性の向上及び経営改善によって、システム・サービスの利用料を超える利益が出る」と認識するに至っていないからであると思われます。そのため、農業関係者が当該認識を持つに至るためには、農業関係者が抱える課題の解決手段となるサービスを提供することができる事業者の参入を促すことが重要となります。

　そして、事業者の参入を促すためには、事業者に農業関連データに係る権利を単独で帰属させる等、事業者がデータを十分に利活用することができる環境を作ることが重要となります。これに対して、農林水産省の補助事業等を利用するためには本ガイドラインに準拠することを要件化することは、農業事業者が提供するデータに発生する権利等について、事業者に不利な方向に働くことになりますので、事業者の参入を抑制する方向に働く可能性があり、その結果として、アグリテックの普及が進みにくくなることが懸念されます。

　したがって、農林水産省の補助事業等を利用する際の本ガイドラインの準拠の要件化については、事業者の参入を抑制することがないように、柔軟に運用されることが望まれます。

第 5 章

農林水産業・食品産業の
海外展開戦略

概　要

1 なぜ海外展開なのか

　本稿において、「海外展開」とは、輸出にとどまらず、現地に生産・販売拠点を設け、現地で事業を行うことを指します。

　農林水産物・食品の輸出額は、2012年の約4,497億円から2021年には1兆2,385億円（前年比：25.6%）と3倍近くに増加しています[1]。このような輸出額の増加の背景には、日本産農林水産物・食品が高品質であることに加え、アジアを中心に海外の消費者の所得が向上し、日本産農林水産物・食品の潜在的購買層が増えるとともに、訪日外国人の増加等を通じて日本産農林水産物・食品の魅力が海外に広まった等の環境変化があるものと考えられます。

　2021年の農林水産物の国別の主要輸出先は、1位中国、2位香港、3位米国であり、以下、台湾、ベトナム、韓国、タイ、シンガポールと続きます。品目別には、加工食品が459,502百万円、水産物（水産調製品を除く）が233,562百万円、畜産品が113,923百万円を占めています[2]。このような状況の中、「食料・農業・農村基本計画」（令和2年3月31日閣議決定）および「経済財政運営と改革の基本方針2020」「成長戦略フォローアップ」（令和2年7月17日閣議決定）において、2025年までに2兆円、2030年までに5兆円とい

1　農林水産省ウェブサイト「令和3年（2021年）【確々報値】」「農林水産物・食品の輸出額」
2　前掲脚注1

う輸出額目標が設定されており、この目標を実現するためには、これまでの国内市場のみに依存する農林水産業・食品産業の構造を、成長する海外市場で稼ぐ方向に転換することが不可欠であると考えられています[3]。

　また、海外における日本食レストランの数は2006年の約2万4,000店舗から、2021年7月には15万9,046店舗にまで増加しています[4]。その地域もアジアのみならず北米・中南米、欧州やアフリカにまで広がっており、日本食ブームは全世界的なトレンドになっているものといえます。

　このように、日本産農林水産物・食品の海外におけるプレゼンスが高まりを見せる一方、日本の人口減少は進む旨予測されており（2020年の約1.26億人から2050年には約1億人を割るものと予測されています[5]）、日本国内の市場は今後縮小することが予測されるため、食品企業としては、海外市場に目を向けることが各自の事業継続のために重要と考えられます。また、海外展開を行うこと自体により、知名度や信用力・商品力の向上につながり、商品ひいては地域のPR効果が生じる場合もあるものと考えられます。海外の販路を持つことで、国内市場の需給の安定化に役立ちますし、多様な市場への対応を通じたマーケティング能力の向上等の経営の充実、国内では評価されにくい商材について需要や嗜好の相違をとらえた販売等の効果も考えられるところです。

　もっとも、いかに事前検討を行っても、海外展開には思わぬ課題が発生することに留意し、対策をあらかじめ十分に検討することが必要です。

3　農林水産物・食品の輸出拡大のための輸入国規制への対応等に関する関係閣僚会議「農林水産物・食品の輸出拡大実行戦略～マーケットイン輸出への転換のために～」（令和2年11月30日、令和3年12月21日）
4　農林水産省ウェブサイト「海外における日本食レストラン数の調査結果（令和元年）の公表について」
5　内閣府ウェブサイト「選択する未来―人口推計から見えてくる未来像― ―「選択する未来」委員会報告　解説・資料集―」

2 輸出と比較した場合の海外展開のメリット

　企業が農林水産物・食品を海外に輸出する際、自社で取り扱う農林水産物・食品のうち、どの商品をどの国に輸出するかにつき市場調査を経て決定の上、製品を企画し、製品を輸出し、商流を作り、物流・販売網を構築し、販路を拡大し、現地市場での需要喚起を行う、といったさまざまなフェーズが考えられるところです。

　海外展開には、輸出のみを行う場合と比較して、各フェーズにおいてさまざまなメリットがあります。

　例えば、製品の企画において、輸出のみを行う場合、現地のニーズに合った製品が自社の既存のラインアップに存在しない、現地の消費者のニーズを把握しづらいといった課題がありますが、海外展開を行うことで、現地消費者のニーズの把握が容易となり、味、ラベル、認証等、現地のニーズに合った生産・製造ができるというメリットが考えられます。製品の輸出時には、現地側の輸入規制で日本から商品を輸出しづらいといった課題がありますが、海外展開を行い、現地のパートナーと連携することで、現地独自の規制や当局対応が容易になることも考えられます。商流作りにおいても、輸出のみを行う場合、現地の事業者、営業先や販売先の情報を収集しづらいといった課題がありますが、海外展開を行うことにより、現地の拠点を活用した効率的な情報収集が可能となり、当該収集した情報を基に現地での直接の営業・販売活動が可能になるものと考えられます。

　このように、海外展開を行う場合、商品の輸出のみを行う場合と比較して、各フェーズにおいて、現地の消費者の需要や現地の事業者（パートナーおよびその候補先）の状況をより詳細に把握・理解でき、輸出よりも一歩踏み込んだ取組に結びつけることが可能となるものと考えられます。

3 海外展開に伴うリスク

　他方、海外展開を行う場合、輸出のみを行う場合と比べ、海外法制度の知見不足等から、ノウハウや技術等の企業の価値源泉を流出・毀損してしまう事例も散見されています。

　例えば、日本の外食チェーン店を展開する企業が、現地企業と合弁会社を設立し、運営ノウハウ等を当該企業に提供したものの、売上がふるわなかったために合弁関係を解消し、当該国から撤退したところ、元合弁パートナーが、教わったノウハウを基に類似店を当該国や周辺国において展開することが考えられます。この例では、現地企業にレシピや運営ノウハウを模倣されてしまうこととなりますが、このような事態を防ぐためには、事前に十分な海外事業戦略を立てることや、契約において運営ノウハウを含む知的財産の取扱いについて規定しておく、重要な工程については開示しないといった手当てや戦略・方針をあらかじめ決定することが非常に重要となります。

　また、日本独自の品種を開発し、栽培を行っていた農林水産物につき、その育成者権を他国の農業者に許諾し、育成技術を供与したところ、その農業者が無断で株を増やし、当該外国において栽培者が増加し、さらには第三国にも苗が流失するといった事態が生じることが考えられます。現に、シャインマスカットは、その苗木が海外に流出し、中国でシャインと発音される「香印」翡翠や、「陽光バラ」「陽光玫瑰」等の名称で果実が販売され、また、「香印翡翠」「香印青提」が商標出願されたことが判明しています。同様に、韓国にもシャインマスカットの苗木が流出しており、中国および韓国から更にタイ・香港・マレーシア・ベトナム等の市場にまで流出するといった事態に発展しています。このような事態を防ぐためには、各事業者が種苗の登録方法を知り、他国の農業者との間で適切な契約等を結び、苗等の流出を防止する策を講じることが重要と考えられます。

　日本産の農林水産物・食品につき、その世界的な評価の高まりを背景に、

近年、中国や台湾で日本の都道府県の地名等が商標出願される事例が見られるようになっており、また、「日本ブランド」の高い評価に乗じた模倣・偽装が疑われる商品が出回っている状況が生じています[6、7]。食の安全に対して消費者は敏感であるため、模倣品や偽装品を放置すると、ブランド価値が回復不能なまでに傷つくこともあります。そこで、定期的な調査に基づいて、必要に応じ差止めや損害賠償請求等の法的措置等の対策を講じるべきと考えられます。対策コストを考慮し、収集すべき情報の内容およびその程度については各社の事情に応じ検討すべきですが、現地の政治情勢や法規制・景気動向といった一般的な外部環境にかかわる情報から、競合企業の戦略・動向、参入障壁や代替品の有無、顧客のトレンドといった自社の属する業界動向等、自社の経営や戦略に合わせ、外部情報を調査・取捨選択し、管理することが重要です。具体的な取組方法として、日本本社の法務・知財部門が模倣品の対策方法を決定し、現地法人に情報を提供することもあれば、現地法人に専任スタッフを設置し、市場での情報収集・対策の立案を行わせることも考えられます。

6　農林水産知的財産保護コンソーシアムウェブサイト「コンソーシアム設立の趣旨」
7　タイにおいて、夕張メロンではないメロンが「夕張日本メロン」として流通された事例もあります。この例では、後述するGI制度を利用し、タイ産のメロンの事業者に「夕張メロン」は日本のGI産品である旨の警告状を送付したところ、事業者から、名称の使用中止、ラベルの破棄等を行う旨の回答を得て、後日、使用の中止も確認されています。https://fmric.or.jp/gidesk/pamphlet/Pamphlet_upd2018.pdf

海外展開の方法と留意点

1 海外展開の方法

　海外展開のパターンにつき、ビジネスモデルおよび出資の有無により整理することが考えられます。ビジネスモデルについては、大きく①国内事業を中心とする輸出に加え、②自社で現地販売を行う直接販売、③現地に製造・加工や流通機能を設立する海外マーケティングの３パターンがあります。

　①の輸出は、商社に商品の販売を委託する場合および自社で輸出を行う場合を含みます。②の直接販売は、現地に拠点は持たずに出張ベースで販売する場合や、総販売店を設ける場合、販売拠点を自ら設立する場合を含みます。③の海外マーケティングは、他社へのライセンスや業務委託により商品の製造・加工を委託する場合、製造拠点を自社で設立する場合、流通網を構築する場合を含みます。

　日本企業がその商品を海外で販売するにあたっては、概要、製造⇒輸出⇒（現地での加工）⇒卸売⇒小売⇒消費といったプロセスをたどるものと整理することが考えられます。

　一般的に、現地で実施するプロセスや機能が多く、かつ、出資を伴う場合にはリスクが大きくなります。例えば、商社に商品の販売を委託する場合、日本企業は日本国内（または第三国）で製造するプロセスのみを担い、現地への輸出以降の機能を商社に任せることとなり、かつ、出資も伴わないため、輸出取引一般におけるリスク（カントリーリスク、取引先の信用リスク、為替変動リスク等）を低減でき、相対的にリスクは低いといえます。その反

面、①商社に対して支払う手数料等の費用負担が発生する、②情報の入手が間接的となり、商権が固定化されるというデメリットもあります。

他方、自社で製造拠点の構築・流通網の構築を行う場合、現地で製造・販促活動を行い、卸売までを担うことになり、かつ、出資も伴うため、相対的にリスクは高いといえます。もっとも、リスクが高い分、そのリターンも大きくなることが見込まれます。すなわち、①の輸出に比べ、②の直接販売を行う場合、現地における需要を直接確認することが可能となりますし、③の海外マーケティングの場合には、現地での活動の拡大を通じ、さらに競争力の強化の余地があるかどうかを直接確認できるものと考えられます。

2 海外展開の留意点

a 概　　要

第1節②において、輸出と比較した場合の海外展開のメリットを説明しましたが、事業戦略に応じ、輸出と海外展開の両者を上手く使い分けることも時には必要になります。事業環境を考慮せずに、輸出または現地生産と決め打ちをしてしまうと、価格や品質面でニーズに応える商品設計ができない可能性があるためです。例えば、ある食品に関する食文化の拡大を目標に、業務用市場ではコストダウンを図るために現地製造を行う一方、家庭用市場については、日本の高品質な商品を提供するために、現地製造ではなく日本から輸出するといったハイブリッドな製造方法を採用することも考えられるところです。

以下では、商品が実際に消費者に届けられるまでの過程に応じ、各フェーズにおける海外展開の留意点について紹介いたします。

b 調　　達

原材料を調達する際には、輸出・現地調達のいずれの場合においても制約や課題があることに留意する必要があります。

すなわち、現地では日本と比べて高品質のものが調達できない可能性が考

えられますし、また、コールドチェーンが発生しておらず、冷蔵品・冷凍品の調達が難しいことも考えられます。他方、日本からの調達の場合、輸入規制がありそもそも原料を輸入できない場合もありますし、日本からの輸送が認められる場合であっても、鮮度が維持できない場合もあります。また、国際輸送の場合、国内と比べて相対的に輸送費が高くなるため、商品の価格も高くなります。

上記のような課題に対応するため、海外展開時には、現地調達のみに頼ることなく、場合によっては日本からの（高品質な）原材料を輸出することも組み合わせることにより、高品質かつ比較的安価な商品の製造が可能となります。

c 製　　造

現地で生産・製造を行うにあたり、自社でラインを整備することも考えられますが、外部の提携先と連携することも考えられます。生産・製造体制を構築するにあたっては、適切な“ヒト・モノ・カネおよび情報”を揃える必要がありますが、自社のみで賄うのではなく、他社にその一部を求めることもあり得ます。

現地で生産・製造を行う際の具体的な課題のうち、“ヒト”にかかわるものとして、例えば工場立ち上げを引っ張っていける人材がいない、工場の製造ラインに配置する人員が不足しているといったものがあります。“モノ”にかかわるものとしては、外資規制により土地が取得できない、工場に必要な製造設備・機械を調達できないといったものが挙げられます。また、“情報”にかかわるものとして、拠点設立に必要な関連規制がわからないこともあり得ます。

このように、現地での生産・製造にあたり、さまざまな課題があり得るところ、課題の解決にあたり、外部の提携先と連携することも考えられます。例えば、ヒトにかかわる課題については、提携先の現地人材を活用し、工場立ち上げを行うことや、提携先の現地での知名度を活用し人材を採用するこ

とが考えられます。モノにかかわる課題については、提携先の名義を活用し土地を取得することや、提携先の取引先ネットワークを活用し、設備を調達することも考えられます。情報にかかわる課題については、提携先の調査能力を活用し情報を収集することも考えられます。

現地の提携先企業と協力することで、生産・製造に必要な"ヒト・モノ・カネおよび情報"を入手することが考えられますが、その際、生産・製造体制を確固たるものにするためには、質の高い企業と信頼関係を構築した上で実際の提携交渉を行うことが求められる点にも留意が必要です。

d 流　　通

日本を含む先進国では、小売がメーカーを巻き込みながら商品を流通させていく構造が取られており、小売・外食を中心としたネットワーク・商流の構築が望ましいとされている一方、新興国では、メーカーが卸売を巻き込みながら商品を流通させていく構造が取られており、メーカーを中心としたネットワーク・商流の構築が望ましいとされています。

このように、流通の構造が先進国と新興国で大きく異なることも多く、日本の製造メーカーにとっては商流や物流が課題になることも多くあります。このような課題について、現地に進出済の日系のパートナーと連携することで、安定した物流を整備することも考えられますし、また、日系の商社と提携し、日本産品の流通網を構築することも考えられます。

e 販　　売

日本では卸売が販路を開拓する機能を有するところ、卸売にそのような機能を期待できない国では、自ら安定的な販路を開発する必要があります。そのためには、自社のみならず、現地のパートナー企業と販路開拓の計画を立て、実行する必要があります。

販売時に潜む問題点として、食品の英語名がネガティブな印象を想起する例や、宗教を理由に会社名が受け入れられない等、日本では予想していなかったことを理由に、現地での販路拡大が阻まれることがあり得ます。そこ

で、現地の市場において直接または信頼の置けるパートナーを通じ情報を収集し、対策を練ることが重要と考えられます。

f　マーケティング

日本食を食べる文化が根付いておらず、海外展開をしても商品が受け入れられないケースもあります。そこで、「プロダクトアウト」の商品販売ではなく、「マーケットイン」の発想の下、ブランドや食べ方を含めた日本食文化を現地に浸透させるようなマーケティングを行うことが重要と考えられます。

マーケティング戦略を行うにあたっては、顧客が商品の購入に至るまでの段階（認知・関心・欲求・行動）のうち、どの段階に課題があるかを検討し、広告宣伝・人的販売・広報・販売促進等の対策を検討・実行することが求められます。

例えば、消費者にとっての認知度を向上させるためには、CM、展示会・イベントを行うことが考えられますし、商品の内容や特徴の理解を促進させ、関心を高めるために、SNSを利用したマーケティング、看板広告、雑誌広告等を利用することも考えられます。

3　海外展開の各形態の説明

(1)　進出形態による分類

ビジネスモデルによる海外展開方法の区分けについては上記第2節①に記載のとおりですが、進出形態ごとに、以下の4つに分類できます。

① 現地企業との提携（販売店契約、業務・技術提携、ライセンス契約、フランチャイズ契約の締結等、資本関係のない提携方法）

② 現地パートナーとの合弁会社の設立

③ M&Aによる現地企業の買収

④ 自社拠点（営業所、販売店、現地子会社等）の設立

以下、それぞれの進出形態の特徴を説明します。

⑵　**現地企業との提携（販売店契約、業務・技術提携契約、ライセンス契約、フランチャイズ契約の締結等、資本関係のない提携方法）**

　現地企業との提携により海外展開を行う場合、一般的に、資本力が小さくても、海外企業の資金・人材・ネットワークを利用し、海外展開を行うことが可能であり、自社で販売拠点を設ける場合と比べ、現地での事業の立ち上げが容易であるというメリットがあります。ロイヤリティ収入も期待でき、失敗した場合のリスクも、出資を伴わないため小さいといえます。反面、提携先が技術や経営ノウハウ等を流出させる可能性がある、提携先が不振に陥った場合、その対応のための経費と労力が必要となる、提携先の不振のために、提携元の日本企業のイメージが悪化する可能性があるといったリスクも考えられるところです。

　例えば、現地企業との提携の方法として、海外で日本産農林水産物・食品を販売するにあたり、日本（または第三国）で生産・製造した製品を輸出し、提携する販売店を通じ海外で直接販売するパターンが考えられ、この場合には、現地の販売店との間で販売店契約を締結する必要があります。販売店には、自社の商標を利用させることも多いため、商標のライセンスに関する取決めも販売店契約において定める必要があります。

　また、海外展開の際に、現地の事業者と業務提携し、海外展開をスムーズに行うということもしばしば行われます。業務提携の態様はさまざまですが、食農分野においては、ノウハウや技術（以下「ノウハウ等」といいます）を供与する形で現地パートナーに製造を委託する形態が一つの典型例であると考えられます。この場合、自社での製造拠点の立ち上げに比べ、現地事業の立ち上げが容易というメリットがある反面、自社の持つノウハウ等を現地企業にライセンスすることになりますので、重要な技術や秘密の流出防止等の取決めを行う必要があります。なお、契約書等でノウハウ等の流出防止を取り決めた場合であっても、流出する可能性をゼロにすることはできないため、極めて重要なノウハウ等については、現地パートナーには提供しないこ

とも検討する必要があります。

　自社が保有する特許権やノウハウ等の利用を他社に許諾するライセンス契約を締結することも考えられます。海外展開においても、ノウハウ等は競争力の源泉の一つであるため、その獲得・維持には留意すべきところ、自社の有するノウハウ等のうち、特に重要なものをしっかり保護し、活用しながら事業を拡大していくという視点を持つことが重要です。ノウハウ等を基本的には秘匿しつつも、部分的に開放し、ライセンス収入等で収益性を高めていくことも考えられます。ライセンシーは、ライセンスを活用しつつも、自社名義で販売する商品を製造することが一般的です。製造委託を行う場合と比べ、ライセンシーの自由度が高いため、トラブルが発生する余地が大きく、契約の内容を詳細に定めることが必要となります。

　上記のような契約の締結による現地企業との提携にあたっては、大きな初期投資費用がかからず、パートナー企業のノウハウを活用することが可能であるため、事業の立ち上げにあたっての難易度は相対的に低いといえます。もっとも、資本関係にないパートナー企業へのコントロールは契約を通じてのみ行うことになるため、技術やノウハウの流出といったリスクがあります。

　販売店契約およびライセンス契約の留意点については、別途後述⑤で説明します。

(3)　現地会社との合弁会社の設立

　現地のパートナーと共同で出資し、新会社を設立することも考えられます（M&Aの結果、合弁会社を設立するケースもあります）。合弁会社を設立する場合、出資比率次第ではありますが、現地企業との提携の場合に比べ、初期費用は低くないものの、事業の立ち上げにあたって、パートナー企業の販売網やノウハウを活用しやすく、かつ、企業設立に係る現地の法規制の対象となりにくいという利点があります。

　一方、合弁事業は、合弁当事者がそれぞれ強みのある経営資源（資金、設

備・工場、人的資源、情報、取引先、販路、知的財産やノウハウ等）を拠出することにより、相互に経営資源を補完し相乗効果を実現することを目的とすることが多いですが、まずはそのようなパートナーを探し出す必要があります。出資を要請されたパートナーは、当該ビジネスに将来性があるか、出資した場合に大きなリスクにさらされないか、出資に値するリターンを得られるか、等のさまざまな要素を検討するものと考えられ、その交渉に手間が掛かることがそのデメリットとして挙げられます。また、生じた利益を独占できないこと、事業を撤退する場合、合弁会社の株式（出資持分）を処分するか、会社を清算することがその方法として考えられますが、いずれの場合であっても時間・コストが掛かることもデメリットとして挙げられます。

⑷　**海外企業のM&Aによる買収**

海外という新しい市場で事業を拡大したい、既存業者の力を借りたい、販売網を手に入れたいといった狙いがある場合に、現地の会社を買収することにより現地企業に出資することも考えられます。すでに既存の会社が事業を展開していることから、その事業の立ち上げは容易といえます。もっとも、初期費用が高いことに加え、事業を撤退する場合、その株式（出資持分）を処分するか、会社を清算することがその方法として考えられますが、いずれの場合であっても、時間・コストが掛かることは、合弁会社の撤退の場合と同様です。

M&A取引の特徴として、取引の一回性という特殊性ゆえに、将来の継続的な取引関係による信頼関係の担保を図ることが期待できない場合がある点が挙げられます。また、M&A取引による契約（株式譲渡契約書等）は、個別の案件の性質に応じ個別に作成する必要があり、通常の事業活動で使用される取引契約のように、契約類型に応じたひな形をそのまま修正せずに使用するということがほぼ不可能であり、その準備にコストが掛かる点にも留意する必要があります。

(5) 自社拠点（営業所、工場、現地子会社等）の設立

　自社拠点を構える場合、生産・販売ノウハウ等を含む機密情報の外部流出および委託等のコストの外部流出を避けることができます。自社が全ての事業を管理するため、事業の規模を選択でき、現地企業の提携等と比べた場合、現地の統制が行いやすいといえます。

　もっとも、現地企業等の販売網やノウハウを活用することが難しく、出資の負担が大きいといえます。また、業種によっては独資企業の設立が禁止されています。例えば、工場を運営する際には、土地の取得から巨額の設備投資、労働者の採用、許認可の取得等の多くの作業とコストが伴います。新たな国において、工場を運営することの難しさもありますし、工場維持のための費用も掛かります。場所によっては近隣住民の理解を得ることも必要ですし、事業が上手くいかずに閉鎖する場合には、従業員に対する退職金の支払や、工場用地の土壌汚染調査、契約相手との契約の終了等、さまざまな対応が求められることとなります。

　現地企業をM&Aの形で買収し、または自社で現地拠点を設立して現地で従業員を雇用して事業を行う場合、現地でノウハウ等が蓄積されるため、従業員からノウハウ等の流出を防止するために、雇用契約（秘密保持に関する合意書を含みます）を締結し、ノウハウ等を含めた情報の取扱いについて規定する必要があります。特に従業員の秘密保持に関しては、入社時、異動時・プロジェクト参加時、退職時において、それぞれ留意すべき点が異なります。

　従業員との秘密保持に関する合意書の留意点については、別途後述⑤で説明します。

4　海外展開検討時の視点

(1) 事前調査によるリスクの明確化

　上記③において、海外展開の際の具体的な進出形態について説明しました

が、海外市場への参入時の検討が足りず、事業拡大を阻害するケースが散見されます。特にM&Aの場合、業界構造や商習慣が日本と異なることから生じるリスクを、デューデリジェンス（投資・M&A等の際に、投資やM&Aが生み出す事業価値や投資先・買収先のリスクを把握するプロセスのこと。以下「DD」といいます）により事前に洗い出す必要があることに留意が必要です。その検証項目や確認点は、対象の事業や分野（ビジネス・財務・税務・法務等）により異なります。例えば、ビジネスDDにおいては、市場環境や、提携企業の事業計画や組織体制を分析することで、対象会社と提携した際のビジネス面での成長性やリスクを明確化することが目的ですし、財務・税務DDにおいては、提携企業の財務諸表等を分析し、資金繰りの実態や簿外債務の存在の把握等、財務・税務的に大きなリスクを抱えていないかを明確化することが目的となります。一方、法務DDにおいては、提携企業の定款や登記、各種関連契約を分析することで、今後の事業展開において法律的に問題となるリスクが存在するかどうかを明確化することが目的となります。

(2)　現地法規制・知的財産制度の調査と対応

　国内外の法規制が海外展開の障壁になるケースがあるため、関連規制やその変更情報を調査し、必要に応じて対応策を検討する取組が重要です。

　例えば、外資規制が存在し、外資企業に対しての参入が自由化されていない国や法地域もありますし、土地の取得が認められていない地域や、ハラル対応等の日本ではあまり馴染みのない制度も存在します。日本からの農林水産物・食品の輸出の多いアジア地域では、突然法規制が行われるのみならず、知的財産の分野において、明文化されていない運用があったり、当局の法実務が複雑であったりといった事情も考えられます。

　このように、海外と日本では、法制度やその運用、知的財産保護制度が大きく異なるため、事前に調査を尽くすことが望ましいといえます。その対応方法としては、国内の法務・知財部門で担当する、海外拠点が調査する、現地パートナーに依頼する等の方法が考えられますが、専門性が求められる分

野であるため、その調査にあたり、外部専門家を適時かつ積極的に活用することをお勧めします。

　その上で、海外展開のパターンに応じ、必要となる法規制等への対応の仕方を変更することも考えられます。

　例えば、出資を伴わない輸出の場合（商社委託・自社輸出）、自社は生産者・輸出者としての責任のみを負い、現地での流通・輸入・販売に関する法規制への対応は、パートナー（商社、ディストリビューター、広告代理店、小売等）に行ってもらうような契約条件とすることが考えられます。また、現地のパートナーと合弁企業を組成する場合、法規制への対応に関しては、共同出資者が主体的に行うような契約条件となるように交渉することが考えられます。さらに、M&Aで現地会社を買収する場合や、自社拠点を設立する場合（100％出資の場合）、自社リソースで全ての法規制に対応することが必要となるため、現地専門家や知見のあるパートナーとの連携を検討することの重要性が増すものと考えられます。

(3)　食品領域におけるサステナビリティ意識の高まり

　昨今、SDGs（Sustainable Development Goals（持続可能な開発目標）、2030年を目途とした持続可能でより良い世界を目指すための国際目標のこと）を考慮したサステナビリティ経営が大きなトレンドとして存在します。特に欧州においては、第3章で述べたように、サステナビリティ対応政策のロードマップとしての「EUグリーンディール政策」や、農業および食の分野における中核を担う政策である「Farm to Fork戦略」の発表などを受け、サステナビリティ意識の急激な高まりが見られるところです。

　海外事業者のサステナビリティ意識向上のトレンドは継続すると考えられ、海外展開を行う際はサステナビリティに関する動向を注視することが今まで以上に重要になると想定されます。食品領域におけるサステナビリティ関連の課題として、サステナビリティ認証の取得、CO_2排出量の把握・開示、プラスチック容器の削減、サプライチェーンマネジメント等が挙げられ

るところです。

　例えば、サプライチェーンマネジメントについて、米国当局より、2021年
7月13日に、企業に対して、自社のサプライチェーンに中国の新疆ウイグル
自治区での強制労働等に関与する企業が含まれていないかを確認するため、
人権デューデリジェンスを強化することが勧告されており、その取組の必要
性が高まっています[8]。また、欧州委員会および欧州対外行動庁は、同日、
「EU企業が事業活動やサプライチェーンにおける強制労働のリスクに対処す
るためのデューデリジェンスについて」を[9]、2022年2月23日には、「企業
のサステナビリティ及びデュー・ディリジェンス指令案（Directive on corpo-
rate sustainability due diligence)[10]」をそれぞれ公表しています。

　上記のようなトレンドを背景に、パートナーや販売先・調達先等を含めた
サプライチェーン全体での人権保護・環境保全・法令遵守を求める企業が増
加していますが、パートナーの管理や調達先の切替えは、会社の事業に多大
な影響を与え、一朝一夕にできるものではないため、取組が難しい課題とい
えます[11]。

5　関連契約の概要の説明

⑴　各契約を取り上げる意義

　上記③において、海外展開にあたり、現地企業と販売店契約、業務・技術
提携契約、ライセンス契約等を締結することがあることを紹介しました。本
パートでは、その中から、現地企業と販売店契約およびライセンス契約を締
結する際の留意点として、日本企業が海外において農林水産物・食品の販売

8　https://www.state.gov/wp-content/uploads/2021/07/Xinjiang-Business-Advisory-
　13July2021-1.pdf
9　https://trade.ec.europa.eu/doclib/docs/2021/july/tradoc_159709.pdf
10　https://ec.europa.eu/info/sites/default/files/1_1_183885_prop_dir_susta_en.pdf
11　さまざまな食品企業の取組について、「SDGs×食品産業」として、農林水産省のウェ
　ブサイトで紹介されています。https://www.maff.go.jp/j/shokusan/sdgs/index.html

を行う際、特に知的財産権・ノウハウ等の保護の観点から留意すべき点を取り上げます。

　また、前述のとおり、現地企業をM&Aの形で買収するか、自社で現地拠点を設立して現地で従業員を雇用する場合、従業員からのノウハウ等の流出を防止するために、秘密保持に関し合意することが重要です。そこで、従業員との雇用契約等のうち、秘密保持に関するものについても、その留意点を説明いたします。

⑵　販売店契約

a　概　　論

　海外市場において農林水産物・食品を販売する際のビジネスモデルの一つとして、日本または第三国で製造した商品を現地に輸出し、提携する販売店を通じて販売するパターンが考えられ、この場合、製造業者等の日本企業は、現地の販売店との間で販売店契約を締結することとなります。販売店には、日本の製造業者の商標を利用させることも多いので、商標のライセンスに関する取決めも、この契約書内で行う必要があります。

　なお、「販売店契約」とは、販売店が、商品を供給する者（メーカー等のサプライヤー）から商品を購入し、自己の名で購入した当該商品を販売するための継続的な契約を指すものとして使われることが多いものと考えられます。他方、「代理店契約」とは、代理店が（メーカー等の）本人と第三者との間に成立する売買契約において、本人のために販売促進活動を行うものとして使われることが多く、代理店自身が売買契約の当事者にならないという違いがあります。

　もっとも、本パートでは、上述のとおり、日本企業が海外において農林水産物・食品の販売を行う際、特に知的財産権・ノウハウ等の保護の観点から留意すべき条項を取り上げることを目的としており、そのような目的の下では、「販売店契約」と「代理店契約」とを区別する意義は特段ないものと考えられます。そこで、以下の説明は、販売店契約を念頭に置いたものではあ

りますが、海外の代理店と契約を締結するにあたっても活用できる内容としています。

b　秘密保持条項

　現地で販売店となるパートナーが見つかり、正式に取引を開始する場合、その取引に関連する契約において秘密保持条項を定めるのが通常です。ビジネスパートナーとなる販売店候補との交渉では、お互いの企業情報や製品情報を開示して、検討や協議を重ねた上で取引を行うため、その過程で、お互いの秘密情報（価格、製品サンプル、取引先情報等）を提供することがあります。協議の結果、希望する取引条件の開きが大きく、取引しないこともあり得ますが、この場合、販売店契約はいまだ締結していないこととなります。そのため、販売店候補と、実際の取引開始前に秘密情報を開示する場合には、販売店契約とは別途秘密保持契約を締結すべきものと考えられます。

　販売店契約の中で秘密保持条項を規定することも考えられます。食品企業は、自社の技術について権利化することなく、ノウハウとして秘匿することも多いところ、ノウハウは、秘密に管理されている限りにおいてその価値を保持することができ、また、一定の要件を満たす場合にのみ法的保護を受けることができます[12]。そこで、ノウハウを他社に開示する際には、秘密管理の観点から、秘密保持条項を規定することが不可欠です。

c　商標のライセンス

　現地で農林水産物・食品を販売・マーケティングするにあたっては、日本の製造業者（ライセンサー）の農林水産物・食品の商標権を現地の販売店（ライセンシー）に利用させることも多く、その場合、商標権のライセンスが必要となります。なお、自社の現地グループ会社が販売店機能を持つ場合であっても、商標のライセンスにあたっては契約を締結する場合もあります。

　この場合、製造業者は、販売店に対し、その使用を許諾する対象の商標権

---

[12]　日本では、不正競争防止法において、①有用性、②非公知性、③秘密管理性を満たす場合にのみ、営業秘密として保護されることとなります（同法2条6項）。

図表5－1　商標のライセンス

専用実施権	独占的通常使用権	非独占的通常使用権
・設定行為で定めた範囲内で指定商品または指定役務について登録商標を独占排他的に使用し得る権利。 ・専用実施権を設定した場合、商標権者であっても実施ができず、この範囲と重なるような専用実施権や通常使用権を設定できなくなる点に留意する必要がある。	・設定行為で定めた範囲内で指定商品または指定役務について登録商標の使用をする権利。 ・当該実施権者（販売店）にしか実施権を認めないと契約等で定めたものを「独占的通常実施権」という。	・設定行為で定めた範囲内で指定商品または指定役務について登録商標の使用をする権利。

を特定する必要があります。商標権の登録番号と商標の内容による特定の他に、指定商品・役務の内容を明記することもあります。また、ライセンスの範囲は、期間、地域、対象商品・役務、使用態様等によって特定されることが多いです。

　商標権は、登録により権利が発生します。ライセンスは、①通常使用権と②専用実施権に分かれ、さらに、①通常使用権は独占的通常使用権と非独占的通常使用権に分かれます。その内容については図表5－1のとおりです。現地の販売店の起用にあたり、特定の販売店にのみ商標を利用させる必要性が特段なければ、非独占的通常使用権を設定することで足りるものと考えられます。

d　契約終了時の留意点

　販売店との契約終了原因として、販売店の債務不履行が原因で販売店契約を解除する場合よりも、商品の販売が伸びず、販売店のパフォーマンス不良（販売不振）を理由に製造業者が販売店契約の解除を希望することが多いともいわれています。販売不振について、基準がはっきりしていなければ、解

除原因に該当するかが争いになり、契約を解除できない可能性があるため、販売店に期待する販売数量を別途契約に明記することが製造業者としては重要であるものと考えられます。

　債務不履行に該当する場合、契約の定めに従い解除することが認められますが、サプライヤーに対して経済的弱者であることが多い販売店を保護するための代理店保護法（後述します）が適用される国もある点に留意が必要です。

　債務不履行には該当しないものの、販売店のパフォーマンスにつき製造業者が満足していない場合、契約期間の満了時に当該販売店との契約を更新しないこととなります。契約に定める不更新の通知を、契約上の期限内に送付すれば、契約期間満了時に契約は原則終了しますが、契約期間が長期にわたる場合や、製造業者の商品の販売のために販売店が投資をしている場合には、予告期間を長く設定することや、場合によっては補償を求められる点にも留意が必要です。

　販売店契約特有の問題として、契約の解除への制限があります。一般的には、製造業者は販売店に比べて力関係が強い場合が多く、販売店契約のように継続的な契約を終了させる場合、販売店保護の観点から、製造業者からの解除権の行使が制限されたり、解除にあたり一定の補償を認められたりすることがあります（場合によっては一方的な契約解除は独占禁止法違反の問題も生じ得ます）。国によって販売店契約の解除に対する保護法制は異なります。日本から農林水産物・食品が多く輸出されるアジア地域では、販売店に対する保護が強いという特色はないものと考えられ、原則、契約どおりの解除の効力が認められるため、契約条項の内容が非常に重要となります。他方、EU諸国や中南米では、自国の販売店保護のため、いわゆる販売店（代理店）保護法が制定されている国が存在します。そのような国では、販売店との契約を一方的に解除すると、販売店保護法に基づき巨額の損害賠償請求がなされる等、想定外のトラブルに巻き込まれる可能性もあります。販売店保護法

の定めは、当事者間の合意を問わず適用されるため、契約で「○○国の販売店保護法は適用されない」と定めた場合であっても、その適用を排除することはできないものと考えられます。そのため、進出国において販売店保護法が制定されているか、どのような内容かについて、あらかじめ検討することが必要となります。

(3) ライセンス契約

a 概　要

ライセンス契約は、育成者権や特許権の知的財産権や、ノウハウ等の知的財産の所有者（ライセンサー）が、使用者（ライセンシー）に、利用権（実施権・使用権）を許諾する契約です（商標のライセンスについては、上記(2)c参照）。ライセンス契約を締結する場面として、例えば、現地で加工食品を生産し、その国での販売または第三国輸出をしたいと考えており、現地での食品製造のノウハウ等を有する現地食品メーカーと提携することを検討しているような場面が挙げられます。このような場合、加工食品の生産にあたり自社のノウハウ等が必要な場合、現地の食品メーカーにノウハウ等をライセンスする必要がありますが、自社のノウハウ等が流出しないように厳重に管理する必要があります。

ライセンシーにノウハウ等を活用してもらうことで、日本企業の海外展開に役立てることができますし、利用（実施・使用）許諾によるライセンス収入を得ることで、知的財産権に関する出願・維持費用やこれまでの研究開発費を回収し、さらに今後の研究開発を推進するための原資の一部となる場合もあり得ます。

ライセンス契約の下では、ライセンシーはライセンスを活用しつつも、自社名義で商品を製造し、販売することが一般的であり、製造委託を行う場合と比べ、ライセンシーの自由度が高い分、トラブルが発生する余地も大きい点に留意し、契約の内容を詳細に定めることが必要となります。

以下、ノウハウ等の漏洩防止等の観点から特に留意が必要な事項を説明し

ます。

b　秘密保持条項

　ライセンスを受けても、技術力等がなく、実施できないというのでは意味がないため、ライセンス交渉にあたっては、ライセンシーがライセンスを受けて事業に活用できるかや、ライセンス料の前提としての事業収支等を検討する必要がありますが、そのために、営業秘密をやり取りすることがあります。この段階では、まだライセンス契約は締結されていないものの、ノウハウ等の保護のため、ライセンス契約の事前交渉段階として、ライセンス契約とは別途、秘密保持契約を締結する必要があります。

　また、ライセンス契約において、秘密保持条項を規定することも行われます。販売店契約と同様、食品企業は、自社の技術について権利化することなく、ノウハウ等を秘匿することも多いところ、ノウハウは、秘密に管理されている限りその価値を保持することができ、また、一定の要件を満たす場合にのみ法的保護を受けることができます。そこで、ノウハウを他社に開示する際には、秘密管理の観点から、秘密保持条項を規定することが不可欠です。情報漏洩リスクを最小限にするために、ライセンス契約の締結を秘密情報とすることも必要となってくるため、契約の存在自体も秘密情報である旨を定めることが考えられます。

　ライセンス時には、ライセンス対象となるノウハウ等に加え、ライセンス対象のノウハウ等ではないものの、これらの活用に必要なノウハウ等を秘密情報として指定した上で、ライセンシーに提供するということも行われています。そこで、営業秘密や秘密情報の保護を適切に行い、契約先に提供した情報が不当に利用されることのないようにする必要があります。

　また、営業秘密を受け取った契約先が自社と競合する事業を行う可能性がある場合には、契約先に対して秘密保持や目的外使用禁止の義務を課すことにより、そのような行為を抑止・禁止することが必要です。

c ライセンス契約の交渉

契約の交渉にあたり、契約書の構造、内容、交渉ポイントについて十分に理解する必要があります。製品や品種、販売地域、期間、ライセンス料をどのようにするかはビジネスモデルによるため、事業全体の方針・戦略、対象の技術や製品についての知見を理解する必要があります。また、ライセンシーについて、「良きパートナーとなり得るか」という観点から契約先を選定し、相互の信頼関係を構築することが重要です。

d ライセンスの対象・内容・範囲

ビジネスモデルに対応して、ライセンスの対象・内容・範囲を明確に定める必要があります。ライセンス対象となる知的財産権（どの特許・登録品種なのか、当該特許等に複数の発明が含まれる場合には、どれか）、許諾の範囲（製造・販売だけか、輸出もできるか等）、対象地域、販売地域、契約期間（更新の有無、更新時期）、契約の終了条件、実施権等の種類（専用実施権、独占的通常実施権、非独占的通常実施権等）、ライセンサーからのノウハウ提供の有無や提供方法、再実施許諾権（サブライセンス権）や製造委託の可否や認める場合の条件等について検討する必要があります[13]。

ノウハウ・特許のライセンスにあたっても、専用実施権と通常実施権のいずれをライセンシーに付与するかを検討する必要があります[14]。専用実施権と通常実施権のいずれを許諾するかは、さまざまな要素を考慮する必要があります。場合によっては、特定の事業者に独占的に実施させる方が、商品化・事業化に有効な場合や、速やかかつ広範な利用につながるような場合もあります。

特許を取得していないノウハウの場合には、特許のように登録番号での特

13　農林水産省「農林水産業・食品産業の公的研究機関等のための知的マネジメントの手引き」（令和4年3月改訂）
14　専用実施権、独占的通常実施権および非独占的適用使用権の内容については、図表5－1も参照ください。

定は難しく、またノウハウの内容自体を契約書に記載することは、漏洩につながるおそれがあるので、契約書上での特定が難しいという問題があります。そこで、ノウハウを別途の技術文書にまとめ、当該技術文書の名称でもって特定を行う、またはノウハウが使用されている商品名で特定するといった方法も考えられます。

⑷ 従業員との雇用契約（秘密保持に関する合意書）

従業員の秘密保持に関しては、入社時、異動時・プロジェクト参加時、退職時において、それぞれ留意すべき点が異なります。

a 入社時

入社時は、従業員に対して秘密保持義務を負わせる重要なタイミングの一つです。従業員に秘密保持義務を課す具体的方法としては、①秘密保持契約の締結、②就業規則における秘密保持義務の規定、および③秘密保持に関する誓約書の提出等が考えられます。

秘密保持契約等で従業員に秘密情報の適切な管理を義務づけた場合であっても、その適切な管理を具体的に行うためには、情報管理規程を作成し、秘密情報の管理に関するルールを定める必要があります。

情報管理規程では、主に①適用範囲（正社員、パート社員、派遣社員等、どこまでを対象に含めるのか）、②秘密情報の定義（いかなる情報を「秘密情報」に含めるのか）、③秘密情報の分類（管理の厳格性に応じた秘密情報の分類）、④秘密情報の管理体制（管理責任者の指定やその管理権限等）等が定められます。

また、秘密情報の管理の実効性確保のためには、上記に加えて、作成した情報管理規程の内容を従業員が十分に理解した上で、適切に履行してもらうことが必要です。そのため、情報管理規程に関する説明会を従業員に対して実施する等、従業員に情報管理規程の内容を十分に理解してもらうことが重要です。

b　異動時・プロジェクト参加時

入社時においては、各従業員が具体的にどのような情報にアクセス可能となるのかが明らかではないため、秘密保持義務の対象となる情報を限定することができず、その規定も包括的な記載にとどまります。しかし、いかなる情報について秘密保持義務を負っているのかが明確でない場合、後々トラブルを招きかねません。そのため、異動時や特定のプロジェクトへの参加時に、対象となる情報を特定した上で、秘密保持契約または秘密保持に関する誓約書等により、改めて秘密保持義務を負わせることが望ましいものといえます。

c　退　職　時

退職時の秘密保持義務について、入社時に秘密保持契約（雇用契約）または秘密保持の誓約書において規定していた場合でも、上述のように、入社時では秘密保持の対象となる情報は包括的にならざるを得ないため、退職時において、秘密保持の対象となる情報を明確化した上で改めて秘密保持契約または秘密保持の誓約書の締結・提出を求めることが望ましいといえます。また、退職時に改めて秘密保持契約または秘密保持の誓約書の締結・提出を求めることで、当該従業員に対して秘密保持義務の存在を明確に認識させることができる点でも有益と考えられます。

海外展開における
知的財産の保護と活用

1 　農林水産物・食品のブランド保護（商標制度・地理的表示保護制度）

(1)　なぜ農林水産物・食品のブランド保護が必要か

　事業者が自ら開発した製品を販売する際、他社の製品との差別化を図り、自社製品の認知度を上げるために商品名を商標として保護することや、自社製品の開発技術を特許として保護し、他人が無断で技術を利用することを防止することが一般的です。農林水産物・食品についても、事業者が開発した技術や商品を知的財産として保護する必要性は高く、そのような取組を行うことは、当該農林水産物・食品を他の商品と差別化し、その品質の高さを売りに商品を市場に浸透することにつながります。

　農林水産分野や食品産業分野にかかわる知的財産としては、種苗法に基づく育成者権や、特定農林水産物等の名称の保護に関する法律（平成26年法律第84号。以下「GI法」といいます）に基づく地理的表示、地域団体商標の他、栽培方法や独自の資材等の発明を独占排他的に利用できる特許権、商品のマークを独占排他的に使用できる商標権等が該当します。農林水産・食品分野における知的財産の活用等の方向を定めた「農林水産省知的財産戦略2025」においても、それぞれの知的財産には、それぞれ異なった役割があるため、育成者権、地理的表示、特許権、商標権等の知的財産を組み合わせて活用し、ブランド力を向上することが重要であるとの考えが示されています[15]。

図表 5 - 2　知的財産が有する機能

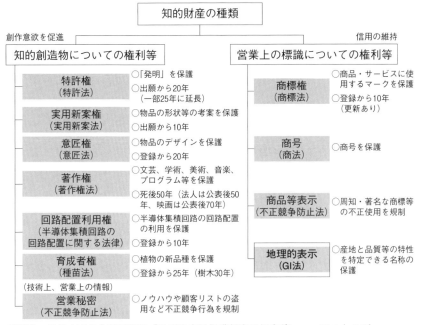

（出所）　農林水産省食料産業局「地理的表示保護制度登録申請マニュアル」7 頁

　本パートでは、知的財産の中から、農林水産物・食品のブランド保護のための制度として、商標制度および地理的表示保護制度（GI制度）を取り上げます。

　自社の商品に使用するマークを他社と差別化したい場合や、産品の名称を保護したい場合には、商標権を取得することでその名称等を独占的に使用する権利を得ることができます。もっとも、地域に根付いた産品を活用して利益を得たい場合、商標権には当該特性を有することを証明する機能はないため、別途、地理的表示保護制度を利用することが必要となります。このよう

15　農林水産・食品分野での知的財産の活用等の方向を定めた「農林水産省知的財産戦略2025～農林水産・食品分野の知的財産の創出・保護・活用にむけて～」（令和 3 年 4 月30日、農林水産省。以下「農林水産省知的財産戦略2025」といいます）12頁。

に、知的財産権を活用するためには、個々の知的財産権が有する機能をよく理解することが重要です[16]。

(2) 商標制度[17]

a なぜ商標の出願・登録が必要か

農林水産物や食品の輸出が進む中で、我が国の地名を含むブランド産品の名称に関連する商標が、当事者とは無関係の第三者により複数国で出願され、模倣品が広く販売されている実態が見受けられます。また、輸出拡大が期待される果樹の苗木が中国に流出し、中国で日本語の表記により日本産品のように販売されたり、同じ音声で発言する中国語の当て字を含む商標が出願される等の事態が起きています。さらに、我が国のブランド産品の中には、東南アジア各国において、中国産の模倣品が販売されている事例も確認されています。このように、我が国の地名やブランド産品の名称、地名と図形を組み合わせたロゴマーク等の冒認出願や模倣品が大きな問題となっています[18]。

模倣品被害を防ぐためには、商標の出願・登録が不可欠です。商標出願を行い、権利として登録されて初めて、模倣品に対して摘発や損害賠償請求等の権利行使が可能となるためです。もっとも、世界の多くの国では、商標の効力につき登録主義（実際の使用の有無を問わずに一定の要件を具備する商標を登録し、商標権を付与すること）、属地主義（その国の範囲内でのみ保護されること）が採用されているため、日本の商標権の効力は日本国内にのみ及びます。進出先国が登録主義[19]を採用している場合、当該国において商標の保護

---

16 農林水産省食料産業局「地理的表示保護制度登録申請マニュアル」8頁
17 「事例から学ぶ商標活用ガイド」など、特許庁からさまざまな説明資料が出されているので適宜参照いただくことをお勧めいたします。https://www.jpo.go.jp/resources/report/sonota-info/document/panhu/trademark_guide.pdf
18 農林水産省知的財産戦略2025 12頁
19 日本では、商標登録を受けるためには、特許庁に出願をすることが必要であり、同一または類似の商標の出願があった場合、その商標を先に使用していたか否かにかかわらず、先に出願した者に登録を認める先願主義という考え方を採用しています。

するためには当該国で商標登録を行う必要があります。

b 「守り」の商標出願

日本企業の商標について、外国において、権利者に先んじて冒認登録されてしまうケースが多くあります。商標制度については各国内容が異なりますが[20]、先に出願した者に権利を付与する「先願主義」が採用されている国では、冒認出願であっても、当該国で権利として登録されている以上、その登録の範囲内で商標を利用すれば、本来権利を有している日本企業も商標権侵害の責任を負うこととなりかねません。このように冒認登録された商標に対し、無効審判請求等の対抗手段を取ることも考えられますが、実際に権利を無効化するのは簡単ではなく、相当程度の費用および時間が掛かります。冒認出願は、本来権利を有している日本企業が当該国において商標を出願していれば防げるため、早期に出願を行っておくことが重要です[21]。

また、海外で日本産の農林水産物・食品を販売するにあたり、現地の販売店との間で販売店契約を締結し、販売店を通じ現地で直接販売する事例においては、販売店その他の業務提携者による冒認出願もよく見られるところです。販売店等の業務提携者による商標の使用が法令やライセンサーの基準に沿うものかどうかも、商標権の維持に直接影響を及ぼすため、販売店契約につき、知的財産の分野に詳しい弁護士にチェックしてもらうことをお勧めいたします。

c 「攻め」の商標出願

進出先国で実際に使用する商標については、出願を行うべきといえます。第三者に商標出願された場合、本来の商標の所有者が当該国で事業展開を図る際にその商標を使用できなくなる可能性があるため、当該国でのビジネス展開を想定している場合には、早期に商標出願を行うことが非常に重要で

---

20 特許庁のウェブサイトから、各国の制度の概要についての情報を入手することができます。https://www.jpo.go.jp/system/laws/gaikoku/document/mokuji/4syouhyou.pdf
21 出願の前後のみならず、冒認商標の有無を定期的に観察することが推奨されます。

す。そこで、日本でのビジネス展開に合わせ、グローバルな事業戦略を立て、早期に商標出願を行うことが重要です。

商標出願を行う際、出願戦略にも留意する必要があります。例えば、進出先国において自社のブランド価値を確立するためには、当該国の消費者が覚えやすく、親しみを持ってもらいやすい商標を採用するという視点が重要となります。国によっては、日本語をそのまま英語表記した文字のみならず、現地で使用されている文字の商標を出願することも考えられます。

商標出願は、商標とともに、その商標を使用する商品（またはサービス）を特定して行います。自社がその商標を使用する商品はもちろん、関連性のある商品についての出願を検討することが推奨されます。

d　商標登録の課題

海外で商標を出願・登録するにあたり、登録前から登録後まで、さまざまな課題が存在します。

例えば、登録前の課題として、取りたい商標がすでに登録されている、登録までに時間が掛かる、複数カ国への対応が発生する、登録の可否について国ごとに独自の判断基準が存在するといったものが考えられます。登録時の課題として、商標の指定商品の分類が国によって異なる、ひらがなや漢字だと、登録国の国民にとっての識別力がないとして、登録ができないケースがある、商標ライセンスに関する運用が国によって異なるといったものが考えられます。また、登録後の課題として、新商品開発等により登録した権利範囲を超えてしまう、侵害・流出が起こった際にさまざまな対応が必要となるといったものが考えられます。

まず、登録を行う前に、商標の出願・登録にあたっては一定のコストを要するため、どの国において商標登録を行うかを検討する必要があります。例えば、生産国、流通経由国、販売国での商標登録を検討することとなりますが、全ての販売国ではなく、販売高が多い国や地域で先行して商標登録を行うことも考えられます。その上で、取りたい商標がすでに登録されている場

合には、登録の違法性や形骸化を当局・裁判所に訴える、買取交渉をする、別のブランドを立ち上げるといった対応策を採ることが考えられます。

　また、商標の登録後、その侵害・流出が起きた際には侵害行為の差止請求や損害賠償請求、信用回復のための措置を求めること等、さまざまな対応が必要となるところ、外部専門家に相談し、対応手段の検討および実際の対応を行うとともに、日頃から同業他社と情報の連携をしつつ、ロゴ等の侵害事例がないかについて確認することも考えられます。

e　地域団体商標制度（参考）

　商標登録の要件として、商標が商品または役務の出所を表示し、他人の商品または役務と区別する特性（識別性）を有する必要があるところ（商標法3条）、例えば、「○○（地域名）の◇◇（商品名）」のように、地域名と商品名の組合せは、本来、「誰かの商品（または役務）である」（＝他社の商品（または役務）と区別する）ことを示す性質を欠くため、商標登録を受けることは困難です。そこで、地域団体商標制度の創設前は、その商品の産地名等を普通に用いられる方法で表示する標章のみからなる商標（産地名と商品名だけから構成される商標等）は、原則として登録を受けられませんでした[22]。これは、誰かが「○○（地域名）の◇◇（商品名）」を商標として登録してしまうと、他者が「○○（地域名）の◇◇（商品名）」を使うことができなくなってしまうところ、「○○（地域名）産の◇◇（商品名）」という意味のみを有する識別力の弱い言葉を特定の者に独占させるべきではない、という考え方によるものです。

　しかし、海外展開を考える際、「地域名と商品名」からなる商標であっても、地域ブランド[23]として国に保護されているとのお墨付きをもらったという点をアピールすることで、取引の際の信用度の増大や商品・サービスの訴

22　例外的に、「夕張メロン」のように全国的に著名となったものは登録を受けられましたが、そこまで著名となっていない地域ブランドについては、産地名と商品名の組合せでは商標登録ができませんでした。

図表 5 - 3　我が国の地理的表示保護制度と地域団体商標制度の比較

	地理的表示保護制度（日本）	地域団体商標制度	備　考
保護の対象	生産地域とつながりを持つ品質等の特性を有する農林水産物・食品（特定農林水産物等）の名称で、生産地・特性を特定できるもの	「地域の名称」＋「商品または役務の名称」からなる商標で、需要者に広く認識されているもの	地域団体商標の場合、生産地域と特性との実質的なつながりは求められない地理的表示の場合、産地が特定できれば、地域名を含まなくともよい
保護水準	登録された特定農林水産物以外の産品についての地理的表示およびこれに類似する表示の使用禁止	指定商品またはこれと類似する商品への登録商標およびこれと類似する商標の使用が権利侵害	
品質・生産等の基準	品質・生産等の基準を明細書として定める（保護の要件）明細書の内容は公示	品質・生産基準を定めることは保護の要件ではない	地理的表示保護の場合、基準設定が必須
基準遵守の体制	生産者団体が農林水産大臣の審査を受けた生産行程管理業務規程に基づきチェック	基準遵守の体制を取ることは保護の要件ではない	地理的表示保護の場合、基準遵守の体制が必須
偽物等に対する対応	農林水産大臣の措置命令、命令違反の場合の罰則	原則権利者が行う差止請求、損害賠償額の推定等に関する規定あり	地理的表示保護は行政中心だが、地域団体商標では権利者自らが対応で大きく異なる
差止請求、賠償額の推定等の規定	規定なし	規定あり	
名称を使用できる者	生産行程管理業務を行う生産者団体（追加可能）の構成員たる生産業者および当該者から直接・間接に産品の譲渡を受けた者	権利者（組合等）およびその構成員先使用者、権利者の許諾を受けた者も使用可能	地域団体商標は、権利者（およびその構成員）に排他的使用権を与える仕組み
特別のマーク	特別のマーク（省令で定められる）の使用を義務づけ	特別のマークはない	登録された地理的表示であることがマークにより明確化される
存続期間	無期限	10年（更新可能）更新の都度、手続、更新料必要	更新料は、指定商品・役務の区分ごとに、4万8,500円

（出所）　農林水産政策研究所セミナー「地理的表示法と地域ブランド化～新たに導入される地理的表示保護制度の活用に向けて～」（平成26年11月11日）配布資料、農林水産政策研究所企画広報室企画科長・内藤恵久「我が国における地理的表示保護制度の創設―EU制度、地域団体商標制度との比較と地域ブランド構築に向けた今後の活用―」（平成26年11月11日）22頁

求力の増大につなげることができます。そこで、農協や漁協等の組合、商工会、商工会議所、NPO法人等、その地域の生産者が加入できる団体に対して、商標登録を認める地域団体商標制度があります（商標法7条の2）。(3)で後述するGI制度との相違については、図表5－3を参照ください[24]。

地域団体商標制度、GI制度ともに、農林水産物・食品の地域ブランド保護の仕組みであり、それぞれの状況に合わせ制度を選択・活用することを通じ、地域ブランドの構築に活用することが考えられます。

⑶ 地理的表示保護制度

a はじめに

農林水産省知的財産戦略2025において、GI制度について、認知度向上、2029年度までの200件の産品のGI登録、生産者団体による品質・ブランド価値の向上や販売拡大等の取組促進等、GI制度の持続的発展に向けた取組を推進することとされています[25]。GI登録された産品には、模倣品の排除だけでなく、担い手の増加や取引の拡大等の副次的効果[26]も現れているところであり、農林水産物・食品等の適切なブランド化の取組の推進や需要者の信頼確保、農林水産事業者・食品事業者が本来得るべき利益の確保が期待されるところです。GI制度は、農林水産物・食品等のブランドについて、戦略やストーリーを作って展開するためのツールの一つとして有効であると考えられています。

---

23 地域ブランドの定義や「農林水産物・食品の地域ブランドの目指すべき姿」について、「農林水産物・食品の地域ブランドの確立に向けて（地域ブランドワーキンググループ報告書）」（平成20年3月14日、農林水産省知的財産戦略本部専門家会議 地域ブランドワーキング・グループ）も参照ください。

24 農林水産政策研究所企画広報室企画科長・内藤恵久「我が国における地理的表示保護制度の創設―EU制度、地域団体商標制度との比較と地域ブランド構築に向けた今後の活用―」（平成26年11月11日）26頁 https://www.maff.go.jp/primaff/koho/seminar/2014/attach/pdf/141111_02.pdf

25 農林水産省知的財産戦略2025 11頁

26 GI制度への登録により、価格上昇に寄与している点の実証結果も出されています。八木浩平「地理的表示保護制度への登録が価格に与える影響の分析」農林水産政策研究所レビュー（Primaff Review）No.99（2021年1月）

b　GI法とは

　地理的表示（GI：Geographical Indication）[27]とは、農林水産物・食品の名称で、その名称から当該産品の産地を特定でき、産品の品質等の確立した特性が当該産地として結びついていることを特定できる名称の表示をいいます（GI法2条3項）。日本をはじめ世界中に、地域の自然条件や歴史・伝統と結びついた特徴を有する、いわゆる地域ブランド産品が多くあるところ、このような産品の名称は、その地名と結びついていることが多く、その産品の評価が高くなればなるほど、その地域と全く関係がない地域で作られた産品や

図表 5－4　登録可能な産品（農林水産物等の範囲）

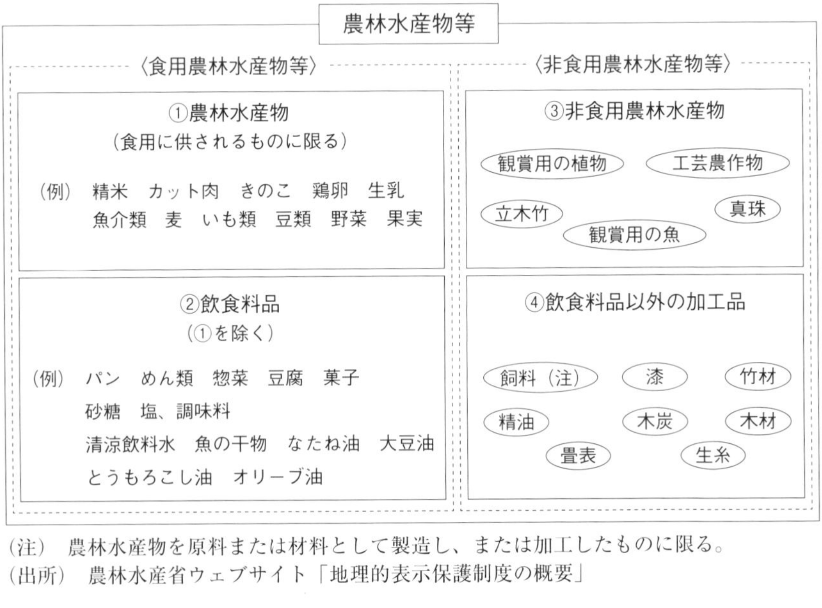

（注）　農林水産物を原料または材料として製造し、または加工したものに限る。
（出所）　農林水産省ウェブサイト「地理的表示保護制度の概要」

27　TRIPS協定において、「地理的表示」とは、「ある商品に関し、その確立した品質、社会的評価その他の特性が当該商品の地理的原産地に主として帰せられる場合において、当該商品が加盟国の領域又はその領域内の地域若しくは地方を原産地とするものであることを特定する表示」（22条1項）と定義されています。

その産品特徴を備えていない産品でも、その地域の産品であるかのような名前で販売されることがあります。GI制度は、このような問題に対応するために、産品の名称を知的財産として保護するための制度です。その目的としては、GI法に基づく登録がされていない産品の名称使用を規制することによって、産品の価値に対するフリーライドを防止し、登録産品の生産業者の利益保護を図ることおよび、GI制度により、消費者が、GIが使用された産品を購入することができ、表示を信頼した消費者の利益保護を図ることにあります。

GI法の登録対象は、以下の産品であり、酒類や医薬品は対象外です（同法2条1項)[28]。

c GI法に基づく登録の効果

GI法に基づく産品が登録された場合、GI登録産品を販売等する者は「地理的表示」を使用できますが、それ以外の者による地理的表示の使用は類似表示等を含めて原則として規制されることとなります（同法3条1項）。また、GI法に基づく産品が登録された場合、規制の対象となる行為には、GI登録産品だけでなく、その包装や広告（インターネット広告を含みます）、価格表や取引資料に「地理的表示」を使用することも含まれます。なお、GI登録産品を主な原材料にした場合、その食品にも当該GIを付すことができ、保護の対象になります（同法3条2項1号）。

d 海外における日本の地理的表示の保護

日本のGI法は日本においてのみ効力を生じるため、後述する相互保護のない国においては、日本のGI登録産品は海外では保護されません[29]。特別の保護制度を設けて地理的表示保護を行う国は、EUを含め100カ国以上あり、GI登録制度のある外国においてGI登録を行うことで、当該外国のGI登録制度に基づく保護を受けることができます。なお、当該外国が、日本と当該外

---

28 農林水産省ウェブサイト「地理的表示保護制度の概要」

国との間の相互保護に関する国際約束により、後述する相互保護を行っている場合には、当該国際約束の範囲内で、当該外国におけるGI登録手続を経ることなく、当該外国において日本で登録したGIについての保護を受けることができるようになります。

このようにして、日本産の農林水産物・食品を輸出する場合、当該国のGI登録制度を利用し、GI申請を行うことを検討することが考えられます。それにより当該国の"お墨付き"を得た品質や生産方法を守る「本物」が市場に流通することになり、他の同種産品との差別化が図られ、GI登録産品の当該国における市場価値が高まることが期待できます。

例えば、日本でGI登録されている「宮崎牛」について、A国のレストランで、A国産の牛肉を利用しているカレーを「宮崎牛カレー」として販売している場合、日本のGIを不正利用していることとなりますが、日本とA国との間で相互保護がない場合、「宮崎牛カレー」につき、そのGIとしての使用の中止を求める等の対応を行うことができません[30]。A国の制度上GI登録が認められ、「宮崎牛」についてA国においてGI登録がなされれば、当該GIはA国のGI法の下で保護されることとなり、GIを不正利用された場合、A国の法制度に従い、救済を得ることができるものと考えられます。

e　相互保護

平成28年12月のGI法改正により、条約等の国家間の国際約束により、海外のGI産品の相互保護を可能とする規定が創設されました。我が国と同等

29　TRIPS協定により、世界貿易機関（WTO）の加盟国は、同協定中に定める地理的表示の国内的実施の義務を負うものの、これは、地理的表示の国内的保護についての国際基準を定めるのみであり、他国において地理的表示の保護を受けるには、当該国の法制度に従うことになるものとされています（森山義子「地理的表示に関する各国の法制度―アジア、米国、欧州における制度と運用―（第1回）地理的表示保護制度の概要」国際商事法務2010年6月15日号）。

30　もっとも、日本とA国がともにTRIPS協定の締約国であれば、A国は、GIを含む商標の登録を拒絶する必要があるため（TRIPS協定22条3項）、もしA国の事業者が「宮崎牛カレー」についてA国で商標登録を行おうとする場合、A国はその商標を拒絶する必要があることになります。

水準と認められるGI制度を有する外国とGIリストを交換し、当該外国のGI制度に基づいて、所定の手続を行った上で農林水産大臣が指定する手続を行うことで、日本では、外国のGIを保護し、模倣品の排除による誤認・混同が禁止されることとなります。また、外国では、日本のGIが保護され、日本の生産者によるGI登録の負担が軽減され、かつ当該外国で日本の農林水産物・食品がブランド化されることの一助となるものと考えられます。

　2019年2月1日に日EU・EPAが発効し、協定に基づき日本の47の農林水産物等がEU域内でEUの法令により保護され、他方で、EUの71の農林水産物が日本において日本のGI法により相互に保護されてきました[31]。また、2021年2月1日に保護産品が追加されています[32]。同様に、2021年1月1日、日英EPAが発効しました。さらに、農林水産省は、タイおよびベトナムとのGIの相互保護に向けた協力を進めており、例えば、日本のGI産品である「鹿児島黒牛」「市田柿」がベトナムにおいて、「東根さくらんぼ」がタイにおいてそれぞれ登録されています。また、ベトナムのGI産品である「ルックガン　ライチ」等が日本のGI保護制度において登録されています。

f　GI産品の輸出手続の簡素化

　通常、物品を輸出する際には品目によって輸入国が定めた関税を支払うことが必要ですが、EPAで関税を引き下げることが約束されている品目については、EPAの利用により、通常の関税率よりも低い税率で輸出することができます[33]。EPAを利用するためには、輸出する産品が、利用するEPA

31　スペインのレストランにおいて、南米産の牛肉をメニュー等で「TROPICAL KOBE BEEF」と表示していたことが確認されています。このケースでは、当該表示は日本のGIである「神戸ビーフ」の不正使用に当たるおそれがあるとして、日EU・EPAに基づき適切な措置を取るようEU当局に要請し、EUを通じてスペイン当局が指導した結果、当該使用が中止されたとのことです（農林水産省「令和元年度国内外における地理的表示（GI）の保護に関する活動レポート」）。
32　GI登録産品の一覧については農林水産省のウェブサイトより確認できます。https://www.maff.go.jp/j/shokusan/gi_act/register/index.html　EU、英国でのGIの登録状況についても、各サイトから確認できます。https://www.maff.go.jp/j/shokusan/gi_act/protection_abroad/protection_abroad.html

で定める「原産品」である必要があり、原産地証明書により証明されること
となります。原産地証明書には、①日本商工会議所が原産品であることを証
明する第一種特定原産地証明書、②輸出者や生産者が自ら原産品であること
を申告する自己申告書、③経済産業大臣が認定した輸出者が原産品であるこ
とを証明する第二種特定原産地証明書の3種類があります。例えば、日タイ
EPAや日インドネシアEPA等のEPAを利用して日本産農林水産物・食品を
輸出するためには、輸出業者は生産者から日本産であることを証明する生産
証明書等を入手して日本商工会議所に第一種特定原産地証明書の発給手続を
行う必要があります。

　第一種特定原産地証明書の発給手続を行うためには、輸出する産品が
EPAに定められた原産品の要件を満たすことを証明する書類が必要です。
しかし、輸出業者から「卸売市場で買い付けた場合等にこのような書類を準
備することが難しい」といった声があったことを受け、2021年4月1日か
ら、その特性によりあらかじめ日本産であると確認できるGI産品[34]につい
ては、輸出業者はGI登録名称が記載された仕入書や納品書等を生産証明書の
代わりに利用して日本商工会議所に第一種特定原産地証明書の発給手続がで
きるよう手続が簡素化されました。

2 ノウハウ・技術の保護

(1) はじめに

　日本の農林水産物・食品の海外展開を行う際に、製造技術やノウハウ、ブ
ランドといった競争力の源泉となる知的財産を海外で活用することが考えら

33　例えば、日EU・EPAの下では、農林水産物の関税撤廃率（品目数ベース）を見る
　と、EU側では95％の品目を即時撤廃、最終的に98％の関税が撤廃される予定とされて
　います（JETRO「日EU・EPA解説書　日EU・EPAの特恵関税の活用について」（経済
　産業省委託事業平成29年度補正グローバル企業展開・イノベーション促進事業（経済連
　携協定利用円滑化促進事業））8頁）。
34　当該産品は農林水産省のウェブサイトにおいて確認できます（令和4年10月2日時点
　で122品目）。

れますが、このような情報が外部に流出してしまったり、他社に模倣されたりしてしまうと、競争力を大きく阻害されることになります。以下、日本の農林水産物・食品の海外展開を拡大するにあたり障害となり得る、輸出先国におけるノウハウ・技術流出の実態を紹介します。特に、日本からの輸出量の多いアジアの国・地域の中から、中国・ベトナム・タイの①法制度、②ノウハウ・技術流出の実態を説明します。各国における法規制やノウハウ・技術流出の実態について、その詳細は異なるものの、類似しているところは多く、日本企業として取り得る対策には共通性が多くあると考えられます。本書において解説する対策は上記の3カ国にとどまらず、日本企業が他の国・地域において農林水産物・食品の海外展開を行う際にも参考となるものと考えられます。

　なお、特許権は独占排他権であり、出願から20年で権利は消滅するものの、先願主義（早い者勝ち）であるため、ノウハウが存在する場合であっても出願による権利化が優先される一方、ノウハウを秘匿する場合、他社が真似できないものの、法律的に独占状態が保証されているわけではないことから、ノウハウの漏洩を抑止するための対策が非常に重要となります。

⑵　各国の法制度

a　中　　国

㋑　営業秘密の定義

　営業秘密とは、①公衆に知られていない（非公知性）、②商業価値があり（価値性／有用性）、かつ、③権利者が秘密保持措置を取った（秘密管理性）技術情報および経営情報等の商業情報をいいます（反不正当競争法9条）。上記の要件を満たした情報は営業秘密として保護され、事業者が、当該営業秘密の保有者の許可なく開示や使用等することは、当該営業秘密に対する権利侵害となります（同法9条）。なお、反不正当競争法において行為者として規定されている「事業者」とは、「商品の生産、経営、或は労務の提供に従事する自然人、法人、及び非法人組織」をいいます（同法2条）。

㋺　救済方法

　営業秘密侵害に対し、民事、刑事、行政のそれぞれの場面で救済がなされます。民事上、損害賠償請求（反不正当競争法17条）および差止請求（民法118条）が認められ、また、刑事罰（刑法219条）が科され得る他、侵害行為の停止命令、違法所得の没収、過料等の行政罰（反不正当競争法21条）も課され得ます。

　　ｂ　タ　イ

㋑　営業秘密の定義

　営業秘密は、①一般に知られていないまたは当該情報に関係しない者にはアクセスできない商業的情報であること（秘匿性）、②秘密にすることに商業的価値があること（有用性）、③当該情報の保有者が秘密保持のために適切な管理措置を実施していること（秘密管理性）の要件を満たす情報と定義されています（営業秘密法３条）。また、営業秘密の保有者の事業に損害を与えるような悪意を持って、営業秘密が秘密でなくなるような方法で、他人の営業秘密を、文書による公表、音声・映像による放送その他の方法による開示により公衆に開示した者は責任を負うと規定されています（同法33条）。

㋺　救済方法

　営業秘密侵害に対し、民事救済として、損害賠償請求、差止請求等が認められます（営業秘密法８条）。また、営業秘密侵害行為に対する刑事上の措置として、一定の悪質な行為には刑事罰が科され得ます（同法６章）。

　　ｃ　ベトナム

㋑　営業秘密の定義

　営業秘密は、財政的投資、知的投資から得られた情報であって、開示されておらず、かつ、事業において利用可能な情報であると定義されています（知的財産法４条23号）。

　営業秘密がベトナム法上の保護を受けるためには、対象である情報が、①一般に知られておらず、簡単に入手できるものではないこと（非公知性）、

②当該情報を業として使用する場合、当該情報を保有している者は保有していない者に比べて優位性があること（有用性）、③当該情報が公開されないよう、または簡単にアクセスできないよう、必要な措置を講じて秘密性を維持していること（秘密管理性）、の各要件を満たしている必要があります（同法84条）。なお、営業秘密として保護を受けるために、当局への登録は不要です。

（ロ）　救済方法

　営業秘密侵害に対し、民事上の措置として、営業秘密の保有者は、侵害行為の差止め、公の謝罪および訂正の強制、契約上の義務履行、損害賠償請求および営業秘密侵害物品の廃棄等が可能です（知的財産法202条）。また、営業秘密侵害行為に対する行政上の措置として、知的財産法に基づく行政措置（罰金および是正措置）と競争法に基づく行政措置（罰金）があります。

（3）　ノウハウ・技術流出の実態

a　総　　論

　企業が農林水産物・食品を海外に輸出する際、自社で取り扱う農林水産物・食品をどの国に輸出するかにつき市場調査を経て決定し、輸出計画を策定します。その後、例えば、輸出体制の整備、事業パートナーの選定、輸出先国での販売方法を決定します。具体的な輸出先国が決まれば、輸出ライセンスの取得や商品の当局への登録の要否の検討、取引先の発見・信用調査や契約交渉、表示ラベル・包装の作成、通関業務、広告、販売・保管等を行うことが考えられます。

　一般的に、食品の技術は公知の素材と公知の加工技術の組合せであることが多いため、製造方法に関連するノウハウや技術は模倣がしやすいものと考えられています。そのため、食品企業は、原材料の情報や温度管理、時間管理等の生産プロセス等を企業秘密として保護してきたといわれています。

　以下、ノウハウ・技術流出の実態として、保護の必要性が高く、かつ、各企業の売上にも直結する、各国における商品の製造に関するノウハウ・技術

に的を絞り説明します。また、上記(2)で各国における法制度の概要を説明したところですが、そのような制度の利用が実際上可能でなければ、絵に描いた餅となるため、営業秘密侵害行為に対する司法機関による権利の実現についても、その実態を説明します。

　　b　中　　国

　食品に係る営業秘密侵害の例として、従業員により営業秘密の漏洩が行われたケースを紹介します。

【最高法知民終1667号（2020）】[35]

　嘉興中華化工社と上海欣晨社は、共同でグリオキシル酸法によるバニリンの製造プロセスを開発した。傅祥根氏は、1991年に嘉興中華化工社に入社し、バニリンの製造設備のメンテナンス作業を担当していた。2010年4月12日、傅祥根氏は、バニリンの製造設備の製造図等の資料を保存したUSBメモリーを王龍科技社（王龍集団有限公司と王国軍が共同出資して設立した会社）の法定代表者である王国軍氏に渡した。2010年5月、傅祥根氏は、嘉興中華化工社から退職し、王龍科技社に入社した。2011年から2017年まで、王龍科技社とその子会社の喜孚獅王龍香料（寧波）は、嘉興中華化工社と上海欣晨社が共同開発したグリオキシル酸法によるバニリンの製造プロセスの技術秘密を使用していた。

　嘉興中華化工社と上海欣晨社は、王龍科技社や王国軍氏等が両社の営業秘密を侵害したとして、浙江高級人民法院に提訴した。侵害の差止めおよび350万元（6,300万円）の賠償を命じる判決が下されたが、被告らは侵害行為を停止せず、また判決に服せず控訴したことを受けて、最高人民法院知識産権法廷は、侵害期間や悪質な対応等を総合的に考慮し、同種案件で過去最高額となる1.59億元（28.6億円）の損害賠償を命じる

35　ウェブサイト「中国裁判文书网」に公開されていますが、その閲覧に当たり登録が必要であり、また、裁判に関係がない場合、外国人による閲覧は困難です。

とともに、刑事事件として刑事裁判所に事件を移送した。

　その他、中国裁判文書サイト（China Judgements Online）で検索したところ、2019年に358件、2020年に261件、2021年は９月10日までに78件の営業秘密侵害に係る民事訴訟事件が審理されていますが、他の類型の民事事件に比べるとその数は少ないものといえます。また、2015年から2020年までの営業秘密侵害に係る民事訴訟事件の一審判決のデータによると、営業秘密侵害事件の勝訴率は20％前後であり[36]、これも他の類型の民事事件と比較すると相当程度低い状況です。

ｃ　タ　イ

　従業員により営業秘密の漏洩が行われたケースを紹介します。

【最高裁判例第2181/2553号（刑事事件）】[37]

　原告（包装システムの製造販売業者）は、被告（元従業員）に対し、原告の顧客リストおよび製品の自動包装機器の製造方法に関する情報を不正に流用した上で、当該情報に基づいて類似の機械を製造し、原告の一部の顧客に販売したと主張した。裁判所は、被告の行為は、被告の会社内部での情報の利用にとどまり、営業秘密の公衆への開示に該当せず、また、模倣された機械の製造・販売は営業秘密の開示に該当しないと判断した。

36　威科法律情報データベース（https://law.wkinfo.com.cn/）を確認したところ、2015年〜2020年までの商業秘密侵害に係る民事訴訟事件の一審事件について、合計1,676件が公開されており、そのうち、289件について、判決が下されています。訴訟請求が全部棄却された事件は175件であり60.55％を占め、他方、訴訟請求の全部または一部が認められた事件は78件であり26.99％を占めます。

37　タイの最高裁判所のウェブサイト（http://deka.supremecourt.or.th/）で確認できますが、個別の事件への直接のリンクは存在せず、かつ、判決文は英語で公開されていません。その他本文中で引用されている事件についても同様です。

また、食品業界においても営業秘密の侵害を争った例があります（最高裁判例2461／2559号）が、訴状において、被告が営業秘密をどのように取得し、開示したのかが明確に記載されていなかったため、裁判所は訴状を却下しています。その他、営業秘密侵害に関する訴訟の件数は現時点では限られており、その大部分は営業秘密の保有者にとって肯定的な結果となっていません。裁判所が原告の請求を棄却した主な理由として、営業秘密として保護されるべき要件のうち、特に秘密管理性が認められないことが挙げられるとされています。秘密管理性の要件の該当性につき、ガイドラインは存在しないため、裁判所がケースバイケースで具体的な事実や状況を考慮して検討・決定することになります。例えば、最高裁判例10217／2553号では、雇用契約上の一般的な秘密保持条項および競業避止条項は、営業情報の秘密を保持するための十分かつ適切な措置ではないと判断し、秘密管理性を認めず、原告の請求を棄却しています。裁判所は、本件のみならず、営業情報の秘密を保持するための適切な措置について判示していません。どのような措置が秘密保持のために適切かについては、情報の種類や性質、その利用方法等、さまざまな要因によって異なり得るため一義的なものではありませんが、一般的には、物理的措置、契約上の措置・法的措置、技術的措置およびこれらの組合せが営業秘密の秘密保持のために適切な措置と考えられます。

d　ベトナム

　ベトナムにおける判決の公開サイト[38]上、営業秘密に関する紛争案件は見当たらず、特許権や商標権の侵害案件と比べ、営業秘密に関する紛争案件は現時点では限定的であるといえます。実際、製造ノウハウの流出にかかわる

---

[38]　なお、2021年10月3日の検索時点では、件数につきCriminal（158,562）、Civil（125,175）、Marriage and Family（386,784）、Commercial Business（13,357）、Administrative（8,443）、Labor（3,077）、Bankruptcy Decision（67）、Decision on Application of Administrative Measures（58,322）とされています（総数753,787）。時期については明記されていませんが、おそらく判決の公開が決定された2017年7月1日以降の総数と思われます。http://congbobanan.toaan.gov.vn/

事例については、公開情報のみからでは見当たりませんでした。製造ノウハウに限定しない場合、営業秘密の漏洩・流出が実際に発生するパターンとして、①従業員による漏洩、②取引先による漏洩、③第三者による不正な取得に分類されますが（この点は日本の場合と変わるところはないものとされています）、そのうち、①のパターン（企業の従業員が在職中または退職後、企業の営業秘密を競合企業や転職先の企業に漏洩する事例）が多いものと考えられています[39]。

その他、上記のとおり、ベトナムにおいて、営業秘密侵害に関しどのような訴訟が提起されているかは公開サイト上では不明であるため、実際の訴訟において裁判所がどのように損害額を算定するかや、どのような措置が秘密保持のために適切と認められるかについては不明です。

e 小　括

上記に記載のとおり、営業秘密の侵害行為に対し、各国において、損害賠償請求を行うことが認められています。営業秘密についてはその性質上損害額の算定が一般的に困難であることから、各国は、損害額の算定にあたり、被告が営業秘密の侵害行為から得られた利益を考慮したり、裁判所にその決定についての裁量が認められたりする等、共通する点が多いといえます。そして、そのような法律上の規定に従い損害額を算定すること自体は可能であり、司法機関による権利の実現に法的な障害はないといえますが、一般的には、営業秘密の侵害が争われた場合、原告が勝訴するのは容易なことではないことに留意する必要があります。原告が敗訴に至る理由としては、①原告が、被告による侵害行為の存在を証明できる十分な証拠を提供できないこと、②原告が、争点となっている営業秘密が法定の要件（秘密性、有用性／価値性、秘密管理性）を満たすことを証明できる十分な証拠を提供できないことが挙げられます。

---

[39]　独立行政法人日本貿易振興機構ハノイ事務所「ベトナムにおける営業秘密管理マニュアル」（2021年3月）11頁

⑷ 営業秘密の侵害を防止するための対応策

　営業秘密の定義については、上記⑵で述べたとおり、各国、①非公知性、②有用性、③秘密管理性を要件とすることが共通しているといえます。なお、日本の不正競争防止法において、「営業秘密」とは、「秘密として管理されている生産方法、販売方法その他の事業活動に有用な技術上又は営業上の情報であって、公然と知られていないもの」と定義されており（同法2条6項）、不正競争防止法上の保護を受けるためにも、やはり上記3つの要件を満たす必要があります。そこで、日本企業が、そのノウハウを営業秘密として保護するためには、営業秘密の範囲および秘匿する期間を特定した上で、①非公知性、②有用性、③秘密管理性の3つの要件を満たす形で管理していく必要があります。特に、企業における平時の取組として、③の秘密管理性を満たすことに留意すべきところ、秘密管理性を満たすためには、具体的な管理体制を整備する必要があります。例えば、法人内にとどめて営業秘密情報として保護すべき情報と、法人外へ開示する情報についての基準を設ける等、適切に選別を行い管理することや、営業秘密として保護する情報を「極秘」「社外秘」等に分類し、そのような表示を付すこと、法人内で施錠して保管すること、他機関とのやり取りの際にはパスワードを設けること等、適切なアクセス制限を設けて情報管理体制を構築し、厳重管理に努めていく必要があることが指摘されています[40]。

　海外展開時に、企業のノウハウを第三者に開示する場合でも、秘密保持契約を締結し、秘密情報として適切に管理させることにより、営業秘密としての保護を受けることは可能です。しかしながら、漏洩のリスクを完全に排除することはできないため、開示する情報の内容および人的範囲を最小限にとどめ、契約相手の情報の管理方法をモニタリングする等、契約相手が秘密保持契約を遵守しているかを継続的に確認するが必要があります。

40　前掲脚注13　64頁

また、ノウハウを秘匿する場合、(1)で述べたとおり、特許権は早い者勝ちであるところ、他社が独自に技術を開発し、後から特許出願を行うことも考えられるため、「先使用権」[41]制度で対抗することが必要となります。したがって、ノウハウの「秘密管理」と「先使用権の証拠確保」をセットで行うことが必要となります。例えば、他者が当該技術に係る特許権の出願をする前に事業の実施または準備を行っていた証拠となる研究ノート（発明完成の証拠）や販売資料（事業実施の証拠）等の資料を収集・保管しておく必要があります[42]。

3　植物品種の保護・種苗法の改正

(1)　品種登録制度とは

a　品種登録制度の目的

　本パートでは、種苗法に基づく品種登録制度を取り上げます。種苗法は、種苗法の一部を改正する法律案が2020年12月2日に成立し（令和2年法律第74号。以下「本改正法」といいます）、本改正法は図表5－5のとおり、2021年4月1日および2022年4月1日から施行されています[43]。

　品種登録制度は、新たに植物の品種を育成した者が国に出願をし、当該出願が品種登録の要件を満たしている（拒絶理由に該当しない）と認められる場合に、品種登録が行われ、育成者権という知的財産権を生じさせる制度です。近年では開発コストを下げることを可能にするゲノム編集技術の研究も行われていますが[44]、元来、新品種の開発には多くのコストを要します。そ

41　先使用権は、他者がした特許出願の時点で、その特許出願に係る発明の実施である事業やその事業の準備をしていた者に認められる権利です。先使用権者は、他者の特許権を無償で実施し、事業を継続できるとすることにより、特許権者と先使用権者との間の公平が図られています（特許庁ウェブサイト「先使用権制度について」）。
42　前掲脚注13　45頁
43　農林水産省「改正種苗法について～法改正の概要と留意点～」（令和4年3月）10頁
44　ゲノム編集技術を用いた品種改良の国内外の動向について、江面浩「ゲノム編集食品の動向と高GABAトマトの開発・実用化について」野菜情報2020年1月号等。

図表5－5　改正種苗法の全体像

| ・種苗法の一部を改正する法律は令和2年12月2日に成立し、9日に公布された。 |
| ・主な条文の施行日は令和3年4月1日および令和4年4月1日となっている。 |

| 1　輸出先国の指定（海外持ち出し制限）
　　　　　［令和3年4月1日施行］
2　国内の栽培地域指定（指定地域外の栽培の制限）
　　　　　［令和3年4月1日施行］
3　登録品種の増殖は許諾に基づき行う
　　　　　［令和4年4月1日施行］
4　登録品種の表示の義務化
　　　　　［令和3年4月1日施行］
5　審査手数料の設定と、出願料および登録料引下げ
　　　　　［令和4年4月1日施行］ | 6　育成者権を活用しやすくするための措置
　　　　　［令和4年4月1日施行］
①　特性表の活用
②　訂正制度の導入
③　判定制度の創設
7　職務育成規定の見直し
　　　　　［令和3年4月1日施行］
8　在外出願者の国内代理人の必置義務化
　　　　　［令和3年4月1日施行］
9　指定種苗の販売時の表示のあり方の明確化
　　　　　［令和3年4月1日施行］
10　その他の主な改正事項
　・育成者権が譲渡されても、引き続き許諾の効力が有効となるようにする
　・裁判官が証拠提出命令を出すか否かの判断をする際に、対象書類を実際に確認できる手続を拡充する |

（出典）　農林水産省令和3年度改正種苗法説明会資料（第一部）資料「改正種苗法について～法改正の概要と留意点～」（令和3年11月）

のため、品種登録制度は、品種登録された新品種の利用を育成者が独占することを認めることにより、開発コストの回収を可能にし、新品種の開発が促進されることを企図しています。また、さまざまな新品種が開発されれば、農業者による種苗の選択の幅が広がるため、品種登録制度は、農業者の利益ひいては農林水産業の発展をも目的としているといえるでしょう（種苗法1条。以下、条文番号を記載している場合は、特記がない限り改正後の種苗法の条

文番号[45]を記載しています)。

b 品種登録の効果

上記で育成者は品種登録された新品種の利用を独占できると述べました。より正確に説明すると、品種登録が行われると、育成者権が発生し（種苗法19条1項）、育成者権者は、登録品種および登録品種と特性により明確に区別されない品種を業として利用[46]する権利を専有します（同法20条1項本文）。また、育成者権は従属品種[47]および交雑品種[48]にも及びます（同法20条2項各号。以下、育成者権の効力が及ぶ品種を併せて「登録品種等」といいます）。

そして、育成者権の及ぶ品種を育成者権者の許諾なく利用する行為は、育成者権の侵害を構成し、育成者権者は当該侵害者に対して損害賠償請求（民法709条）や侵害行為の差止請求（種苗法33条）をすることが可能です。また、育成者権の侵害については、10年以下の懲役等の刑事罰が定められています（同法67条）。

なお、日本で品種登録がされたとしても、育成者権の効力は日本国内にしか及ばず（属地主義）、外国で育成者権（Plant Variety Rights）を取得するためには、国ごとの品種登録制度（Plant Variety Protection System）に基づく保護を受けなければなりません。また、当然のことですが、育成者権の効力は登録品種等以外の品種には及ばないため、在来種等の既存品種の利用が制限されることはありません。

以上述べた品種登録制度の大枠については、本改正法による改正点はありません。

---

45 「種苗法の一部を改正する法律案新旧対照条文」https://www.maff.go.jp/j/shokusan/attach/pdf/shubyoho-20.pdf
46 「利用」は、2条5項1号から3号で定義されており、種苗、収穫物および加工品を生産、譲渡および輸出する行為等がこれに該当します。
47 従属品種とは、変異体の選抜等により、登録品種の主たる特性を保持しつつ特性の一部を変化させて育成された品種をいいます。
48 交雑品種とは、その品種の繁殖のために常に登録品種の植物体を交雑させる必要がある品種をいいます。

(2) 改正が検討された背景

a 海外への種苗の流出

種苗は、野菜・果物等の食味や収量等に密接に関連しており、優良な新品種は農業の発展を支える重要な要素です。そのため、農業者の所得の向上と我が国農業の発展を促すためには、種苗に関する権利が適切に保護され、新しい品種の育成が活発に行われることが重要と考えられます。

もっとも、近年、我が国で開発された品種の海外流出事例が相次いで確認されています。流出事例の代表としてシャインマスカットを挙げることができます。シャインマスカットは、甘みが強く、食味も優れ、皮ごと食べられるという特徴を持ったブドウ品種ですが、苗木が海外に流出した結果、中国や韓国において栽培され、タイ・香港等のアジア各国で中国産・韓国産のシャインマスカットが販売されていることが確認されています[49]。このように、日本で開発された種苗が海外に流出することによって、日本産のシャインマスカットを輸出する機会が奪われ、日本の農業者が得るべきであった利益が失われていると指摘されています。また、育成者が適切に新品種の開発コストを回収できなければ、次の育種に必要となる資金が不足することにもなりかねません。

本改正法は種苗の海外流出の防止を改正の柱の一つとして掲げていますが、シャインマスカットの事例のような日本で開発された種苗の流出を防止し、農業者の所得向上ひいては我が国農業の競争力を高めることが、本改正法の背景にあると考えられます。

b 輸出促進の観点

今後、我が国の人口減少の進展に伴い、国内の農林水産物・食品の需要も減少していくことが予想されますが、他方で、世界人口は増大を続けると予想されており、我が国の農林水産業・食品産業の発展のためには、輸出を拡

---

[49] 農林水産省「種苗制度をめぐる現状と課題〜種苗法改正法案の趣旨とその背景〜」（令和2年7月）12頁

大していくことが重要と考えられます。政府も、農林水産物・食品の輸出額を2025年までに2兆円、2030年までに5兆円とする目標を掲げ、ぶどうやりんご等の果樹も輸出重点品目として設定されています[50]。我が国の農林水産物・食品の品質の高さ・ブランドを海外においても保護し輸出を促進するためには、品種登録制度、地理的表示保護制度（GI制度）、商標制度や家畜遺伝資源に係る不正競争の防止に関する法律（令和2年法律第22号）等の知的財産制度を活用することが不可欠です。

下記の(3)bで記載のとおり、本改正法により、種苗の海外流出を防止することを目的として特定の国に対して種苗等を輸出する行為を制限することが可能となるため、本改正法は我が国の農林水産物・食品の輸出促進との関係でも意義があると考えられます。

(3) 本改正法の概要

a はじめに

本改正法による品種登録制度についての改正点は多岐にわたりますが、紙幅の関係から詳細は割愛し、次の3点に絞って内容を確認します。

・育成者権が及ばない範囲の特例の創設

・自家増殖の見直し

・育成者権を活用しやすくするための措置

なお、後の説明のために、改正前の育成者権が及ぶ範囲の内容についてここで確認をします。

上記(1)bで記載のとおり、出願された新品種について品種登録が行われると、育成者権が発生し、登録品種等を業として利用する行為に育成者権が及びます。

もっとも、次の場合には、例外的に育成者権が及ばないとされています。

① 新品種の育成その他の試験または研究のためにする品種の利用（21条1

---

50 令和2年11月30日農林水産物・食品の輸出拡大のための輸入国規制への対応等に関する関係閣僚会議（第10回）資料

項1号）

② 品種の育成方法に特許が付与された場合の当該特許に係る方法による品種の利用（21条1項2号から5号）

③ 農業者による自家増殖（改正前の21条2項および3項）

④ 権利消尽（21条4項本文）

　本改正法においては、①および②は改正されておらず、下記のcで記載のとおり、③に関する規定は削除されています。④については、改正前の21条4項の規定そのものは実質的な改正はされていませんが、下記のbの内容と関連します。

b　育成者権が及ばない範囲の特例の創設について

　本改正法により、21条の2が新たに追加されました。骨子は以下のとおりです。

　品種登録を受けようとする者は、①出願品種の種苗の流出を防止することを目的として、指定国以外の国に対し種苗を輸出する行為および当該国に対し最終消費以外の目的を持って収穫物を輸出する行為を制限する旨、②出願品種の産地形成を目的として、指定地域以外の地域において種苗を用いることにより得られる収穫物を生産する行為を制限する旨を、農林水産大臣に届け出ることができます（種苗法21条の2第1項）。そして、届出がされた場合には、農林水産大臣は当該届出に係る事項を公示しなければならず、当該公示後は、上記①および②の行為にも育成者権の効力が及びます（同法21条の2第7項）。例えば、ある新品種の育成者が、品種登録の出願の際に、①アジア地域のA国以外に対して種苗を輸出する行為を制限したり、②東京都以外で当該品種の収穫物を生産する行為を制限することを希望する場合にはその旨を届け出ることができ、それらの内容が公示され誰でも認識可能な状態になった後は、当該行為にも育成者権の効力が及びます。したがって、第三者が育成者権者の許諾を得ずに上記行為を行うことは育成者権侵害を構成し、上記のbにおいて述べた民事・刑事上の責任を負う可能性があること

なります。公示日の翌日以降に登録品種の種苗を業として譲渡する者は、譲渡する種苗やその包装に上記の輸出制限の内容等を表示しなければならないとされているため（同法21条の２第５項）、種苗の一般消費者等は、当該表示を見ることによっても制限内容を把握することができると考えられます。

　なお、改正前も、種苗等を輸出する行為は、育成者権の効力が及ぶ種苗等の「利用」（種苗法２条５項）に含まれていましたが、登録品種等の種苗等が育成者権者の意思に基づいて譲渡された場合、育成者権の効力はその譲渡された種苗等そのものの利用行為には及ばないことから（上記a④の権利消尽）、いったん、育成者権者の意思に基づき譲渡された種苗等を輸出する行為には育成者権の効力が及びません（ただし、UPOV条約[51]非加盟国への輸出には育成者権の効力が及びます。改正前の種苗法21条４項但書）。本改正法による上記改正は、育成者権者の意思に基づき譲渡された種苗等についても、届出、公示等の一定の手続がされた行為については、取引安全に配慮しつつも、引き続き育成者権を及ぼすことを可能とするものであって、我が国の知的財産法制において特徴的な制度であるといえるでしょう。育成者権についてこのような特徴的な制度が設けられた論拠としては、①種苗は他の知的財産物品と比べ極めて複製が容易であり、種苗の譲渡後であっても育成者権者の意思に応じた適切な保護が受けられるようにする要請が強いこと、②農作物は、栽培地域の気候や土壌の条件等により、収穫物の品質が大きく左右され得るため、登録品種の高い品質を確保し、ブランド化を図る観点から、収穫物の生産地域を一定地域に限定できるようにする要請が強いこと（特に、我が国の主要農作物（稲、麦、大豆等）の主たる育成者は、都道府県であり、自県からの税収を原資として新品種を育成している都道府県では、このような要請が強い）などが考えられます。

51　UPOV条約（植物の新品種の保護に関する国際条約）は、植物の新品種の保護を目的とする条約であり、新品種の保護の条件、保護内容、最低限の保護期間等の基本的原則を定めています。

c　自家増殖の見直しについて

　改正前は、農業者による自家増殖（農業者が登録品種等の種苗を用いて収穫物を得て、その収穫物を自己の農業経営において更に種苗として用いること）には育成者権が及ばないとされていました（上記のa③。改正前種苗法21条2項本文）。これは、我が国では、古くから農業者による自家増殖が行われてきたという実態があったために、例外的に育成者権が及ばないものとされたと説明されていました。

　そして、本改正法により、登録品種等についての農業者の自家増殖にも育成者権の効力が及ぶこととされたことから（改正前種苗法21条2項・3項の削除）、施行後に自家増殖を行うためには、育成者権者の許諾を得る必要があります。この点の改正内容はシンプルですが、許諾料の支払等の農業者の負担が増える等の懸念も表明されています。農林水産省からは、現在でも、ブランド米の登録品種の多くで自家増殖をしないよう指導等がされている、いちご・かんしょ等の登録品種では許諾を受けて自家増殖が行われている、市場原理等を踏まえると育成者権者が不当に高額な許諾料を要求することはないと考えられること等の説明がされていますが[52]、国会審議において、「我が国の優良な植物新品種の海外流出の防止を目的とした育成者権の強化が、農業者による登録品種の利用に支障を来したり、農産物生産を停滞させ食料の安定供給を脅かしたりしないよう、種苗が適正価格で安定的に供給されることを旨として施策を講じること」との附帯決議がされています。

　この議論は、育成者権の保護の強化と従前許容されてきた自家増殖とのバランスをどのように図るかという問題であり、本改正法は、上記の(2)で述べた種苗の海外流出防止等の目的のために、農業者への過度な負担を生じさせないことを前提に登録品種等の自家増殖に許諾を要するとしたものと考えられます。今後は、農業者への過度な負担が生じないように制度運用がされて

52　農林水産省「種苗制度をめぐる現状と課題〜種苗法改正法案の趣旨とその背景〜」（令和2年7月）23頁〜27頁

いくものと思われますが、具体的にどのような施策が講じられるのか注目されます。

d 育成者権を活用しやすくするための措置

改正前は、育成者権者が自己の育成者権が侵害されたことを理由として損害賠償請求や差止請求をする場合、品種登録がされている品種の植物体の現物と侵害疑義品種の植物体の現物を比較栽培することにより、両現物の同一性ひいては育成者権の侵害の事実を立証する必要があるという考え方が裁判実務上は採用されていました（現物主義）[53]。

もっとも、品種登録時の植物体の現物を再現すること自体が困難な場合があったり、現物同士を比較栽培することは時間を要すること等の立証上の問題点が指摘されていました。また、品種登録をする際には実際に植物体の栽培試験が行われることが一般的であり、品種登録時には、栽培試験等を通して明らかになった植物体の特性が品種登録簿に記載されるのですが（種苗法18条2項）、この品種登録簿（いわゆる特性表といわれています）を立証において活用できるようにすべきといった意見もありました。

本改正法では、品種登録簿に記載された登録品種の特性を「審査特性」と定義した上で（種苗法18条2項4号）、こうした審査特性により明確に区別されない品種は、当該登録品種と特性により明確に区別されない品種と推定することとされました（同法35条の2）。この推定規定が設けられたことにより、登録品種の植物体の現物を再現できない場合であっても、特性表と侵害疑義品種の比較による侵害立証が可能となり、立証の容易化が図られています（もっとも、登録品種の植物体の現物が存在する場合には、当該現物と侵害疑義品種の植物体の現物を比較栽培し、当該比較結果を重要な資料として参酌することはあり得るでしょう）。また、登録品種について利害関係を有する者は、品種登録簿に記載された当該登録品種の審査特性により当該登録品種と明確

---

53 知財高裁平成27年6月24日判決（育成者権侵害差止等請求控訴事件）等

に区別されない品種であるかどうかについて、農林水産大臣の判定を求めることができるとの規定も追加されています（同法35条の3第1項）。

上記の推定規定や判定制度が設けられたことにより、育成者権者による立証活動の選択肢が広がり、立証の容易化も図られています。育成者権者としては、自らの置かれた状況に応じて立証方針を立て、新たに設けられた上記推定規定や判定制度を上手く活用することが重要と考えられます。

e　その他の改正点

その他の改正点としては、特許法等に倣い、職務育成品種規定の充実（種苗法8条）、外国人の権利享有規定の明確化（同法10条4号）、在外者の代理人の必置化（同法10条の2）、通常利用権の対抗制度（同法32条の2）、裁判官が証拠書類提出命令を出す際の証拠書類閲覧手続の拡充（同法37条）等の措置も講じられています。

⑷　今後の展望

本改正法により、育成者権者は種苗の輸出先国や日本国内における栽培地域を制限することが可能となるため、自らのマーケット戦略に基づき、よりきめ細かな知財戦略を構築することができます。また、育成者権を行使する際の立証の負担が軽減されることにより、育成者権をより実効的に活用することができると考えられます。

もっとも、いくら法律が整備されたといっても、育成者権をどのように活用するかを決定するのは育成者権者自身であるため、育成者は、国や専門家のサポートも得ながら、自ら責任を持って知財戦略を立案し、実行に移していくことが必要です。言うは易く行うは難しですが、自らの育成者権が侵害されることを予防すべく適切な契約関係・侵害監視体制を構築し、また仮に侵害を把握した場合には、侵害行為の差止めを含めた措置を実施していくことが重要と考えられますし、海外での品種登録を積極的に進めるべき場合もあるでしょう。

育成者の利益が確保され、また、農業者の所得向上ひいては我が国の農業

の発展のために、新たな種苗法が適切に活用されることが期待されます。

第 **6** 章

アグリビジネス分野に
おける事業承継

アグリ事業承継をめぐる背景事情

　農林水産省「2020年農林業センサス結果の概要」によれば、近年、農業経営体の法人化、大規模化の流れが見て取れます。すなわち、農業経営体数が減少する一方で、法人経営体（会社法人、農事組合法人、その他）の数は増加傾向にあります（図表6－1）。具体的には、2020年調査における農業経営体の数は、2010年調査における農業経営体の数の約64.1％に減少した一方で、2020年調査における法人経営体の数は、2010年調査における法人経営体の数の約140.1％に増加しています。

　また、この5年で、経営耕地面積が広い・農産物販売金額の規模が大きい農業経営体の数は増加していますが、経営耕地面積が狭い・農産物販売金額の規模が小さい農業経営体の数は減少しています[1]。事業規模が大きく、組

図表6－1　農業経営体数（全国）

（単位：千経営体）

区　　分	農業経営体	個人経営体	団体経営体	
				法人経営体
平成22年	1,679	1,644	36	22
平成27年	1,377	1,340	37	27
令和2年	1,076	1,037	38	31
増減率（％）				
平成27年／22年	△18.0	△18.5	4.9	25.3
令和2年／平成27年	△21.9	△22.6	2.8	13.3

（出所）　農林水産省「2020年農林業センサス結果の概要」2頁

織体制が整備され就労者が十分に多い農業経営体であれば、現在の役員や従業員の中から、次の経営者候補が出てくる場合も多いでしょう。

　ただし、法人化され、または事業規模が大きい農業経営体が増加する傾向にあるとしても、現時点では、農業経営体の多数は個人経営体が占めています。「2020年農林業センサス結果の概要」によれば、農業経営体のうち個人経営体が占める割合は約96.4％（1,037千／1,076千）となっています。

　さらに、農業従事者の高齢化は著しく、現在の農業従事者が今後10年で大規模に離農する将来は避けられません。「2020年農林業センサス結果の概要」によれば、個人経営体の基幹的農業従事者（仕事が主で、主に自営農業に従事した世帯員）の数は、2015年調査時で1,757千人、2020年調査時で1,363千人であり、5年間で22.4％減少しているのです。かつ、2020年調査時で、個人経営体の基幹的農業従事者全体の69.6％が65歳以上であり79.9％が60歳以上ですから、今後10年間で、個人経営体の基幹的農業従事者の相当数が離農するのは確実といわざるを得ません。

図表 6 - 2　年齢別基幹的農業従事者数（個人経営体）の構成（全国）

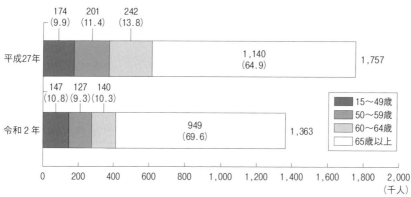

（注）　（　）内の数値は、基幹的農業従事者に占める割合（％）である。
（出所）　農林水産省「2020年農林業センサス結果の概要」8 頁

1　農林水産省「2020年農林業センサス結果の概要」3 頁〜5 頁参照。

そして、令和２年度農林水産省統計「農業経営の継承に関する意識・意向調査結果」[2]によれば、調査に回答した60代の経営主のうち、現在の経営を継承する（他者に引き継ぐ）意向を持ち、かつ、「後継者が決まっている（本人の同意を得ている）」と回答した割合が全体の40.1％、現在の経営を継承する（他者に引き継ぐ）意向を持っているが、「後継者は決まっていない」と回答した割合が全体の9.9％です。そもそも、事業を他者に引き継ぐ予定がない農家が多いことが読み取れますし、事業を他者に引き継ぐ予定があっても、後継者が決まっていないケースが少なくないことがわかります。

　アグリビジネスのサステナビリティを実現するためには、事業モデルの継続性に加えて、その担い手が継続的に供給されることも重要であり、適切な事業承継が行われない場合は、これらのアグリビジネスにおいて培われてきた経験やノウハウは承継されませんし、離農後の農地が放置されるのも問題です。また、農業経営を次世代に承継していくことは、日本の国内食糧供給や地方経済の維持の面でも重要なことです。

　このように、アグリビジネスにおける事業承継は喫緊の課題であり、本章では、事業承継の手法およびその問題点を解説します。

2　調査は認定農業者（経営基盤強化促進法13条１項）のいる農業経営体（家族経営体）の60歳代の経営主1,000人を対象に実施され、690人から回答を得ている。

アグリ事業承継の類型と留意点

1 アグリ事業承継概論

(1) 事業承継において一般的に重要な視点

　上述のとおり、アグリビジネスは個人事業として行われている場合が多く、「2020年農林業センサス結果の概要」によれば、農業経営体のうち、個人経営体（個人（世帯）で事業を行う経営体を指し、法人化して事業を行う経営体を除く）の割合は約96.4％を占めます。農業法人である場合も、企業規模としてはオーナー企業であり中小企業であることが多いと思われます。このような中小規模の事業承継において重要な視点は、①後継者が見つかるか、②資産を後継者に集約できるか、③後継者が事業承継の資金を確保できるかにあります。

a　後継者が見つかるか

　後継者を見つけることは事業承継の入り口のハードルとなります。これまで、個人事業や中小企業の事業承継においては、現経営者の子供やその配偶者等の親族が後継者となること（親族内承継）が基本的なパターンでした。しかし、産業構造の変化により、第一次、第二次産業の就業者割合が減少したことや、少子化や家族関係の変化に伴い、子供世代が事業の承継に興味を有しないケース、適性のある子供世代がいないケースが増加し、親族内承継の割合は減少傾向にあります。中小企業庁の「2020年版　小規模企業白書」[3] によれば、事業承継をした社長と先代経営者との関係で最も多いものは同族承継ですが、その割合は2017年時点で41.6％であったものが、2019年

時点で34.9％となっています。

　後継者候補をいかに見いだすかについては本章の対象ではありませんが、例えば株式会社リクルートが提供する「AGRI-LINK」サービス[4]など、後継者候補と現経営者のマッチングサービスも出てきており、今後の動向が注目されます。

b　資産を後継者に集約できるか

　円滑な事業承継のためには、経営権や設備等の経営資産を後継者に集約させることが重要ですが、後継者以外の相続人との関係がそのハードルとなることがあります。

　これは法律的には遺留分制度の問題です。アグリビジネスでは、現経営者の相続財産のうち、アグリ事業に関する経営資産の占める割合が高いことがありますが、かかる経営資産を後継者に集中して相続させた場合、後継者ではない相続人の遺留分を侵害することがあります。

　後述するように、かかる場合に遺留分権利者から後継者に対して遺留分減殺請求がなされると、結果として請求の対象となった経営資産が経営者と遺留分権利者との共有になることが多く、このような帰結は、円滑な事業承継を困難にするものです[5]が、平成30年7月6日に成立した改正後民法により、一定の改善がなされました。

㈣　遺留分に係る請求の効力

　まず、改正前民法では、遺留分を侵害された相続人（遺留分権利者）から遺留分減殺請求権が行使された場合、遺贈または贈与が効力を失い、結果として遺留分減殺請求権の対象となった財産が遺留分権利者と遺留分減殺請求を受けた者との共有となると解されていました。これにより、例えば農業法

3　中小企業庁「2020年版　小規模企業白書」第1－3－32図
4　株式会社リクルート「AGRI-LINK」http://cheersagri.jp/agri-link/
5　法務省民事局参事官室「民法（相続関係）等の改正に関する中間試案の補足説明」（平成28年7月）の「第4.1　遺留分減殺請求権の効力及び法的性質の見直し」

人の株式や農地その他の事業用資産について遺留分減殺請求権が行使された場合、これらが後継者と遺留分権利者との共有となり、事業承継の対象となる株式や事業用資産を後継者に集中させることができませんでした。株式や事業用資産が共有になりますと、農地所有適格法人の株主要件に影響を与えたり、事業に関する迅速な意思決定の妨げとなりますし、その後の遺留分権利者との協議により共有状態の解消を目指す場合も、交渉の結果、後継者に経営資産を集中させることができなかったり、後継者が不利な条件をのまざるを得ない事態も起こり得ます。

改正後民法では、「遺留分権利者……は、受遺者……又は受贈者に対し、遺留分侵害額に相当する金銭の支払を請求することができる」（遺留分侵害額の請求、民法1046条1項）とされ、遺留分権利者は、遺留分を侵害された範囲の金銭支払請求を取得するにとどまることになりました。これにより、遺留分権利者から遺留分侵害額の請求がなされたとしても、事業承継の対象となる株式や資産の所有権は後継者のみに帰属することになり、農地所有適格法人の株主要件に影響を与えたり、後継者の事業に関する意思決定が阻害されたりすることはありません。また、後継者が直ちに遺留分権利者からの遺留分侵害額の請求に対応する資金を調達することができない場合も考えられますが、裁判所は、遺留分権利者からの遺留分侵害額の請求を受けた受遺者または受贈者の請求により、債務の全部または一部の支払につき相当の期限を許与することができるとされています（改正後民法1047条5項）。

㋺　**遺留分の算定対象となる範囲**

遺留分を算定するための財産の価額に算入される贈与について、改正前民法1030条は、「相続開始前の1年間にしたものに限り……その価額を算入する。」と規定していましたが、この規定は、相続人以外の第三者に対して贈与があった場合に適用されるものであり、相続人に対する贈与は、遡る期間の制限がないものと解されていました。これにより、相続発生前よりかなり前に後継者である相続人に事業承継が行われていた場合であっても、遺留分

図表 6 - 3　遺留分に関する民法改正の概要

	遺留分に係る請求の効力	遺留分の算定対象となる範囲
改正前	遺留分減殺請求の対象となった財産が共有となるのが原則（物権的効果）	・相続人以外に対する贈与：1年 ・相続人に対する贈与：無期限
改正後	金銭支払請求	・相続人以外に対する贈与：1年 ・相続人に対する贈与：10年

減殺請求によりその効果が事後的に一部否定される事態が生じ得ました。

　改正後民法では、相続開始前の10年間になされた贈与のみが遺留分を算定するための財産の価額に算入される対象となりましたので、これにより、相続人である後継者に対する事業承継から10年を経過した後で相続が発生した場合は、事業承継による贈与は遺留分を算定するための財産の価額に算入する対象とならないことになりました（改正後民法1044条3項）。

(ハ)　経営承継円滑化法による遺留分制度の特例

　上記のように、改正後民法により、遺留分制度が事業承継に与える影響は緩和されていますが、中小企業の事業承継においては、相続財産のうち事業用資産や株式が占める割合が高く、後継者が遺留分権利者に対して負う金銭支払債務が多額になる場合があります。そうなれば、裁判所による支払猶予が認められたとしても、結局事業用資産や株式を処分せざるを得ず、円滑な事業承継が実現できない場合もありますことから、後述する中小企業経営承継円滑化法による遺留分制度の特例が定められています。

　c　後継者が事業承継の資金を確保できるか

　事業承継に際して後継者に必要となる資金としては、事業承継の対価支払のための資金および事業の運転資金のみならず、贈与税、相続税といった租税支払のための資金も必要です。これらの負担軽減のため、後述する経営承継円滑化法において、金融支援措置および事業承継税制による対策が採られています。

(2) アグリ事業承継の特徴

a 採算性の低さから生じるハードル

アグリ事業承継が進まない現状の背景の一つとして、アグリビジネス自体の採算性の低さが指摘されています。現経営者が事業を継続しているうちは主だった問題とはならないように思われますが、事業承継の場面となると、採算性の低い事業では後継者の確保が一層困難となりますし、後継者候補がいたとしても、事業承継にあたって経営者保証の承継が条件となれば、採算性の低い事業の場合は将来への不安から承継に二の足を踏む場合もあるでしょう。「経営者保証に関するガイドライン」においては、事業承継において後継者に経営者保証を求めない対応ができないか、真摯かつ柔軟に検討することが求められていますが[6]、採算性が低い場合は、金融機関の理解を得ることが困難なケースも多いものと思われます。また、事業承継をするにあたり、後継者ではない相続人等の利害関係者への配慮や、引退する現経営者への生活保障が必要な場合も、アグリビジネスの採算性が低ければ、後継者が十分な収入を確保できないこととなり、結果として事業承継が困難となります。

したがって、アグリビジネスの採算性が低い場合は、近隣の農家等に事業や事業用資産を売却して離農することが現実的な選択肢となるケースもあるでしょう。

なお、九州農政局が開示している統計[7]によれば、1時間当たりの農業所得は、他産業の1時間当たりの賃金より大幅に低いのが現状のようです。特に、水田作、露地野菜、果樹の1時間当たり農業所得は他産業（製造業・5人～29人規模）の1時間当たりの賃金の半分程度です。一方で、規模拡大が進んでいるといわれている畜産部門では、1時間当たりの農業所得が他産業

---

6 経営者保証に関するガイドライン研究会「事業承継時に焦点を当てた「経営者保証に関するガイドライン」の特則」（令和元年12月）の「2.(2)後継者との保証契約」
7 九州農政局「九州の農業経営の動向2020」（令和元年12月）

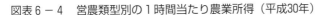

図表6−4　営農類型別の1時間当たり農業所得（平成30年）

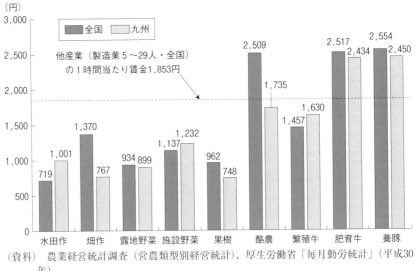

（資料）　農業経営統計調査（営農類型別経営統計）、厚生労働省「毎月勤労統計」（平成30年）

（出所）　九州農政局「九州の農業経営の動向2020」（令和元年12月）

の1時間当たりの賃金を上回っているようです。アグリビジネスにおける採算性の向上は、本章でその解決策を示すことができるような性質のものではありませんが、アグリ事業承継において、採算性の低さは事実上のハードルといえます。

b　承継者世代と後継者世代との間の価値観の違い

アグリ事業承継では、現経営者世代と後継者世代で、年齢に親子ほどの、もしくはそれ以上の開きがあるケースが珍しくありません。そのため、先進的な農法・技術を取り入れるか、栽培や飼育の対象品種を拡大するか、耕作地を広げるか、新しい販売ルートを開拓するかといった事項について、現経営者と承継者との間で意見が分かれることがあります。

後述のとおり、アグリビジネスの承継には時間が掛かりますので、現経営者と承継者は、一定期間共同して経営することになりますし、事業承継がな

された後も現経営者が事業に何らかの関与を継続することは多いでしょう。その期間を利用して、現経営者の事業に対する思いと、後継者の希望をすりあわせることができるかが、ポイントの一つとなります。

c　承継に掛かる時間

アグリ事業承継は、事業譲渡契約や株式譲渡契約の締結および実行だけで終わるものではありません。農林水産省が公表している事業承継のパンフレット「円滑な経営承継のために【個人版】」では、2年から6年の時間を掛けて事業承継を行った事例が紹介されていますし、「円滑な経営承継のために【法人版】」では、法人経営では事業規模が大きく、事業に必要な技術・情報が多岐にわたるため、10年程度の時間を要することが多いとされています[8]。また、後述するように、後継者に対する事業承継が初回で上手くいくとは限りません。最初に候補となった後継者に対する事業承継が上手くいかない場合は、新しい後継者を探して事業承継をやり直す場合も出てくることを考えると、早めの準備が重要でしょう。

(3)　アグリ事業承継の対象

a　個人農家

個人農家の場合、アグリ事業承継の法的な構成としては、相続以外の場合には事業譲渡となることが多いと思われます。具体的には、①農地の権限、②農業機械、施設、その他の事業用資産、③知的財産（特許権、ノウハウなど）、④契約関係（取引先との契約関係、従業員との雇用契約など）、を個別に後継者に承継します。契約書としては、事業譲渡契約書としてまとめることでも、個別に譲渡契約を締結していくことでも構いません。その他、⑤取引先、地元での人的関係といったものは、事業譲渡契約によって承継されるものではありませんが、後継者がアグリ事業を営む上で重要な関係であり、現経営者の支援を得て、後継者によって構築していくことになります。

8　農林水産省『円滑な経営承継のために【個人版】』および『円滑な経営承継のために【法人版】』

b　農業法人

　「2020年農林業センサス」によれば、法人化している農業経営体のうち、会社法人が約64.5%を占め、会社法人である農業経営体のうち、株式会社が約94.8%を占めますので、本章では、株式会社を念頭に置いて説明します[9]。農業法人の場合、アグリ事業承継の法的な構成としては株式譲渡となることが多いでしょう。当該法人に帰属している上記の①農地、②農業機械、施設、その他の事業用資産、③知的財産（特許権、ノウハウなど）、④契約関係（取引先との契約関係、従業員との雇用契約など）は、株式の譲渡に伴い、後継者に支配権が移転します。もっとも、上記のa⑤取引先、地元での人的関係は、株式の譲渡によっては後継者に引き継がれませんので、個人農家の場合と同様に、現経営者の支援を得て、後継者によって構築していくことになります。

2　アグリ事業承継各論

(1)　相続前の事業承継対策の必要性

　事業承継をする場合、遺言による相続または遺贈で行うことが可能です。農業法人の場合は、現経営者が所有する農業法人の株式を、個人事業の場合は、事業用資産、契約、債権債務等を後継者に承継させます。相続や遺贈による事業承継のメリットとしては、農地を承継する場合は農地法に基づく農業委員会の許可が不要となること、相続税は贈与税に比べて税務上のメリットがあることが挙げられます。

　しかし、遺言による承継には、以下の問題点があります。

a　相続完了までに長期間を要する場合がある

　遺言があったとしても、遺言の対象が事業用資産の全てをカバーしていなかった場合は遺産分割協議によって事業用資産の相続をすることになります

9　農林水産省「2020年農林業センサス　確報第2巻　農林業経営体調査報告書―総括編」の「2．組織形態別経営体数」参照。

が、遺産分割協議において相続人間の利害調整が何年にもわたって続くことは決して珍しいことではありません。特に、相続財産のうち、農業法人の株式や、農地・農耕機械といったアグリビジネスに必要な事業用資産の占める割合が高く、現預金等の流動性の高い資産の割合が少ない場合は、後継者と他の相続人との間の調整の余地が限定され、妥協点が見いだしづらくなり、解決に時間が掛かることになります。

また、遺言の効力を巡って争いになることも珍しくありません。

b 不測の事態に対応できない

後継者と他の相続人との間に軋轢が生じない場合であったとしても、相続の前から事業承継の対策（承継対象資産の明確化、後継者への技術・人間関係の承継）を進めておかなければ、現経営者に不測の事態が生じた場合に後継者が対応できず、結果として円滑な事業承継がなされない場合があります。例えば、現経営者のみが取引契約の内容を把握し、取引先との人間関係のキーパーソンであった場合に、現経営者が事故や急な病気等で稼働できなくなると、後継者が技術や人間関係を引き継げず、取引先を失うことがあります。前述した「円滑な経営承継のために【個人版】」では、販売に関する実務を1人で担当していた母親が急逝し、取引先からは取引継続の話があったものの、取引先との慣習等を十分に把握していなかったため、最終的には契約解除を通知された事例が掲載されており、計画的な事業承継の重要性がうかがえます。

c 後継者の地位が不安定となる

遺言は、遺言者の一存で、いつでも一部または全部の撤回が可能です（民法1022条）。したがって、相続による事業承継をする場合、後継者は、法律上、現経営者の気が変われば、事業承継がなされないという不安定な地位に置かれます。このような後継者の地位の不安定さは、後継者の就業意欲を削ぐ可能性もあります。

そこで本章では、相続開始前の事業承継の利点と問題点について検証しま

す。

⑵　農地の承継

a　概　　論

アグリ事業承継において、最も重要な資産が農地といえます（アグリビジネスにおける農地法制の内容は上記第1章を参照）。アグリ事業承継における農地の承継・権限設定の方法は、所有権移転と、賃貸借または使用貸借の2つの方法がありますので、それぞれについて以下で解説します。

b　所有権移転の場合

㈠　農業委員会の許可

個人または法人が農地の所有権を取得する場合、農地法3条に基づく農業委員会の許可が必要となるのが原則です。遺産の分割による場合は農業委員会の許可は不要ですが（同法3条1項12号）、農業委員会への届出は必要となります（農地法3条の3）。

㈡　農地を所有する農業法人の株式を承継する場合の留意点

アグリ事業承継において農地を所有する農業法人の株式を承継する場合、株式の譲渡自体に農業委員会の許可は必要ありませんが、アグリ事業承継後の農業法人は、農地所有適格法人の要件を満たす必要があります。農地所有適格法人の要件については上記第1章第3節①で詳述していますが、アグリ事業承継において問題となる点は以下のとおりです。

大まかにいえば、農業法人の株式の過半数を後継者である個人が承継する場合、農地所有適格法人の要件が問題となることは少ないように思われます。一方で、後継者が農業法人の株式の過半数を取得しない場合（所有と経営が分離する場合）には、当該農業法人において下記の要件を満たすことが困難なケースが出てくるでしょう。この点については、経営基盤強化促進法による特例により、要件が一部緩和されていますが、かかる特例はあまり活用がなされていないのが現状のようです。

(i) 議決権要件（農地法2条3項2号）

　農地所有適格法人の要件として、農業関係者に該当する株主の有する議決権の合計が、総株主の議決権の過半を占めている必要があります（詳細については、第1章第3節①を参照）。

　したがって、農地中間管理機構や地方公共団体、農業協同組合または農業協同組合連合会が出資するような場合を除けば、承継の対象となっているアグリビジネスに関与する「個人」が議決権の過半数を保有する必要があります。

　アグリ事業承継において、後継者である個人は、農業常時従事者に該当する場合が多いと思われますことから、農業法人の株式の過半数を後継者である個人が承継する場合、議決権要件が問題となることは少ないと思われます。一方で、後継者が農業法人の株式の過半数を取得しない場合（所有と経営が分離する場合）では、議決権要件との関係上、当該農業法人の株式取得を希望する事業会社に当該農業法人の株式の過半数を取得させるような株主構成は取れないことになります。この点、投資円滑化法によれば、承認会社（アグリビジネス投資育成株式会社）の取得する農地所有適格法人の株式は、農業関係者の保有する株式にカウントされるため、事業承継の一形態として利用することも考えられます。さらに農地所有適格法人においても、議決権のない種類株の発行も認められており、議決権ベースの出資比率、金額ベースの出資比率などを調整するといった対応も可能となります。

(ii) 役員要件（農地法2条3項3号）

　農地所有適格法人の要件として、上記第1章第3節①記載のとおり、農業法人の常時従事者である株主が、取締役の過半数を占める必要があります。アグリ事業承継の場面では、後継者である個人は、常時従事者に該当する場合が多いと思われ、株式会社の場合、取締役1名とすることも可能ですから、現経営者が保有する農業法人の株式を後継者である個人が承継する場合、後継者が株主および取締役となればよく、かかる役員要件が問題となる

ことは少ないと思われます。一方で、後継者が農業法人の株式の過半数を取得しない場合（所有と経営が分離する場合）、農業法人の株式取得を希望する事業会社が当該農業法人の意思決定機関を支配したいとの希望があったとしても、役員要件との関係上、当該アグリビジネスに常時従事しない役員を派遣して意思決定機関を支配することは困難となります。

(iii) 農作業従事要件（農地法2条3項4号）

　農地所有適格法人の要件として、上記第1章第3節①記載のとおり、常時従事者である取締役または使用人のうち1人以上が、一定日数（原則として年間60日以上。農地法施行規則8条）以上の農作業に従事することが必要です。アグリ事業承継の場面では、後継者である個人は、常時従事者に該当し、かつ年間60日以上農作業に従事する場合が多いと思われますので、農作業従事要件が問題となることは少ないと思われます。

c　賃貸借または使用貸借の場合

(イ)　農業委員会の許可

　農地の所有権を取得する場合のみならず、農地を賃借する場合も、農地法3条に基づく農業委員会の許可が必要となるのが原則であり、相続等一定の場合には許可が不要となります。したがって、後継者個人が賃貸借契約を事業譲渡により承継する場合は、改めて農業委員会の許可が必要です。

(ロ)　農業法人の場合の留意点

　農業法人が賃借人である場合、当該農業法人の株式を後継者が取得したとしても、農地の賃貸借契約の当事者に変更はありませんので農業委員会の許可は不要ですが、当該農業法人がアグリ事業承継に伴い農地所有適格法人でなくなる場合は留意が必要です。すなわち、農地の賃借は、農地所有適格法人でなくとも許可されますが、農地所有適格法人でない法人が農地を賃借する場合は上記第1章第3節②の要件を満たす必要がありますので、農業法人が農地を賃借しているケースで、アグリ事業承継後の農業法人が農地所有適格法人でなくなる場合は、当該条件を充足させたうえで、農業委員会の許可

を受けることになります。

(3) その他の事業用資産

知的財産権、契約関係、その他の事業用資産の承継については、一般的な事業譲渡と同様に考えることができるでしょう。すなわち、個人事業のアグリビジネスを承継する場合は、個々の知的財産権、契約関係、事業用資産についてそれぞれ承継する必要があり、契約関係を承継するには、原則として契約相手方の承諾が必要となります。農業法人のアグリビジネスを承継する場合は、当該農業法人の株式を譲渡することで、その法人の保有する知的財産権、契約関係、その他の事業用資産の支配権が移転し、契約関係について契約相手方の承諾は原則として必要となりません。ただし、契約関係については、農業法人の支配権の移転があった場合などに相手方の承諾や通知が必要となる旨の条項が含まれていないか、契約解除事由となっていないかなど、個別に確認する必要があるでしょう。

(4) 人的関係

アグリ事業承継に関する人的関係とは、①従業員との雇用関係の他、②取引先との人間関係や地域における人間関係を含みます。

a 従業員との雇用契約

従業員との雇用関係については、上記(3)で述べた契約関係の一つと考えることができますので、個人事業のアグリ事業を承継する場合は、当該従業員の承諾を得て雇用契約を承継するか、新たに後継者と従業員との間で雇用契約を締結します。農業法人の場合は、従業員は農業法人との間で雇用契約を締結していますので、アグリ事業承継において特段の手当ては不要です。

b 取引先・地域との人間関係

取引先・地域との人間関係とは、取引先との契約を承継しただけでは引き継ぐことのできない、取決めや慣行を指します。

(5) 法律上の特例（経営承継円滑化法）

上記①(1)で述べた事業承継の3つの課題のうち、②資産を後継者に集約で

きるか、③後継者が事業承継の資金を確保できるかについては、中小企業における経営の承継の円滑化に関する法律（平成20年法律第33号。以下「経営承継円滑化法」といいます）によって対策が採られています。経営承継円滑化法は、事業承継に伴う税負担の軽減や民法上の遺留分への対応をはじめとする事業承継円滑化のための総合的支援策を講ずる法律であり、①遺留分に関する民法の特例、②事業承継税制、③事業承継時の金融支援措置を主な内容としています。

a　遺留分に関する民法の特則

先にも述べましたとおり、円滑な事業承継のためには、経営権や設備等の経営資産を後継者に集約させることが必要ですが、遺留分の存在により、経営資産を後継者に集中させることが困難となる場合があります。

そこで、遺留分権利者全員の合意を得ることおよび所定の手続を経ることを前提として、以下の特例が認められています。

㈠　除外合意（経営承継円滑化法４条１項１号）

事業用資産や法人の株式の価額を、遺留分の対象となる財産の価額から除外する方法です。これにより、アグリ事業承継が遺留分の影響を受けることはなくなりますが、現経営者の相続財産の中でアグリ事業承継の占める割合が大きい場合は、実務上、遺留分権利者の合意を得ることが難しくなる場合もあると思われます。

㈡　固定合意（経営承継円滑化法４条１項２号）

遺留分権利者との合意時点における事業用資産や法人の株式の価額を、遺留分の対象となる財産の価額に含めますが、その評価額をあらかじめ固定することができる方法です。固定される額は、弁護士、公認会計士、税理士等がその時における相当な価額として証明をしたものに限られます（同法４条１項２号括弧書き）。

アグリ事業承継においては、後継者が経営に関与するようになってから、事業承継が完了するまでに長期間掛かることが珍しくありません。一方で、

図表6－5　経営承継円滑化法の概要

経営承継円滑化法の概要

事業承継に伴う税負担の軽減や民法上の遺留分への対応をはじめとする事業承継円滑化のための総合的支援策を講ずる「中小企業における経営の承継の円滑化に関する法律」が平成20年5月に成立。

1．事業承継税制

◇事業承継に伴う税負担を軽減する特例を措置
①非上場株式等に係る贈与税・相続税の納税猶予制度
　都道府県知事の認定を受けた非上場中小企業の株式等の贈与又は相続等に係る贈与税・相続税の納税を猶予又は免除
②個人の事業用資産に係る贈与税・相続税の納税猶予制度
　都道府県知事の認定を受けた個人事業主の事業用資産の贈与又は相続等に係る贈与税・相続税の納税を猶予又は免除

4．所在不明株主に関する会社法の特例

◇都道府県知事の認定を受けること及び所要の手続を経ることを前提に、所在不明株主からの株式買取り等に要する期間を短縮する特例を新設【令和3年8月施行】
・会社法上、株式会社は、株主に対して行う通知等が「5年」以上継続して到達しない等の場合、当該株主（所在不明株主）の有する株式の買取り等の手続が可能
・本特例によりこの「5年」を「1年」に短縮

事業承継の円滑化

地域経済と雇用を支える中小企業の事業活動の継続

2．民法の特例

◇後継者が、遺留分権利者全員との合意及び所要の手続を経ることを前提に、以下の民法の特例の適用を受けることができます。
①非上場株式等に対する民法の特例
・贈与した非上場株式等を遺留分侵害請求の対象外に（除外合意）
・後継者の貢献による株式価値上昇分が遺留分侵害請求の対象外に（固定合意）
②個人の事業用資産に対する民法の特例
・贈与した事業用資産を遺留分侵害請求の対象外に（除外合意）

3．金融支援

◇経営者の死亡等に伴い必要となる資金及びM&Aにより他の事業者から事業を承継するための資金の調達を支援するため、都道府県知事の認定を受けた中小企業者及び後継者個人に対して、以下の特例を設けています。
①中小企業信用保険法の特例
　（対象：中小企業者）
②株式会社日本政策金融公庫法及び沖縄振興開発金融公庫法の特例
　（対象：後継者個人）
➡親族外承継や個人事業主の事業承継を含め、幅広い資金ニーズに対応

（出所）　経済産業省・中小企業庁「経営承継円滑化法申請マニュアル」（令和4年9月改訂版）1頁

遺留分の算定は相続時を基準になされるため、例えば後継者がアグリ事業の経営に後継者として参加してから事業承継が完了するまでに10年あったとして、その10年間に後継者の努力によりアグリ事業の価値が高まったとしても、その増加した事業価値の多くが現経営者の保有する農業法人の株式の価値として蓄積され、相続によって他の相続人に分配されることになれば、後

継者の経営意欲を削ぐことになります。固定合意には、このような事態を回避し、後継者の貢献による事業価値の増加分を後継者に享受させることにより、後継者の経営意欲を高める狙いがあります。

また、固定される評価額は、上記のとおり専門家が証明をすることが必要であり、かかる証明取得のための手間や費用は必要となりますが、事業用資産や株式の価額を遺留分の対象となる財産の価額から除外しないという点で、遺留分権利者の合意を得やすい方法でもあると思われます。

　b　事業承継税制

中小企業の事業承継において、相続税や贈与税の負担が事業承継の支障となる場合が少なくありません。そこで、円滑な事業承継のため、一定の要件の下、現経営者が農地や事業用資産を後継者に承継した場合や、農業法人の株式を後継者に承継した場合、贈与税・相続税の納税猶予・免除を受けることができます。

平成30年度税制改正では、この事業承継税制について、これまでの措置（以下「一般措置」といいます）に加え、10年間の措置として、納税猶予の対象となる非上場株式等の制限の撤廃や、納税猶予割合の引上げ等がされた特例措置（以下「特例措置」といいます）が創設されました。特例措置と一般措置の主な制度内容は図表6－6のとおりです。

上記のとおり、特例措置は一般措置に比べて、納税猶予の要件が柔軟であり、また納税猶予の範囲が拡大しています。ただし、特例措置の適用を受けるためには、①特例承継計画を策定し、都道府県知事の認定を受けること、および②税務署への申告が必要です。特に①特例承継計画の認定については、都道府県知事に対し、2024年3月31日までに確認申請を提出する必要があります。

　c　事業承継時の金融支援措置

中小企業の事業承継においては、経営を承継するにあたり必要となる資金（経営権承継の対価支払）の他、相続税・贈与税の納税資金、事業承継を契機

図表6-6　特例措置と一般措置の比較

	特例措置	一般措置
事前の計画策定	6年以内の特例承継計画の提出 （2018年4月1日から 2024年3月31日[10]まで）	不要
適用期限	10年以内の贈与・相続等 （2018年1月1日から 2027年12月31日まで）	なし
対象株数	全株式	総株式数の最大3分の2まで
納税猶予割合	100%	贈与：100% 相続：80%
承継パターン	複数の株主から最大3人の後継者	複数の株主から1人の後継者
雇用確保要件	弾力化	承継後5年間 平均8割の雇用維持が必要
経営環境変化に対応した減免等	あり	なし
相続時精算課税の適用	60歳以上の者から18歳以上の者への贈与	60歳以上の者から18歳以上の推定相続人・孫への贈与

（出所）　経済産業省・中小企業庁「経営承継円滑化法申請マニュアル」（令和4年9月改訂版）2頁

として取引条件・借入条件が厳しくなったことによる運転資金といった資金需要が発生します。そこで、円滑な事業承継のため、一定の要件の下、日本政策金融公庫または沖縄振興開発金融公庫の融資制度の利用や信用保証協会の信用保証を利用することができます。

10　令和4年4月1日施行の改正中小企業における経営の承継の円滑化に関する法律施行規則（平成21年経済産業省令第22号）により、特例承継計画の提出期限は「令和6年3月31日」に延長されている。

⑹ 民事信託の活用の可否

a 事業承継に民事信託を用いるメリット

中小企業の事業承継のスキームとしては、民事信託を利用することも考えられます。具体的には、現経営者が、生前に、自社法人の株式を対象に信託を設定し、信託契約（他者信託）または意思表示（自己信託）において以下のような受益権を設定することが考えられます[11、12]。

① 当初、受益者は現経営者。現経営者の死亡時に、後継者が受益権を取得する。

② 当初、受益者は現経営者。現経営者の死亡時に、後継者および非後継者が受益権を取得するが、議決権行使の指図権は後継者のみに付与される。

③ 受益者を後継者とし、現経営者の死亡時に、信託が終了し後継者が株式の交付を受ける。

事業承継の円滑化を目的とする信託には、事業承継の確実性・円滑性、後継者の地位の安定性、議決権の分散化の防止、財産管理の安定性などといった面でメリットがあるといわれています[13]。すなわち、遺言による事業承継の場合は、現経営者はいつでも遺言を撤回し、後継者を変更することや株式を第三者に譲渡することができますが、信託による場合、信託の変更は関係当事者の合意等が必要であることから（信託法（平成18年法律第108号）149条）、現経営者の独断による後継者の変更や第三者に対する株式の譲渡がなされるリスクを防止し、後継者への事業承継を確実に行うことができる他、

---

11 信託を活用した中小企業の事業承継円滑化に関する研究会「中間整理～信託を活用した中小企業の事業承継の円滑化に向けて～」（平成20年9月）参照。

12 個人事業の場合、「事業の信託」として事業を信託に移転させることを検討することになりますが、これまで「事業の信託」として信託を活用した事例は限定的と思われます。この点、事業の信託が、常に他の法形式を用いたスキームよりも有利となるというものではありませんが、個別の事例での状況やニーズ次第では、事業の信託が相対的に有用なスキームとなることもあり得ると考えられ、信託制度の理解が進むことで事業の信託が活用されるようになることが期待されます（西村あさひ法律事務所編『ファイナンス法大全（下）［全訂版］』617頁）。

13 前掲「中間整理～信託を活用した中小企業の事業承継の円滑化に向けて～」

上記②のケースのように、信託契約において、受益権を後継者と他の相続人で分配しながらも、議決権行使の指図権を後継者のみに付与することで、非後継者に配慮しつつ、議決権の分散化を防止することができます。

b　アグリ事業承継で民事信託を用いる場合

ただし、アグリ事業の事業承継に信託を用いる場合は、農地法上の懸念があります。すなわち、農地法上、農地の所有権を移転する場合は農業委員会の許可が必要となりますが、「信託の引受けにより所有権が取得される場合」には、許可をすることができず（農地法3条2項3号）、農地は信託財産とすることができないと考えられています。

もっとも、自己信託であれば、所有者名義は委託者のままであることから、「信託の引受けにより所有権が取得される場合」に該当せず、農業委員会の許可が不要と解する余地もあります。

この点については、自己信託を用いた事業承継は、農地法の趣旨である「農地を効率的に利用する耕作者による……農地についての権利の取得を促進」することを目的とするものであり、そうであるならば農地法3条2項3号は他者信託の禁止に限るものとして限定的に解釈できるのではないかとも思われますが、裁判例や行政解釈が存在しない現在では、実際には取りづらい手法であり、立法または公権的解釈の開示により明確化されることが望ましいところです。

3　事業承継のやり直しへの対応

(1)　事業承継のやり直しへの対応の必要性

アグリ事業承継に限ったことではありませんが、中小企業の事業承継においては、最初の後継者候補に対し事業承継を完了させることができる場合だけではありません。例えば、従業員と経営者に求められる役割の違いから生じるミスマッチは度々問題となります。従業員であれば、興味がある分野や得意な分野だけに集中して取り組むことが求められる場合もあると思われま

すが、経営者となれば、農作業への従事だけではなく、経営方針の決定や従業員の労務管理、資金繰り、社内外の人間関係の構築、各種専門家に対する相談など、多種多様な分野にわたる課題を自ら意思決定して解決していく必要があります。農作業や農業に関する知識・経験が豊富な人でも、事業経営に求められるスキルや資質は新たに身に付ける必要があるのです。後継者候補となった後、自分のやりたい仕事と経営者の役割が合っていないことに気づく場合もあるでしょう。

事業承継のやり直しは不名誉なことではなく、適材適所の後継者が事業を引き継げるのであれば、それに越したことはありません。

⑵ 考えられる手法

a 業務提携から始める

親族、従業員または役員を後継者候補とする場合は、承継対象の事業の内容や現経営者の業務内容を後継者がすでに知っていることから、ミスマッチが生じることは比較的少ないと思われますが、外部から後継者候補を招聘する場合、初めから後継者候補に従業員として入社してもらったり役員となってもらうのではなく、最初は業務提携という形で承継対象の事業に限定的に関与させ、徐々に関与の度合いを深めていくことで、ミスマッチを防ぐことが考えられます。

b 一定期間の株式の持ち合い

後継者に資金繰りの問題がない場合であっても、段階的に株式を譲渡し、一定期間は現経営者と後継者との間で株式を持ち合うことが考えられます。この期間における議決権行使等のルールを定めるため、必要に応じて株主間契約を締結することが考えられます。

c 一定期間のプットオプション・コールオプションの設定

上記bの株主間契約において、一定期間は、現経営者によるコールオプション、後継者によるプットオプションを規定することが考えられます。これにより、事業承継の拘束力が弱まることを懸念することもあるでしょう

が、むしろ失敗を恐れず挑戦することを可能にする仕組みといえます。中小企業の事業は、短期間で代表者が交代するようなことは想定されておらず、アグリビジネスにおいても同様です。ミスマッチを抱えたまま長期間働き続けるのはアグリビジネスにとっても後継者にとっても最善ではありません。何度かトライすることになったとしても、適材適所の後継者に対して事業承継をすることが、長期的に見れば事業承継を成功させるのではないでしょうか。経営承継円滑化法による事業承継税制においても、2年または5年の認定有効期間後であれば、次の後継者に株式を譲渡した場合は贈与税および相続税の猶予税額が免除・減免されることとされており、事業承継のやり直しがあり得ることが制度の前提となっているものと思われます。

事項索引

アグリ・フードビジネスの法実務
──食農のサステナビリティとイノベーションを支える法戦略

2023年3月13日　第1刷発行

編著者　杉山 泰成・辻本 直規・平田 えり
著　者　西村あさひ法律事務所
　　　　アグリ・フードプラクティスグループ
発行者　加藤 一浩

〒160-8520　東京都新宿区南元町19
発　行　所　一般社団法人 金融財政事情研究会
企画・制作・販売　株式会社きんざい
出　版　部　TEL 03(3355)2251　FAX 03(3357)7416
販売受付　TEL 03(3358)2891　FAX 03(3358)0037
URL https://www.kinzai.jp/

校正：株式会社友人社／印刷：株式会社日本制作センター

ISBN978-4-322-14228-0